BEAUTY OF CHINA

中国之美
自然生态图鉴

THE NATURAL ECOLOGICAL VIEW

中国
观赏花卉
图鉴

刘全儒 编著

山西出版传媒集团
山西科学技术出版社

图书在版编目(CIP)数据

中国观赏花卉图鉴/刘全儒编著. —太原：山西科学技术
出版社，2015.2 (2015.5 重印)
ISBN 978-7-5377-5024-0

Ⅰ.①中⋯　Ⅱ.①刘⋯　Ⅲ.①花卉-观赏园艺-中国-图集
Ⅳ.① S68-64

中国版本图书馆 CIP 数据核字 (2015) 第 026154 号

中国观赏花卉图鉴

出　版　人：	张金柱
作　　　者：	刘全儒
出版策划：	张金柱
责任编辑：	张保国
文图编辑：	杨　陆
美术编辑：	张鹤飞
责任发行：	阎文凯
版式设计：	孙阳阳
封面设计：	垠　子

出版发行：山西出版传媒集团·山西科学技术出版社
　　　　　地址：太原市建设南路21号　邮编：030012

编辑部电话：0351-4922134　0351-4922061
发 行 电 话：0351-4922121

经　　　销：	各地新华书店
印　　　刷：	北京艺堂印刷有限公司
网　　　址：	www.sxkxjscbs.com
微　　　信：	sxkjcbs

开　　　本：	710mm×1000mm　1/16　印张：20
字　　　数：	482千字
版　　　次：	2015年4月第1版　2015年5月北京第2次印刷

书　　　号：	ISBN 978-7-5377-5024-0
定　　　价：	78.00元

本社常年法律顾问：王葆柯
如发现印、装质量问题，影响阅读，请与印刷厂联系调换。

前言 >>

从神秘莫测的史前生物到飞翔的鸟类，从鱼到虫，从田间地头不起眼的野花野草到美丽炫目的观赏花卉，有阳光雨露的地方就有植被和动物的繁衍及发展，它们创造着自然规律的发展变化，不断地改变着自然生态，将一个异彩纷呈、丰富多彩的大自然呈现在我们面前。本套丛书多角度展现了中国美丽的生物大世界，也展现了中国人运用智慧，利用自然，保护自然以及对大自然的深厚情感。

"中国之美·自然生态图鉴"丛书，包括《中国昆虫图鉴》《中国鱼类图鉴》《中国野菜图鉴》《中国野花图鉴》《中国观赏花卉图鉴》《中国恐龙图鉴》《中国鸟类图鉴》《中国蝴蝶与蛾类图鉴》《中国田野作物图鉴》《中国古动物化石图鉴》，共计10本，是国内首部大型辞典型自然科普图鉴，呈现了中国生命科学的研究新成果，是很有价值的生物工具书。

本套丛书由资深植物学、昆虫学、鱼类学、恐龙专家亲自撰稿，娓娓道来，科学权威。对于专业生物学家来说，研究大自然是他们一生的追求。对于普通人来说，自然的秘密更多地和青春、情感、记忆联系在一起，是一种情怀，是年少时笼中蝈蝈的鸣叫，是追捕蝴蝶的童真，是天空中鸟儿掠过的身影，是稻谷成熟的喜悦，也是"子非鱼，焉知鱼之乐"的辩论和思考，是人情的味道。这些味道，已经在中国人辛勤劳动和积累经验的时光中与丰富的情感混在一起，形成了中国人的生活态度和文化意象，如对土地的眷恋，对故乡的思念等。

本套丛书邀请了国内著名的写实插画团队绘制生物图片，栩栩如生，呼之欲出，可以直接让你叫出它们的名字。科技绘画为人类拓展着对生物的认识和反映，那艺术视觉的张力、记述场景的再现、融合着水土木的生态环境——反映着融合的生命力。艺术家们唯物辩证地认识生物世界，更有利于人类改造自然环境和创造生命力的发展空间。

目录
• Contents •

167 木本篇

第一章 亚灌木

Herbages

草本篇

矮牵牛 > 花语：安心

Petunia hybrida Vilm.

矮牵牛花朵硕大，色彩丰富，花形变化多样，大面积栽培时景观瑰丽、悦目。

色彩多变的矮牵牛花

全株有粘毛

叶柄极短
或近无柄

花单生，喇
叭形，花色
丰富

叶互生或对生，
卵形，全缘

产地及习性

原产南美洲阿根廷，现世界各地广泛栽培。喜温暖，不耐寒，怕雨涝，喜排水良好的砂质土壤。

形态特征

多年生草本。株高40～50cm，全株有粘毛，茎直立或匍匐；叶互生或对生，卵形、全缘，近无柄；花单生，漏斗状，花萼5裂，裂片披针形，花冠漏斗状，花色有白、粉、红、紫、蓝、黄等，还有双色、星状和脉纹等。花期4～10月。

繁殖及栽培管理

播种繁殖或扦插繁殖。春、秋播种均可，如5月需花，应在1月温室播种；10月需花，应在7月播种。种子细小，可用细土拌后播下，不覆土，温度保持在20～24℃，5天左右即可发芽。出苗后温度宜在9～15℃，待长出2片真叶后移植1次，后可上盆或定植于露地。注意补充水分，尤其是夏季和化期，肥料不必过多，适当修剪，控制株形。

别名：碧冬茄、灵芝牡丹、毽子花、矮喇叭、番薯花	科属：茄科碧冬茄属
用途：一般用作盆栽、吊盆、花台及花坛美化。	

白晶菊

Chrysanthemum paludosum Poir.

· **产地及习性** 原产北非、西班牙。喜阳光充足、凉爽的环境，耐寒，不耐高温，以疏松、肥沃、湿润的壤土或砂质土壤为最佳。

· **形态特征** 二年生草本。株高15～25cm；叶互生，一至二回羽裂；头状花序顶生，盘状，边缘舌状花银白色，中央管状花金黄色；瘦果。花期从早春至春末。

· **繁殖及栽培管理** 播种繁殖。选疏松肥沃的土壤，将种子混合少量细沙播撒在苗床上，发芽适温15～20℃，约5～8天发芽。出苗后，保持苗床温度15～25℃，待长出5～7枚叶时，移入花坛或定植于17cm盆中。由于花期较长，每20～30天追肥1次。

管状花黄色

舌状花银白色

叶一至二回羽裂

基部渐狭至抱茎

别名：春梢菊、小白菊、晶晶菊	科属：菊科茼蒿属
用途：常用于盆栽或早春花坛美化，也可作为地被花卉栽种。	

玻璃翠

Impatiens holstii Engler et Warb.

· **产地及习性** 原产非洲热带东部，现广泛栽培于世界各地。喜温暖、湿润的气候，不耐寒，耐半阴，怕水涝，忌烈日暴晒，不择土壤。

· **形态特征** 多年生常绿草本。株高20～40cm；茎叶肉质多汁，半透明；上部叶轮生，下部叶互生，叶卵状披针形，翠绿色，有光泽，叶缘有锐齿；花大，砖红色，扁平似蝶，花色有白、粉红、洋红、玫瑰红、紫红、朱红及复色。只要温度适宜可全年开花。

花大，花色丰富

· **繁殖及栽培管理** 常用扦插法繁殖，也可播种繁殖。扦插除盛夏伏天外均可进行，一般将10cm长的枝条插于沙床内，保持湿润，3周左右即可生根；水插更易生根。播种繁殖于春季进行室内盆播，保持室温20℃，1周左右即可生根，苗高3cm左右上盆。幼苗经2～3次摘心，促其分枝；生长时期每1～2周施一次追肥；越冬温度在16℃以上可开花。

叶缘有锐齿

别名：何氏凤仙、霍尔斯特氏凤仙	科属：凤仙花科凤仙花属
用途：盆栽观赏花卉，也可布置于庭院或花坛。	

百日草

Zinnia elegans Jacq.

百日草的花一朵比一朵开得高，所以又名"步步高"，常用来激发人们的上进心。

产地及习性

原产北美墨西哥高原。性强健，喜温暖，不耐寒，怕酷暑，耐半阴、干旱，要求排水良好、疏松肥沃的土壤。

形态特征

一年生草本。株高40～120cm；茎直立，粗壮，被粗毛；叶对生，卵圆形，基部抱茎，全缘；头状花序单生枝顶，花梗长而中空，外围舌状雌花多轮，花瓣倒卵形，有白、黄、红、紫等色。花期6～9月。

繁殖及栽培管理

播种繁殖和扦插繁殖。播种繁殖一般在春季4月进行，发芽适温为20～30℃，播后3～5天出苗。此外，可以在夏季用侧枝扦插。如果用于布置花坛，需摘心12次；如果供切花，可不摘心。定植成活后，一般每月施一次液肥。开花期可多施肥，每隔5～7天施一次液肥，直至花盛开。

> 花大而鲜艳，花期很长

别名：百日菊、步步高、火球花、对叶菊、步登高	科属：菊科百日草属
用途：常用于花坛、花境、花丛栽植，矮生种可盆栽，高生种可作切花。叶、花可入药。	

报春花 > 花语：初恋、希望

Primula malacoides Franch

产地及习性

原产中国云南。喜温凉和湿润的环境，忌高温和强烈的直射阳光，耐湿不耐寒。为优良冷温室冬季盆花。

形态特征

多年生，常作一二年生栽培。叶基生，形成莲座状叶丛，叶长卵形至长椭圆状卵形，基部楔形或心形，边缘具不整齐缺刻，裂具细锯齿，具长柄。花葶由根部抽出，每株可抽2～4枝，高约30cm，顶生2～6层的伞状花序，每层多朵花，花冠深红、浅红、粉红或白色，高脚碟状。花期春季。

报春花属全世界约500种，中国约有400种，主要分布于四川、云南和西藏。目前常见栽培种类有报春花、欧洲报春花和四季樱草等。早春开花是报春花属植物的重要特性。

繁殖及栽培管理

播种繁殖、分株繁殖。每月施肥1次，浇水适度，土壤不能过干或过湿。夏季要遮阳，以保证花色鲜艳。花谢后及时剪除残花，以利于新花枝的生长。

> 伞形花序轮状，小花高脚碟状，花色丰富

> 叶长卵形至长椭圆状卵形

别名：年景花、樱草、四季报春	科属：报春花科报春花属
用途：报春花品种多、花期长、花色艳丽，是冬、春季节的主要观赏花卉，可用作春季布置花坛、花境或盆栽欣赏，也可以用来切花、插花。	

波斯菊 > 花语：学术

Cosmos bipinnatus Cav.

当哥伦布发现新大陆后，船员们将波斯菊的种子采下，带回欧洲，从此欧洲的绅士淑女们才有缘见到这种花儿。波斯菊株形高大,叶形雅致,花色丰富、花姿飘逸,给人纯真可爱之感。

舌片椭圆状倒卵形，有3~5钝齿

盘心为黄色管状花，长6~8mm

总苞片外层披针形，内层椭圆状卵形

叶二回羽状深裂至全裂，裂片狭线形

茎纤细而直立，光滑或具微毛

正在开放的花骨朵

· **产地及习性** 原产地南美洲墨西哥。生性强健，喜阳光，耐干旱，对土壤要求不严，但不能积水。

· **形态特征** 一年生草本。株高30~120cm;茎纤细而直立，多分枝，光滑或具微毛;单叶对生，二回羽状深裂至全裂，裂片狭线形，全缘;头状花序单生于总梗上，舌状花单轮，花瓣尖端呈齿状，花瓣8枚，有白、粉、深红色;盘心为黄色管状花;瘦果有椽。花期夏、秋季。

· **繁殖及栽培管理** 播种或扦插繁殖。北方一般在4~6月播种，中南部地区4月播种，播后6~10天即可发芽。也可用嫩枝扦插繁殖，插后15~18天生根。幼苗具4~5片真叶时移植，并摘心，也可直播后间苗。如栽植地施以基肥，则生长期不需再施肥。春播波斯菊枝叶茂盛，开花较少;夏播波斯菊植株矮小、整齐、开花不断。

★**注意:**避免引种至野生环境中，容易造成生物入侵。

别名:秋英、大波斯菊、秋樱、格桑花、八瓣梅、扫帚梅	科属:菊科秋英属
用途:常用于布置花坛、花境或成片栽植美化绿化;重瓣品种可作切花材料。	

除虫菊

Pyrethrum cinerariifolium Trev.

- **产地及习性** 原产亚洲西南部。喜干燥、光照、凉爽气候，适应性强，宜于排水良好的中性或微碱性砂质土壤中生长。

- **形态特征** 多年生草本。株高30～60cm，全株被白色绒毛；茎直立，多分枝；基生叶丛生，二至三回羽状全裂，裂片线形；顶生头状花序，具长梗，舌状花披针形，白色；中央有多数黄色管状花；瘦果狭倒圆锥形，冠毛短。花期5～6月。

- **繁殖及栽培管理** 播种和分株繁殖，也可用嫩枝扦插。栽培后，应经常浇水、施肥，尤其在开花前早春施磷肥，花期施氮肥，可提高产量。花采收以后，追施磷钾肥，同时要注意锈病、叶病和菌核病，在高温下茎叶易枯黄，注意防治。管理简单粗放。

舌状花白色，管状花黄色

叶二至三回羽状全裂，裂片线形

茎直立，全株有白色绒毛

别名：白花除虫菊	科属：菊科菊蒿属
用途：除虫菊是盆栽和切花的好材料。它是有名的药用植物，花叶干后制成粉末，可制蚊香以杀灭虫害和除臭。	

雏菊

Bellis perennis L.

　　这种植物之所以叫雏菊，是因为花瓣线条和菊花很像。不过，菊花的花瓣纤长、卷曲、油亮，雏菊花瓣则短小而笔直。

- **产地及习性** 原产欧洲。性强健，喜阳光，耐寒，怕严霜和风干，忌炎热，喜肥沃湿润、排水良好的土壤。

- **形态特征** 多年生草本，常作二年生栽培。株高15～20cm，全株具毛；叶基生，呈莲座状，叶匙状至倒卵形；头状花序单生，花葶较高，舌状花为条形，花色为白、桃红、大红。花期3～6月。

- **繁殖及栽培管理** 播种繁殖，也可扦插和分株繁殖。播种多在8～9月间进行，待幼苗长出2～3片叶时，第一次分植，浇水要及时；待幼苗生出3～4片真叶时，带土坨移植一两次，可促发大量侧根。秋季经过一两次移植的，春季可在见花时直接定植花坛。定植后，最好每7～10天浇水1次。栽培容易，管理粗放。

头状花序单生

植株低矮，全株有毛

别名：春菊、延命菊、幸福花	科属：菊科雏菊属
用途：常用作花坛镶边植物，也可用于草地或盆栽。	

翠菊 > 花语：追慕、远虑

Callistephus chinensis (L.)Nees

　　1728年，翠菊首次在中国发现，为中国的特产花。翠菊古朴高雅，摆放在窗台、阳台和花架上，清新悦目，深受人们的喜爱。

产地及习性　原产中国东北、华北及四川，朝鲜和日本也有分布。喜温暖，忌暑热，稍耐阴，喜肥沃湿润和排水良好的土壤，忌连作和雨涝。

形态特征　一年生草本。株高30～100cm，全株疏生短毛；茎直立，上部多分枝；叶互生，阔卵形至长椭圆形，边缘具粗钝锯齿；下部叶有柄，上部叶无柄；头部花序单生枝顶，总苞片多层，外层叶状，外围舌状花雌性，呈堇色至蓝紫色，栽培品种花色丰富；瘦果有柔毛、冠毛两层。春播花期7～10月，秋播花期5～6月。

繁殖及栽培管理　播种繁殖。春、夏、秋皆可播种，一般多春播，发芽适温为18～21℃，播后7～21天发芽。幼苗生长迅速，出苗后应及时间苗。经1次移栽后，苗高10cm时定植。播后2～3个月即可开花。

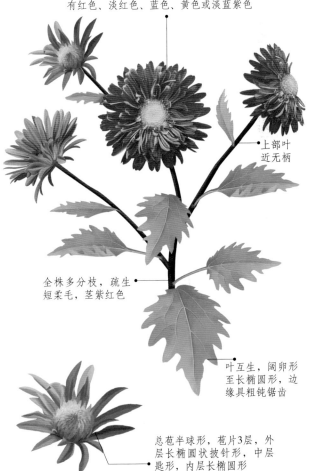

花直径6～8cm，在园艺栽培中为多层，花色有红色、淡红色、蓝色、黄色或淡蓝紫色

上部叶近无柄

全株多分枝，疏生短柔毛，茎紫红色

叶互生，阔卵形至长椭圆形，边缘具粗钝锯齿

总苞半球形，苞片3层，外层长椭圆状披针形，中层匙形，内层长椭圆形

别名：江西腊、五月菊、蓝菊	科属：菊科翠菊属
用途：翠菊是国内外园艺界非常重视的观赏植物，矮生种用于盆栽、花坛观赏，高秆种用作切花观赏。	

大花藿香蓟
Ageratum houstonianum Mill.

·产地及习性
原产墨西哥和秘鲁。喜光，不耐寒，稍耐阴，忌炎热，对土壤要求不严。

·形态特征
多年生草本，也作一年生栽培。株高15～25cm，植株丛生而紧密，上部多分枝；叶卵圆形，表面有褶皱，基部心形；头状花序聚伞状生于枝顶，花序较大，花冠筒状，花淡蓝色。花期7～9月。园艺品种较多，花色丰富。

·繁殖及栽培管理
播种、扦插繁殖，也可自播繁殖。播种繁殖在春季，发芽适温为22℃，晚霜过后可定植露地，一般在10周左右即可开花。此外，可在冬、春季节，用嫩枝扦插在砂质土壤中，10天即可生根。母株冬季需在室内越冬，越冬温度宜在10℃以上。

★**注意：**不可引入到野生环境中，以避免造成生物入侵。

别名：心叶藿香蓟、熊耳草、何氏胜红蓟	科属：菊科藿香蓟属
用途：常用作花坛、地被、窗台花池、花境、盆栽、吊篮、切花等。	

大花亚麻
Linum grandiflora Desf

·产地及习性
原产非洲北部。喜半阴，不耐肥，较耐寒，喜排水良好、富含腐殖质的砂质土壤。

·形态特征
一年生草本。株高30～60cm，茎直立，基部木质化，下部多分枝；叶细而多，狭披针形或线形，螺旋状排列，粉绿色；花顶生或腋生，玫红色，花期5～6月。

蓝亚麻，株高30～40cm，叶互生，花浅蓝色

·繁殖及栽培管理
播种繁殖。一般于秋季播种，幼苗经1次移植后，在11月份定植，株距为25～30cm。定植后摘心一次，促进分枝开花。注意勤除草，薄肥多施，冬季注意防寒。

花瓣5枚，玫红色

茎直立，基部木质化，下部多分枝

叶细而多，螺旋状排列，粉绿色

别名：花亚麻、亚麻	科属：亚麻科亚麻属
用途：大花亚麻株形纤细优美，多用于布置花坛或栽于庭院。	

蛾蝶花

Schizanthus pinnatus Ruiz et Pav.

蛾蝶花属植物约有20种，具有较高观赏价值的，还有杂交蛾蝶花（*S.wisetonensis*），株形圆整、花白色、蓝色、粉红色和棕红色，是极好的室内盆花材料；尖裂蛾蝶花（*S.retusus*），株高60～70cm，叶不规则羽状分裂，花有白色、粉红色、橙红色和堇蓝等色，但中国较为少见。

叶互生，一至二回羽状全裂

下部花瓣色深

花瓣展开近唇状，花色丰富

上部花瓣色淡

植株疏生微黏性腺毛

产地及习性
原产南美智利。喜阴、凉爽，耐寒性不强，忌高温，要求土壤疏松肥沃、排水通风良好。

形态特征
一年生草本。株高50～100cm，全株有腺毛；叶互生，一至二回羽状全裂；总状圆锥花序顶生，花多数，花瓣展开近唇状；花色丰富，下部花瓣色深，常呈紫色或堇蓝色，上部花瓣色较淡，中部花瓣呈盔状，有深裂，基部有黄斑，偶布有青紫色斑点，或全为红、蓝色。花期4～6月。

繁殖及栽培管理
播种繁殖。一般在秋季8～9月间室内盆播，播后不必覆土，温度宜在15～18℃，7～14天可发芽。幼苗子叶展开后，经1次移植即可上3寸盆，之后陆续上更大的盆。用冷床保护越冬，注意防寒，给予充足的阳光照射，第二年春天可定植。生长期要多施肥，同时防治地下害虫。

别名：蛾蝶草、蝴蝶草、平民兰	科属：茄科蛾蝶花属
用途：蛾蝶花开花繁密，色彩绚丽，是春季优美的切花和盆花，宜布置春花坛。	

粉萼鼠尾草
Salvia farinacea Benth.

全世界约有700多种鼠尾草属植物，大部分被培育为观赏植物。鼠尾草的冷色花给人一种明快、开朗、清爽、悠远的感觉。尤其在夏季的暖色系花海中，有一片"紫色海"，会使人感到身心放松！

轮伞形花序顶生，花密集，二唇形

株高50～90cm，全株被柔毛

叶卵圆形至长披针形

· 产地及习性 原产北美南部。喜阳光充足的温暖环境，有一定的耐寒性和耐热性，对土壤的选择性不强。

· 形态特征 多年生草本，一般作一年生栽培，株高50～90cm，全株被柔毛，茎直立，四棱形，多分枝；叶卵圆形至长披针形，对生，边缘有粗锯齿，叶柄短；花序顶生，轮伞花序，多花密集，花萼矩圆状钟形，花冠二唇形，青蓝色、粉紫色、粉蓝色。花期7～10月。

· 繁殖及栽培管理 播种或扦插繁殖。春播为宜，种子发芽喜光，适温20～25℃。播后不覆土，约10天发芽，苗高10～15cm时定植；也可用健壮新芽扦插，定植后摘心1次能多开花。每星期施肥1～2次，浇水要见干才浇，浇则浇透。花谢后剪除残花，补施肥料，能重新萌发新芽，再次开花。

别名：蓝花鼠尾草、一串蓝	科属：唇形科鼠尾草属
用途：生性强健，栽培容易，花期长，景观极为优美，可作为布置花境。	

凤仙花 > 花语：别碰我

Impatiens balsamina L.

凤仙花带有天然红棕色素，在印度、中东等地称为海娜、中东人很早就用它的汁液来染指甲。据记载、埃及艳后就是利用凤仙花来染头发的。凤仙花的籽荚只要轻轻一碰就会弹射出很多籽儿来，因此此花语是别碰我。

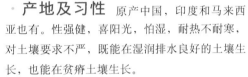

果纺锤形，
种子圆形

花大，多侧垂，
花色丰富

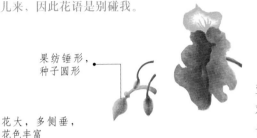

边缘有锐齿

茎青绿色或红褐色至深褐色

· 产地及习性 原产中国，印度和马来西亚也有。性强健，喜阳光，怕湿，耐热不耐寒，对土壤要求不严，既能在湿润排水良好的土壤生长，也能在贫瘠土壤生长。

· 形态特征 一年生草本。株高30～90cm，茎直立、肉质，节部膨大，青绿色或红褐色至深褐色，上部分枝；叶互生，阔披针形或狭披针形，边缘有锐齿；叶柄附近有几对腺体；花大，单生或数朵簇生于叶腋，多侧垂，花梗短，花色有红、朱红、白、粉紫、雪青及杂色等，有时瓣上具条纹和斑点；蒴果纺锤形，种子圆形。花期7～9月。

· 繁殖及栽培管理 播种繁殖，也可自播繁殖。一般于春季4～5月播种于露地。幼苗生长快，及时间苗，移植1次后于6月初定植园地。定植后及时灌水，特别是夏季，但不能积水和土壤长期过湿。如果要使花期推迟，可在7月初播种。

别名：透骨草、金凤花、指甲花、急性子、海纳花、假桃花、指甲草	科属：凤仙花科凤仙花属
用途：常用作花坛和盆栽观赏；还可作切花；全草入药。	

福禄考 >花语：吉祥

Phlox drummondii Hook.

福禄考又称天蓝绣球，目前常见栽培的种类有福禄考、锥花福禄考（*Phlox paniculata*）和丛生福禄考（*P.subulata*）。福禄考直接从拉丁名音译而来，意为"福禄双至"，因此其花语是吉祥。

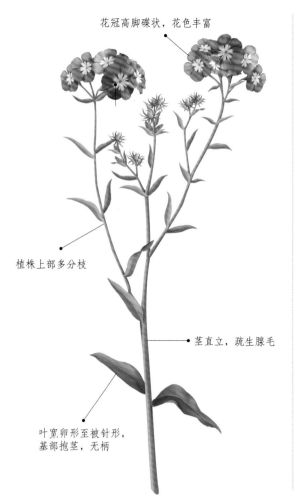

花冠高脚碟状，花色丰富

植株上部多分枝

茎直立，疏生腺毛

叶宽卵形至被针形，基部抱茎，无柄

• **产地及习性** 原产北美南部，现世界各国广为栽培。喜温暖，稍耐寒，不耐旱，忌酷暑、水涝。宜在排水良好、疏松的土壤生长。

• **形态特征** 一年生草本。株高15～45cm，茎直立，多分枝，有腺毛；上部叶互生，下部叶对生，无叶柄；叶宽卵形至被针形，先端渐尖，基部渐狭或稍抱茎，全缘或微波状；聚伞花序顶生，花冠高脚碟状，下部呈细筒状，上部5裂，裂片圆形，花色原种玫红色，园艺栽培品种有淡红色、紫色、白色等；蒴果椭圆形，成熟时3裂，种子矩圆形、棕色。背面隆起，腹面较平坦。花期5～6月。

• **繁殖及栽培管理** 常用播种繁殖，暖地秋播，寒地春播。种子发芽适温为15～20℃。秋播后，幼苗移植1次后，在10月中旬可移栽冷床越冬，早春再移至地畦，及时施肥，4月中旬可定植。花期较长，蒴果成熟期不一，为防种子散落，可在大部分蒴果发黄时将花序剪下，晾干脱粒。

别名：福禄花、福乐花、草夹竹桃、洋梅花	科属：花荵科福禄考属
用途：福禄考花色丰富，抗二氧化硫能力强，可用于布置花坛、花境，亦可作盆栽供室内装饰。	

高雪轮 >花语：骗子

Silene armeria L.

　　高雪轮的花茎节下部分泌出一种特殊黏液，小虫只要接触就会被粘住，因此又被叫作"捕虫瞿麦"，但高雪轮从来不吃虫子哦！也许正是因为这个原因，它们的花语是：骗子。

花小，粉红色或浅粉红色

花序常分枝

叶对生，卵状披针形，基部抱茎

茎直立，被白霜

· 产地及习性 原产南欧。喜温暖、耐寒、耐旱，忌高温、多湿，不择土壤，但以轻松肥沃、排水良好的土壤为佳。

· 形态特征 一年生草本。株高约60cm；茎直立，光滑，被白霜，花序下数节茎面具黏液；叶对生，卵状披针形，基部抱茎；复聚伞花序顶生，具总梗，花小而密，粉红色或浅粉红色。花期4～6月。

· 繁殖及栽培管理 播种繁殖。一般于秋季播种，发芽适温15～20℃，播后覆盖细土0.2cm，保持湿度，约1周可发芽，待幼苗长出4～6片叶时移植。也可直播，将种子直接撒播于栽培地，成苗后间拔。

别名：大蔓樱草	科属：石竹科蝇子草属
用途：常用作切花或布置花境。	

草本篇

桂圆菊

Spilanthes oleracea L.

性，由黄褐带绿色渐变为黄褐色。花期7～10月。

· 产地及习性 原产亚洲热带地区。喜温暖、湿润，喜光，不耐寒，忌干旱，喜疏松、肥沃的土壤。

· 形态特征 一年生草本。株高30～40cm；茎多分枝；叶对生，暗绿色，广卵形，边缘有锯齿；头状花序，开花前期呈圆球形，后期伸呈长圆形，无舌状花，筒状花两

· 繁殖及栽培管理 播种繁殖。在春季4月将种子播于露地苗床，幼苗生长缓慢，6月初可定植，株距为30～40cm。生长期间适当追肥，干旱时浇水，保持土壤湿润。花序枯黄下垂后，采收种子。

筒状花两性

叶对生，广卵形

别名：金纽扣	科属：菊科霍香蓟属
用途：桂圆菊的花形、花色都很特殊，可用来布置花坛、花境，也可作观赏地被，此外还可盆栽。	

桂竹香

Cheiranthus cheiri L

橙黄或黄褐色、两色混杂，有香气；果实为长角果。花期4～6月。

· 产地及习性 原产南欧，现世界各地普遍栽培。喜光，耐寒，忌酷热，畏雨涝，要求排水良好、疏松肥沃的土壤。

· 形态特征 多年生草本，常作二年生栽培。株高35～50cm；茎直立，多分枝，基部半木质化；叶互生，披针形，全缘；总状花序顶生，花瓣4枚，具长爪，花色

· 繁殖及栽培管理 播种或扦插繁殖。播种，一般在秋季9月上旬播于露地，10月下旬移植1次，起苗时苗株需带土。重瓣种可用扦插繁殖，在秋季取茎端6cm左右长的茎段，插于沙中，不久即可生根。栽培期间，控制水分，适当修剪，施以肥料。苗期越冬，需在根部覆盖稻草。在长江流域可露地越冬，在北方需温室或冷闲越冬。

总状花序

别名：香紫罗兰、黄紫罗兰	科属：十字花科桂竹香属
用途：桂竹香花色金黄，为草花中较少见的，可布置花坛、花境，又可作盆花。	

黑心金光菊

Rudbeckia hirta L.

总苞片外层长圆形，内层披针状线形，被白色刺毛，舌状花鲜黄色，管状花暗褐色或暗紫色；瘦果四棱形，黑褐色，无冠毛。

· **产地及习性** 原产北美洲。性强健，喜阳光，耐干旱，极耐寒，不择土壤。

· **形态特征** 一二年生草本。株高30~100cm，茎不分枝或上部分枝，全株被粗刺毛；下部叶长卵圆形，长圆形或匙形，边缘有细齿，有具翅的长柄和三条主脉；上部叶长圆披针形，边缘有齿或全缘，无柄或具短柄；头状花序有长梗，

· **繁殖及栽培管理** 播种、分株和扦插繁殖。播种时间一般在春季3月和秋季9月，应于播种后长出4~5片叶时进行一次移植；分株一般对老株进行；而扦插一般选择根部萌生的新芽做插穗。黑心金光菊管理较为简单，对水肥要求不严。植株生长良好时，可适当给以氮、磷、钾进行追肥。

别名：黑心菊	科属：菊科金光菊属
用途：常用作花境材料，也可在林缘、隙地或房前栽植或成片种植。	

花烟草

Nicotiana sanderae Sander.

花冠长漏斗形

叶互生

· **产地及习性** 原产南美洲。喜温暖、向阳，喜疏松肥沃的土壤，耐旱，不耐寒。

· **形态特征** 一二年生草本。株高60~100cm，全株密被腺毛；茎直立，基部木质化；叶互生，基生叶匙形，茎生叶披针形或长椭圆形；圆锥花序顶生，花冠长漏斗形，花冠筒约为花萼的3倍长，上部膨大，花红色。花期8~10月。

· **繁殖及栽培管理** 播种或分株繁殖。春季室内盆播或播于温床，播后不覆土，发芽适温为21℃，7天左右发芽、出苗。待幼苗出现2~3片真叶时，增加施肥的浓度和次数，一般每周1次。上盆前7~10天减少浇水与施肥，适当间苗。花烟草生长后期病害较严重，注意防治，定期施药，同时夏季连阴天后，防止叶腐病。

别名：美花烟草、烟仔花、烟草花	科属：茄科烟草属
用途：适合栽植于花坛、草坪、庭院、路边及林带边缘，也可作盆栽。	

花菱草 > 花语：答应我，不要拒绝我

Eschscholtzia californica Cham.

　　细密的枝叶、美丽的形态、耀眼的花朵，不论开在哪里，都能吸引人们的注意，使人们不愿离去。所以，花菱草的花语是：答应我，不要拒绝我。

花瓣4片，黄色至橙黄色

花的背面

叶多回三出羽状深裂，裂片线形至长圆形

茎粗壮，具沟棱

· 产地及习性
原产美国西南部。耐寒力较强，喜冷凉干燥气候、排水好的砂质土壤，忌高温，怕涝。

· 形态特征
多年生草本，常作一二年生栽培。株高30～60cm，被白粉，呈灰绿色；具肉质根；叶互生，多回三出羽状深裂，裂片线形至长圆形；单花顶生，具长梗，花瓣4片，黄色至橙黄色。园艺品种花色较多，且有半重瓣和重瓣品种。花期5～6月。此花在阳光下开放，晚上及阴天闭合。

· 繁殖及栽培管理
播种繁殖。在华中地区、华南地区，宜在秋季播于露地苗床；在华北地区，宜在早春播于室内盆中。种子发芽温度为15～20℃，保持土壤湿润。播后5～7天发芽，出苗后进行间拔。定植时植株需带宿土，不宜移植。10～15天施液肥1次，还要进行除草，以利于植株生长。另外，花菱草有一定毒性，尤其是叶子和果实。

别名：金英花、人参花、洋丽春	科属：罂粟科花菱草属
用途：是良好的花坛、花带和盆栽材料。	

皇帝菊

Melampodium paludosum Kunth.

产地及习性 原产中美洲。喜阳光，耐热、耐湿，稍耐干旱，忌水湿，否则会叶黄枯萎。

形态特征 一年生草本。株高30～50cm；叶对生，披针形或卵形，先端渐尖，边缘有锯齿；头状花序顶生，直径约2cm，花黄色，边缘为舌状花。花期从春至秋季。

繁殖及栽培管理 播种繁殖。春、秋皆可播种，发芽适温15～20℃，7～10天发芽。持续提供水分，但土壤不能太湿，否则会使下叶萎黄、生长衰弱。播种后2～3个月开花。此外，种子兼旋光性，自生能力强，成熟种子落地能自然发芽成长，可直播。

花顶生，黄色

叶对生，叶缘有锯齿

株高30～50cm

别名：黄帝菊、美兰菊	科属：菊科腊菊属
用途：是花坛栽培、组合盆栽的好材料，也是花境的好材料。	

黄秋英

Cosmos sulphureus Cav.

产地及习性 原产墨西哥。性强健，易栽培，喜光，不耐寒。

形态特征 一年生草本。株高60～100cm，全株具柔毛；茎多分枝；叶对生，二回羽状深裂，裂片呈披针形，有短尖，叶缘粗糙；头状花序生于枝顶，具长梗，舌状花暗黄、橙红或金黄色，盘心管状花黄色。春播花期6～8月，夏播花期9～10月。

繁殖及栽培管理 播种繁殖，繁殖栽培与波斯菊相同。从8月份起，陆续采种，从早春到初夏连续播种，这样从初夏到暮秋都可开花。

★注意： 避免引种至野生环境中，容易造成生物入侵。

头状花序生于枝顶

花梗长

叶对生，二回羽状深裂

别名：硫华菊、黄波斯菊、黄芙蓉、硫黄菊	科属：菊科秋英属
用途：黄秋英花大、色艳，但株形很不整齐，宜成片种植，装点花境、花坛、草坪、林缘，也可作切花。	

黄秋葵

Abelmoschus moschatus L.

黄秋葵朝开暮落，黄艳清秀，是很好的观赏花卉。此外，黄秋葵还是一种具有较高营养价值的新型保健蔬菜，现在已被许多国家定为运动员的首选蔬菜。

· 产地及习性 原产亚洲热带及中国华南各省。喜温暖，怕严寒，耐热力强，适应力强。

· 形态特征 一二年生草本。株高约1m，茎直立，赤绿色，分枝，被粗硬毛；叶互生，3～5回深裂，边缘具不规则锯齿；花大、黄色，花瓣基部红褐色；蒴果似羊角，顶端尖，有黄色硬毛，种子球形，绿豆大小，淡黑色。花期7～8月，果期9～10月。

蒴果似羊角

· 繁殖及栽培管理 播种繁殖。一般在春季4月播于露地苗床，床土温度宜在20～25℃，4～5天即可发芽，幼苗2～3片真叶时定植。从2片子叶展平到第一朵花开放为止，需40～45天。

叶互生，3～5回深裂

别名：黄葵、羊角菜、羊角豆、洋辣椒、咖啡黄葵	科属：锦葵科秋葵属
用途：一般用于园中背景材料，也可丛植。种子可作香料及药用。	

金盏菊

Calendula officinalis L.

· 产地及习性 原产欧洲南部，现世界各地都有栽培。喜阳光，耐低温，忌炎热，不择土壤，以疏松、肥沃、微酸性土壤最好。

· 形态特征 二年生草本。株高30～60cm，全株被白色茸毛；茎直立，多分枝；单叶互生，长圆形至长圆状倒卵形，全缘或具疏齿，基部抱茎；头状花序单生，苞片线状披针形，舌状花一轮，或多轮平展，金黄或橘黄

色；瘦果，呈船形、爪形。花期4～6月，果期5～7月。

· 繁殖及栽培管理 播种繁殖，优秀植株可用扦插繁殖。寒冷地区可在早春播种于室内，温暖地区可秋播。生长期间应控制水肥管理，使植株低矮、整齐。开花后不断摘去残花，可以延长花期。扦插繁殖时，粗壮、无病虫害的顶梢作为插穗，直接用顶梢扦插即可。管理粗放。

别名：金盏花、黄金盏、长生菊、醒酒花、常春花、金盏	科属：菊科金盏菊属
用途：常用作布置花坛，或盆栽欣赏，也可作切花。花、叶、根可药用。	

金鱼草 > 花语：欺骗、力量

Antirrhinum majus L.

　　金鱼草花就像一个哈哈大笑的嘴巴，十分有趣！你用手捏住它的花筒，花瓣就会张开，好像一条会说话的小鱼。

● **产地及习性** 原产地中海沿岸及北非，现世界各地广泛栽培。喜凉爽、耐半阴、耐寒，不耐酷热，好疏松肥沃、排水良好的土壤。

● **形态特征** 多年生草本，常作一二年生栽培。植株高20~90cm，上部被腺毛；茎基部木质化；叶下部对生，上部互生，披针形或长圆状披针形，全缘，光滑。总状花序顶生，花冠唇形，上唇2裂，下唇3裂；花期5~6月。茎部绿色者，花色没有紫色花；茎部红色者，花色只有紫色、红色。

● **繁殖及栽培管理** 以播种繁殖为主，也可扦插。秋季8~9月播于露地苗床，出苗后间苗，使幼苗长得粗壮。真叶长出4~5片时摘心，并移植在花盆里，用喷壶淋水，喷透为止。11月上旬定植花坛里。不过，做切花栽培的不能摘心，而要剥除侧芽，增加肥料，使单干独长。注意，各品种间要隔离栽植，以免混杂。

● **病害防治** 生长期有叶枯病和炭疽病危害，可用50%退菌特可湿性粉剂800倍液喷洒。虫害有蚜虫、夜蛾危害，用40%氧化乐果乳油1000倍液喷杀。

总状花序，花冠唇形，上唇2裂，下唇3裂

株高20~90cm，上部有腺毛

叶腋抽出小枝

叶下部对生

茎部红色者，金鱼草开紫色和红色花

★**注意**：避免引种至野生环境中，容易造成生物入侵。

别名：龙头花、狮子花、龙口花、洋彩雀	科属：玄参科金鱼草属
用途：用于盆栽、花坛、窗台、栽植槽和室内景观布置，近年来又用于切花观赏，还可入药。	

锦葵 >花语：恩惠

Malva sylvestris Cavan.

　　锦葵是三月二十二日的生日花。锦葵的果实具有落花生般的味道，因此它的花语是恩惠。在这一天出生的人，具有一种独特气质，人们只有细细品味才能发掘其中的美。

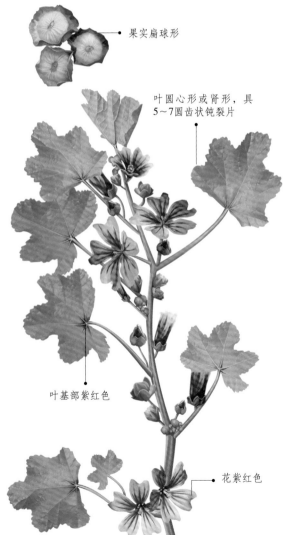

果实扁球形

叶圆心形或肾形，具5～7圆齿状钝裂片

叶基部紫红色

花紫红色

产地及习性 原产亚洲、欧洲及北美洲。生性强健，喜阳光，较耐寒，耐干旱，不择土壤。

形态特征 二年生或多年生草本。株高60～100cm；茎直立，多分枝；叶互生，叶圆心形或肾形，具5～7圆齿状钝裂片，基部近心形至圆形，边缘具圆锯齿；叶脉掌状；花3～11朵簇生于叶腋间，花紫红色，变种有白色；果实扁球形，种子黑褐色。花期6～10月，果期8～11月。

繁殖及栽培管理 播种繁殖，也可自行繁殖。一般在春季将种子播于温室或温床内，4月下旬露地栽植，6月上旬即可开花。幼苗经1次移植后，可定植于花坛或花境中。注意适当浇水、施肥，勤除草。花后修剪，促进新枝生长。

别名：钱葵、小钱花、淑气花、棋盘花、小熟季	科属：锦葵科锦葵属
用途：用于花坛、花境或绿化。花和叶可入药。	

鸡冠花 > 花语：真挚的爱情

Celosia cristata L.

　　鸡冠花因花序红色，呈扁平状，很像鸡冠而得名，享有"花中之禽"的美誉。火红的鸡冠花经风傲霜，象征着永不褪色的恋情。

叶柄、叶脉紫红色

肉质穗状花序顶生

茎直立、粗壮，深红色

· 产地及习性 原产印度，现世界各地广为栽培。喜阳光充足、湿热，不耐霜冻、瘠薄。要求疏松肥沃和排水良好的土壤。怕霜冻，一旦霜期来临，植株很快枯死。

· 形态特征 一年生草本。植株高40～100cm；茎直立、粗壮；叶互生，长卵形或卵状披针形；肉质穗状花序顶生，扁平而肥厚，呈鸡冠状，花有白、淡黄、火红、紫红、棕红、橙红等色；种子扁圆肾形，黑色，有光泽。花期7～10月，果期9～10月下旬。

· 繁殖及栽培管理 播种和自播繁殖。春季4月播种，种子发芽温度为20～22℃，7～10天即可发芽。苗期温度保持在15～20℃，小苗有3～4片真叶时间苗一次，苗高5～6cm时进行移栽、定植。定植距离为20～60cm。另外，矮生多分枝的品种，在定植后要摘心，以促进分枝。植株成长期保证水肥充足，种子成熟期则少浇肥水。留种时，采收花序下部的种子，可保留品种的特色。

· 病害防治 幼苗期发生根腐病，可用生石灰大田撒播。生长期易发生小造桥虫，用稀释的洗涤剂、乐果或菊酯类农药叶面喷洒，可起防治作用。

★**注意**：避免引种至野生环境中，容易造成生物入侵。

别名：鸡髻花、大头鸡冠、凤尾鸡冠、鸡公花、鸡冠	科属：苋科青葙属
用途：布置花坛、花境，也可作为盆栽或切花。花、种子可入药。	

孔雀草 >花语：晴朗的天气

Tagetes patula L.

多种生长状
态的花朵

孔雀草原本有一个俗称叫"太阳花"，后来被向日葵"抢去"。孔雀草的花日出而开、日落而闭，因此它的花语是"晴朗的天气"。

舌状花黄色

花梗长

叶羽状分裂，
边缘有油腺点

茎多分枝，铺散

· **产地及习性** 原产墨西哥。稍耐寒，喜阳光、温暖，耐半阴、干旱，对土壤要求不严，抗性强，经得起早霜。

· **形态特征** 一年生草本。株高30~40cm，茎多分枝而铺散，细长而呈紫褐色；叶对生，羽状分裂，裂片披针形，叶缘有明显的油腺点；头状花序顶生，有长梗，总苞片1层，几乎全部连和成杯状；舌状花黄色，基部具红褐色斑点。花期6~10月。

· **繁殖及栽培管理** 播种和扦插繁殖。一般在11月~次年3月间进行播种，可直播在庭院或盆中。盆栽的，播种后约1个月即可挖苗上盆定植。冬春播种的3~5月开花。扦插繁殖可于6~8月，剪取长约10cm的嫩枝直接插于庭院，遮阴覆盖，生长迅速。夏秋扦插的8~12月开花。

★**注意**：在中国南方避免引种至野生环境中，容易造成生物入侵。

别名：五瓣莲、老来红、臭菊花、孔雀菊、小万寿菊、红黄草、缎子花	科属：菊科万寿菊属
用途：用于花坛、花丛、林缘、草坪等自然栽植。花、叶可入药。	

龙面花
Nemesia strumosa Benth.

龙面花的花形很大，花瓣舒展，造型奇特而别致，尤其从正面看去，与象征中国民族精神的龙头很像，因此被称为龙面花。

花瓣舒展，花色丰富

叶对生，叶缘有锯齿，基部抱茎

株高30～60cm

- **产地及习性** 原产南非。不耐寒，喜光照充足的温和气候，忌夏季酷热，要求排水良好而富含腐殖质的土壤。

- **形态特征** 一二年生草本。株高30～60cm，多分枝；叶对生，基生叶长圆状匙形、全缘，茎生叶披针形，边缘有锯齿；总状花序着生于分枝顶端，伞房状，花色多变，有白色、淡黄白色、淡黄色、深黄色、橙红色、深红色和玫紫色等；喉部黄色，有深色斑点和须毛。花期4～8月。

- **繁殖及栽培管理** 播种繁殖。春播或秋播，发芽适温20～25℃，10天左右发芽。苗床播前或播后要浇足水，使土壤湿而不烂，干而不燥。出苗前为保湿降温可在苗床上方盖网遮阴，出苗后必须全光照管理。同时，苗期施肥2～3次，真叶长到3～4对时分苗、摘心。气温较低的地区，花后剪去残枝叶，可重发新梢，再次开花。

- **病害防治** 病害主要是灰霉病和菌核病，发现病株立即整理或剔除，并用速克灵、菌核净等防治。

别名：囊距花、耐美西亚	科属：玄参科龙面花属
用途：高茎大花种可作切花，矮种适于盆栽，或用于花坛。	

柳穿鱼 > 花语：顽强

Linaria maroccana Hook.f.

花枝细如垂柳，花儿像一条小鱼，故名柳穿鱼。柳穿鱼的根发芽迅速，繁殖力超强，在园艺种植中很让人头疼。

叶对生，长条形

花密集，黄色

主根长，红褐色

· **产地及习性** 原产摩洛哥。喜光，耐寒，忌酷热，宜中等肥沃、适当湿润而又排水良好的土壤。

· **形态特征** 一年生草本。株高30～80cm，上部枝叶具短柔毛；茎圆柱形，灰绿色；叶对生，长条形，全缘；总状花序顶生，花密集，黄色，花冠基部具长距。花期5～6月。

· **繁殖及栽培管理** 播种繁殖。9月下旬至10月上旬，将种子播于露地，保持土壤湿润，15天左右即可发芽。小苗初期生长缓慢，在移植1次后，可于11月中旬定植。管理粗放。

别名：小金鱼草、姬金鱼草、摩洛哥柳穿鱼	科属：玄参科柳穿鱼属
用途：布置花坛、花境，也可盆栽。全草可入药。	

麦秆菊 > 花语：永恒的记忆

Helichrysum bracteatum (Vent.)Anbr.

· **产地及习性** 原产澳大利亚，现东南亚和欧美栽培较广。喜阳光，不耐寒，忌酷热，宜湿润肥沃、排水良好的稍黏质土壤。

· **形态特征** 多年生草本，常作一二年生草本栽培。株高50～100cm，全株具微毛；茎直立，上部多分枝；叶互生，长椭圆状披针形，全缘、短叶柄；头状花序单生枝顶，总苞片多层，呈覆瓦状，形似花瓣，有白、粉、橙、红、黄等色，管状花位于花盘中心，黄色；瘦果小棒状。花期7～9月，果期9～10月。

· **繁殖及栽培管理** 播种繁殖。在春季露地直播，发芽适温15～20℃，稍覆土，一周左右可出芽。出苗后应及时间苗，幼苗经1次移植，长有7～8片真叶时定植。为促使分枝、多开花，生长期可摘心2～3次。麦秆菊根系浅，抗旱能力差，注意浇水防旱。施肥不宜过多，否则花色不艳。

别名：蜡菊、贝细工	科属：菊科蜡菊属
用途：常用作布置花坛、花境，或盆栽欣赏，还可自然阴干或加工成干花制品。	

毛地黄

Digitalis purpurea L.

花

- **产地及习性** 原产欧洲西部。耐寒、耐旱、耐贫瘠。喜光，也耐荫，尤喜富含有机质的肥沃土壤。

- **形态特征** 多年生草本，常作二年生栽培。株高90～120cm，除花冠外，全株被灰白色短柔毛；茎直立，少分枝；基生叶互生，具长柄，卵形至卵状披针形，叶背网脉明显，叶缘有齿；茎生叶叶柄短或无，长卵形；总状花序顶生，花冠钟形，生于花序一侧，下垂；花紫色，有深色小斑点。花期6～8月。

- **繁殖及栽培管理** 播种或分株繁殖。秋播，9月盆播或露地苗床育苗，发芽适温为15～18℃，约10天发芽。盆播者待真叶长出3～4片时上3寸盆，置冷床过冬，开春后定植于花坛；露地育苗者，待苗长出4～5片叶后直接定植于花坛。栽培过程中，每隔2～3周施肥一次。花开后，剪去花梗，第二年能再次抽梗开花。老株可分株繁殖，分株宜在早春进行易活。基质的湿度要达到一定的标准。发芽过程中要有光照。也可春播。

花钟形，生于一侧，下垂

叶面皱缩，叶缘有齿

别名：洋地黄、指顶花、自由钟、心脏草、吊钟花	科属：玄参科毛地黄属
用途：在布置于花境、花坛、岩石园中。叶子可入药。	

玫瑰茄

Hibiscus sabdariffa L.

玫瑰茄开放时，红、绿、黄相间，十分美丽，因此有"植物红宝石"的美誉。

- **产地及习性** 原产非洲和亚洲，现中国广东、广西、福建、云南、台湾等地均有栽培。喜光、温暖、不耐寒、耐干旱贫瘠。

- **形态特征** 一年生大型草本。株高1～2m；茎直立，粗壮；叶矩圆形，3裂，边缘具齿；花单生于叶腋，花大，深黄色；花萼杯形，紫红色；蒴果卵球形，内有种子20～30粒，种子肾形，深灰褐色。花期10月，果期11月。

- **繁殖及栽培管理** 播种繁殖。一般在春季将种子直播于露地，苗高15cm时定植，如果以采花萼和种子为主，株距保持在70～80cm；如果以生产纤维为主，株距为30～50cm。大面积栽培时，每年需施肥1～2次。

花大，花瓣开阔

叶矩圆形，3裂

茎、枝、叶柄紫红色

别名：洛神花、洛神葵、洛神果、山茄、洛济葵	科属：锦葵科木槿属
用途：常用于园林背景材料、丛植或盆栽。嫩叶、幼果腌制后可食用，花萼可提炼出染色剂，茎皮可制作绳索和纸张。	

美女樱 >花语：相守

Verbena hybrida Voss

美女樱姿态优美，花色丰富，色彩艳丽，盛开时如花海一样，令人流连忘返。

· 产地及习性 原产巴西、秘鲁、乌拉圭等南美洲地区，现在世界各地广泛栽培。喜阳光、湿润，不耐阴、不耐旱，较耐寒，宜疏松肥沃的土壤。

· 形态特征 多年生草本，常作一二年生栽培。株高15～50cm；茎四棱形，低矮粗壮，丛生而铺覆地面，全株具灰色柔毛；叶对生，长圆形至披针状三角形，边缘具齿，基部常有裂刻；穗状花序顶生，多数花密集排列呈伞房状；苞片近披针形，花萼细长筒状，花冠漏斗状，花色有白、粉红、深红、紫、蓝等，具芬芳。花期长，4月至霜降前开花陆续不断。

· 繁殖及栽培管理 常用扦插、压条繁殖，也可分株或播种。在4～7月扦插，气温以15～20℃为宜，剪取稍硬化的新梢，切成6cm左右的插条，插于温室沙床或露地苗床。扦插2～3天后可稍受日光，15天左右发出新根，当幼苗长出5～6枚叶片时移植，长到7～8cm高时定植。植株成活后适时摘心，促使枝叶繁茂，多开花。播种在春、秋季进行。早春在温室内播种，2片真叶后移栽，4月下旬定植。

花冠漏斗状，花色丰富，具芬芳

叶对生，边缘具齿，基部常有裂刻

叶腋生小叶

茎四棱形，全株具灰色柔毛

别名：草五色梅、铺地马鞭草、铺地锦、四季绣球、美人樱	科属：马鞭草科马鞭草属
用途： 美人樱株丛矮密，花繁色艳，可用作花坛、花境材料，适合盆栽观赏或布置花台花境。	

千日红 > 花语：不朽

Gomphrena globosa L.

大多数的花虽然艳丽多姿，可是很快就会凋谢，只有千日红常开不败，经久不褪。因此人们认为它象征着永恒的爱、不朽的恋情。

头状花序单生，圆球形

花梗长

分枝生于叶腋，在幼苗期应数次"掐顶"

灰白色的根系

茎直立，上部多分枝

植株部分图

· 产地及习性 原产亚洲热带地区，现广为栽培。喜温暖、耐阳光、性强健，适生于疏松肥沃排水良好的土壤中。

· 形态特征 一年生直立草本。株高20～60cm，被白色硬毛；茎直立，上部多分枝；叶对生，纸质，短圆状倒卵形，全缘；头状花序单生，圆球形，具长梗；花小而密，每花有2片紫红色的膜质小苞片，是主要观赏部位。花期8～10月。

· 繁殖及栽培管理 播种繁殖。春季时，将种子拌土播于温床或室内盆中。种子的发芽温度为16～23℃，7～10天可出苗。待幼苗长出2～3片真叶时，移植1次，1个月左右可定植。幼苗期应数次"掐顶"，促使植株低矮，分枝及花朵增多。另外，肥水不宜过多，花后需进行修剪和施肥，能重新抽芽，再次开花。

· 病害防治 千日红多为叶斑病，可喷施25%腈菌唑乳油8000倍液2～3次，每隔15天1次。

别名：火球花	科属：苋科千日红属
用途：布置花坛、花境，也可盆栽或作切花、干花用。花序可入药。	

27

屈曲花

Iberis amara L.

- **产地及习性** 原产西欧。喜向阳，耐寒，忌炎热，要求丰富腐殖质的疏松而排水良好的土壤，畏涝。

- **形态特征** 二年生草本。株高15～30cm，茎直立，多分枝，疏被柔毛；叶互生，披针形，边缘有钝锯齿；花序球形伞房状，顶生，花白色，有香气。花期5～6月。

- **繁殖及栽培管理** 播种繁殖，也可扦插繁殖。播种一般在9月，发芽适温20℃，出苗后需移植1次，幼苗长出3～4片真叶时可定植于盆中，冬季置于冷床或冷室越冬，第二年3月可脱盆栽于露地。栽培期间，适当施肥、浇水，管理粗放。

叶互生，披针形

- **病害防治** 主要有黑斑病、灰霉病和锈病危害，可用25%多菌灵可湿性粉剂500倍液喷洒防治。

别名：珍珠球、蜂室花	科属：十字花科屈曲花属
用途：常用于布置岩石园、花坛、花境或盆栽。	

蛇目菊

Coreopsis tinctoria Nutt.

- **产地及习性** 原产北美中部及西部。喜阳光，耐寒、耐干旱、耐瘠薄，不择土壤，肥沃土壤易徒长倒伏。凉爽季节生长较佳。

- **形态特征** 一二年生草本。株高60～80cm，全株光滑，上部多分枝；叶对生，基生叶二至三回羽状深裂，裂片披针形，茎生叶无柄或具翅柄；头状花序顶生，具细长梗，常数个花序组成聚伞花丛，舌状花单轮，花瓣6～8枚，黄色，基部或中下部红褐色，管状花紫褐色；瘦果纺锤形。花期6～8月。

- **繁殖及栽培管理** 播种繁殖。春秋播种，5～6月开花；6月播种，9月开花；秋播于9月先播入露地，分苗移栽1次，10月下旬囤入冷床保护越冬，来年春季开花。幼苗出土后，适当间苗，且让苗充分接受阳光照射。待大部分的幼苗长出3片或3片以上的叶子后就可移栽上盆。

管状花紫褐色

舌状花单轮，花瓣6～8枚，黄色

花梗细长

叶对生，二至三回羽状深裂，裂片披针形

别名：小波斯菊、金钱菊、孔雀菊	科属：菊科金鸡菊属
用途：常用于花坛、花境、地被，也可作切花。	

三色堇

Viola tricolor L var.hortensis DC.

三色堇有3种颜色对称地分布在5个花瓣上，远远看去，就像猫的两只耳朵、两颊和一张嘴，因此被叫作猫脸花。

· 产地及习性 原产欧洲，现世界各地广为栽培。喜冷爽气候，耐寒，要求肥沃湿润、排水良好的砂质土壤。

· 形态特征 二年生或多年生草本。株高10~40cm；茎较粗，多分枝；叶互生，基生叶长卵形或披针形，具长柄，茎生叶卵形至长圆状披针形，边缘具齿；托叶大而宿存，羽状深裂；花大，腋生，两侧对称，侧向开放，花瓣5枚，通常每花有紫、白、黄三色。花期4~7月。

· 繁殖及栽培管理 常用播种繁殖。一般在秋季将种子播种于露地，发芽适温15~20℃，10~15天即可发芽。待幼苗长出2~3片叶时，假植于盆中育苗，追肥1~2次，叶片长至5~7片时再移植栽培。此外，可在初夏扦插或压条繁殖，以植株中心根茎处萌发的短枝作插穗较好，约2~3个星期即可生根，成活率高。

红色种子

花瓣5枚，
有3种颜色

托叶羽状深裂

叶具长柄，
边缘具齿

别名：蝴蝶花、人面花、猫脸花、阳蝶花、鬼脸花	科属：堇菜科堇菜属
用途：三色堇管理粗放，适应性强，可布置花坛、草坪或盆栽欣赏。	

深波叶补血草

Limonium sinuatum Mill.

· 产地及习性 原产地中海沿岸，中国多种植于新疆、东北、华北、西北等地。喜阳光充足、排水良好的环境，忌水涝。

· 形态特征 二年生草本。株高20~60cm，全株被粗毛；叶基生，矩圆状倒卵形，羽状裂，边缘波状；聚伞花序，花萼较长，干膜质，有白、蓝、红、黄等色，花瓣黄色。花期5~6月。

· 繁殖及栽培管理 繁殖有播种繁殖和组织培养育苗两种方式。播种可在9月~次年1月进行，种后稍加覆土，保持温度在15~20℃的条件下，10天左右即可发芽。萌芽出土后需通风，小苗具5片以上真叶时定植。栽植深度以基质稍高于根颈部为宜，定植后应有2个月的时间保持15℃以下温度，以利于正常开花。整个生育期要适当控制浇水量，可在花期追施肥1次。

聚伞花序

茎具翅

别名：勿忘我、星辰花、不凋花、勿凋花	科属：蓝雪科补血草属
用途：适于花坛及切花栽培，也是良好的干花材料。	

石竹

Dianthus chinensis L.

石竹花朵繁密，色泽鲜艳，白天开放，夜晚闭合，因为茎部有膨大的节，与竹子很像，所以叫石竹。

花瓣5枚，顶端有齿

茎节明显

叶对生，条形或线状披针形，无柄

茎直立，有节，多分枝

• 产地及习性

原产中国东北、华北、长江流域，分布很广。喜阳光充足、凉爽湿润的环境，耐寒、耐干旱，忌水涝、潮湿，好肥。

• 形态特征

多年生草本，一般作一二年生栽培。植株较矮，高20～40cm；茎直立，有节，多分枝；叶对生，条形或线状披针形，先端渐尖，基部抱茎；花单朵或数朵簇生在茎顶，成聚伞花序，花大，花色多样，具香气；种子扁卵形，灰黑色，边缘有狭翅。花期4～5月，果期8～10月。

• 繁殖及栽培管理

播种和扦插繁殖。北方秋播，来春开花；南方春播，夏秋开花。种子发芽温度在21～22℃，播后5天发芽，9～11周即可长到成苗。苗期生长温度为10～20℃。扦插繁殖时，将枝条剪成6cm长的小段，插于砂床或露底苗床，植株长根后定植。定植距离约30cm，之后每3个星期施肥1次，摘心2次，促使其分枝。花后剪去花枝，每隔1周施肥1次，可再开花。

• 病害防治

常有锈病和红蜘蛛危害。锈病可用50%萎锈灵可湿性粉剂1500倍液喷洒，红蜘蛛用40%氧化乐果乳油1500倍液喷杀。

别名：洛阳花、中国石竹、石柱花、汪颖花、洛阳石竹	科属：石竹科石竹属
用途：布置花坛、花境或做地被植物，也可盆栽或切花。全草可入药。	

矢车菊

> *花语：幸福*

Centaurea cyanus L.

在德国，无论在哪里都可以看见矢车菊的身影。它们以美丽的花形、芬芳的气息、顽强的生命力赢得了德国人民的赞美和喜爱，因此被奉为国花。矢车菊象征着幸福。

头状花序单生枝顶

总苞多轮

花序枝叶小，长披针形

总花梗细而长

全株有绵毛

· 产地及习性 原产欧洲。喜光，不耐阴湿，较耐寒，喜冷凉，忌炎热，宜在肥沃疏松和排水良好的沙质土壤生长。

· 形态特征 一二年生草本。株高30～70cm，全株多薄绒毛，幼时尤多；茎直立，自中部分枝，偶有不分枝；基生叶长椭圆状倒披针形或披针形，全缘，有时近基部羽裂；头状花序单生枝顶，具细长总梗，舌状花蓝、紫、粉、红及白色。花期6～8月。

· 繁殖及栽培管理 播种繁殖。春秋均可播种，以秋播为好。将种子播在苗床里，覆土以不见种子为度，稍加压实，盖上草、浇足水，经常保持土壤湿润，发芽后去盖草。待幼苗具6～7片小叶时，移栽或定植。栽植成活后，每隔10天施肥一次，到第二年3月止，等待开花。

★**注意：**矢车菊全株有毒，误食后，会引起下肢麻痹、食欲不振、腹泻等现象。

别名：蓝芙蓉、翠兰、荔枝菊	科属：堇菜科堇菜属
用途：常用于花坛、草地镶边或盆花观赏，还可用作切花。	

天人菊

Gaillardia pulchella Foug.

- **产地及习性** 原产北美，现世界各地都有栽培。喜光，耐干旱、半阴，不耐寒，宜排水良好的疏松土壤。

- **形态特征** 一年生草本植物。株高20～60cm，全株被柔毛；茎多分枝；叶互生，披针形、矩圆形至匙形，全缘，近无柄；头状花序顶生，具长梗，舌状花黄色，基部紫红色，先端3齿裂，管状花先端成尖芒状，紫色。花期7～10月，果期8～9月。

- **繁殖及栽培管理** 播种和扦插繁殖。一般在春季4月露地播种，大约2周即可发芽、出苗，待真叶长至4片后移植1次，当苗高6cm左右定植，定植株距宜在20～40cm。扦插在秋季进行，把摘下来的粗壮、无病虫害的顶梢作为插穗，直接用顶梢扦插，来年4月初定植。

果实

花顶生，舌状花黄色至紫红色，先端3齿裂

别名: 虎皮菊、忠心菊、六月菊	科属: 菊科天人菊属
用途: 天人菊花姿娇娆，色彩艳丽，花期很长，常用作花坛、花丛的材料。	

万寿菊

Tagetes erecta L.

万寿菊有吉祥之意，很早以前就被人们视为敬老之花。逢年过节，特别是老人寿辰，人们往往都以万寿菊作赠品，以示健康长寿。

- **产地及习性** 原产墨西哥。喜温暖、阳光，耐干旱、半阴，稍耐阴，对土壤要求不严，以肥沃、排水良好的砂质土壤为佳，抗性强。

- **形态特征** 一年生草本。株高60～100cm，全株具异味；茎直立，粗壮，绿色；叶对生，羽状全裂，裂片披针形，具锯齿，全叶有油腺点，有强烈臭味；头状花序顶生，总花梗肿大，花黄色或橙色；瘦果黑色，冠毛淡黄色。花期8～9月。

- **繁殖及栽培管理** 播种繁殖或扦插繁殖。播种繁殖，在春季将种子播在露地苗床，发芽迅速，及时间苗。苗具5～7枚真叶时定植。对肥水要求不严，干旱时适当浇水即可。后期植株容易卧倒，应设支柱。扦插繁殖一般在夏季，2周左右即可生根，1个月就能开花。管理较简单，从定植到开花前每20天施肥一次；摘心促使分枝。

头状花序顶生

叶羽状全裂，有臭味

别名: 臭芙蓉、万寿灯、蜂窝菊、蝎子菊	科属: 菊科万寿菊属
用途: 常用于布置花坛、花境、花丛，也可作切花。	

五色草

Alternanthera bettzickiana(Regel)Nichols.

五色草植株低矮、叶色鲜艳，可以组栽成各种文字、花纹和图案的平面或立体形象，把死板的绿化变得生动活泼，从而给人以美的享受。

花白色

• 产地及习性

原产南美巴西，中国各地有栽培。喜高温、好阳光、略耐阴、不耐寒、湿、旱，生长季节要求排水好。

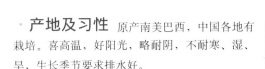

舌状叶对生，形小，颜色多变

头状花序

绽放的花，白色

茎直立，红色

• 形态特征

多年生草本。植株低矮；茎直立，呈密丛，节膨大；叶舌状对生，形小，有红、绿、黄等多种颜色及斑纹、斑点，是主要观赏部位；叶柄极短；头状花序，生于叶腋，花白色。花期12月～次年2月。

• 繁殖及栽培管理

扦插繁殖。取具有2节的枝作插穗，以3～4cm的株距插入黄沙、珍珠岩或土壤中。插床床温宜在22～25℃，温暖季节3～4天即可生根，2周后就能种植在花坛里。母株一般用花盆或木箱种植，长江流域以北的地区，需在秋末将种苗育好，移入温度在15℃左右的室内，放在光照处，不需要施肥，半干时浇水。春季来临，增加浇水量，开始施肥，促进母株生长。

• 病害防治

五色草易受叶枯病和叶斑病危害，可用70%代森锰锌可湿性粉剂600倍液喷洒。冬季室内越冬，易遭受粉虱和红蜘蛛危害，用25%亚胺硫磷乳油 1000倍液喷杀。

别名：红绿草、锦绣苋、五色苋	科属：苋科虾钳菜属
用途：最好的模纹花坛和立体花坛材料，也可作花篮、花束的配叶使用。	

夏堇

Torenia fournieri Lind.

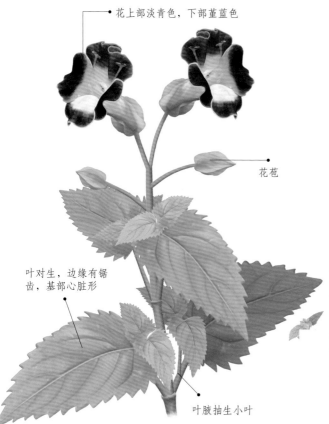

花上部淡青色，下部堇蓝色

花苞

叶对生，边缘有锯齿，基部心脏形

叶腋抽生小叶

· **产地及习性** 原产亚洲热带地区。喜高温，好半阴及湿润环境，耐炎热，对土壤适应性强。

· **形态特征** 一年生草本。植株矮小，株形整齐而紧密；茎光滑多枝，四棱形；叶对生，边缘有细锯齿，端部短尾状，基部心脏形；花腋生或呈总状花序顶生，花冠二唇形，上部淡青色，下部堇蓝色，喉部有黄色斑点。花期6～10月。

· **繁殖及栽培管理** 播种繁殖。春季播种，因种子细小，可掺些细沙，播种后可不覆土，10天左右发芽，待真叶长到5片或株高达10cm时移栽。栽培时宜放在光照充足的地方，为保持花色艳丽，栽培前需施用有机肥做基肥，生长期施2～3次化肥或有机肥，以保持土壤的肥力。

 Tips 如何区别夏堇和三色堇：
◎ 夏堇的茎为四棱形，三色堇的茎为圆形。
◎ 夏堇的叶为对生，三色堇的叶为互生。
◎ 夏堇的花喉部有黄斑，三色堇的花具距。

别名： 蓝猪耳、花瓜草、蝴蝶草	**科属：** 玄参科蝴蝶草属

用途： 适合阳台、花坛、花台等种植，也是优良的吊盆花卉，还可作小面积的地被植物。

香雪球

Lobularia maritima (L.) Desv.

- **产地及习性** 原产地中海沿岸。喜冷凉，忌炎热，稍耐阴，要求阳光充足、疏松的土壤，忌涝，较耐干旱瘠薄。

- **形态特征** 多年生草本，常作一二年生栽培。植株矮小而多分枝，高15～30cm；叶披针形，全缘或有不明显齿；总状花序顶生，花朵密生，成球形，花白色或淡紫色，具

芳香；短角果，每室种子1粒。花期3～6月或9～10月。

- **繁殖及栽培管理** 播种或扦插繁殖。播种宜在秋季，扦插也可取生长壮实的枝条于秋季进行。待幼苗长出真叶3～4片时，定植于盆中，冬季需放入冷床或冷室越冬，第二年3～4月可脱盆种植。栽培期间需追肥、松土，开花后要剪去残枝，继续施肥，并置于半阴处。

总状花序，花密集成球形

叶互生，披针形

别名：庭芥、小白花	科属：十字花科香雪球属
用途：香雪球幽香宜人，是布置岩石园的优良花卉，也是花坛、花境的优良镶边材料，盆栽观赏也很好。	

勋章菊

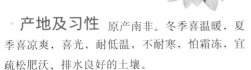

Gazania rigens R.Br.

- **产地及习性** 原产南非。冬季喜温暖，夏季喜凉爽，喜光，耐低温，不耐寒，怕霜冻，宜疏松肥沃、排水良好的土壤。

- **形态特征** 多年生草本。株高20～30cm；叶丛生，披针形、倒卵状披针形或扁线形，全缘或有浅羽裂，叶背密被白绵毛；头状花序自基部抽出，具长总梗，舌状花1～3轮，白、黄、橙红色，有光泽。花期5～10月。白天开放，晚上闭合。

- **繁殖及栽培管理** 播种或扦插繁殖。春、秋皆可播种，控制苗床温度在18～21℃，3天左右出苗，待有1对真叶时移苗。苗期控制气温15～25℃，土壤水分控制适中，充分见光，无霜后定植露地。扦插繁殖室内栽培全年都可进行扦插，露地栽宜在春、秋季进行。用芽作插穗，留顶端2片叶，插入沙床里，控温20～25℃，保持较高的空气湿度，一般20～25天即可生根。

花苞

果实

全株图

别名：勋章花、非洲太阳花	科属：菊科勋章菊属
用途：常用于布置花坛、花境或室内盆栽欣赏。	

雁来红

Amaranthus tricolor L.

每当深秋来临，雁来红的基部叶变为深紫色，顶叶则变成猩红色，而此时正是"大雁南飞"的季节，所以给它取了个美丽的名字——雁来红。

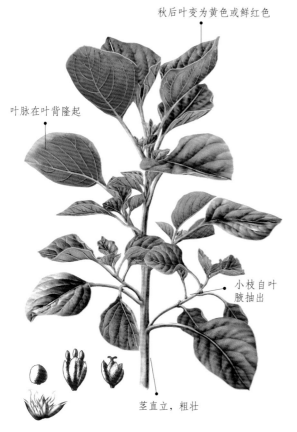

秋后叶变为黄色或鲜红色

叶脉在叶背隆起

小枝自叶腋抽出

茎直立，粗壮

形状、颜色各异的叶

·产地及习性 原产于亚洲热带。喜阳光，好湿润及通风良好的环境，耐寒、耐碱，对土壤要求不严。

·形态特征 一年生草本。株高60～100cm；茎直立，粗壮，分枝少；单叶互生，卵形至披针形，基部常暗紫色，入秋后顶叶、中下部叶变为黄色或鲜红色。观叶期8～10月。

·繁殖及栽培管理 播种和扦插繁殖。播种，春季5月进行，常采用露地苗床避光直播，约1周后出苗。间苗后，可移植1次，待株高10cm时定植。扦插，一般在错过播种季节后使用，剪取中上部枝条，剪成10～15cm长，削口要平，下切口距叶基约2mm，插入细沙、蛭石、珍珠岩中即可。

·病害防治 白粉虱是雁来红栽培中最常见的虫害，防治措施有三步：①清除感病植株；②进行基质消毒；③用杀菌剂在定植时进行浇灌或喷施，主要药剂有恶霉灵、根菌清等。

★注意： 避免应用于野生环境中，极容易造成生物入侵。

别名：老来少、三色苋、苋、老少年、向阳红、猩猩红	科属：苋科苋属
用途：作花坛、花境材料，也可盆栽、切花陈设，还可入药。	

一串红 > 花语：恋爱的心

Salvia splendens Ker-Gawler

　　一串红因花枝上有十几朵红花而得名，是节日期间重要的花坛花卉。成片种植时，红红火火，十分壮观。

← 轮伞花序，花萼红色，花冠唇形

叶对生，边缘有锯齿

植株多分枝

· 产地及习性 原产南美巴西。喜温暖和阳光充足环境，不耐寒，耐半阴，忌霜雪和高温，怕积水和碱性土壤。

· 形态特征 多年生，常作一二年生栽培，株高30～80cm，茎四棱形，具浅槽，节间处常带红紫色；叶对生，卵形，边缘有锯齿；轮伞花序在枝上部排列成总状，花冠唇形，花冠、花萼同为鲜红色。花期7～11月。

· 繁殖及栽培管理 多用播种和扦插繁殖。播种于春季3～6月进行，发芽适温21～23℃，播后不必覆土，15～18天可发芽。扦插于夏秋5～8月进行，选择粗壮枝条（长10cm即可），插入腐叶土中，保持20℃，约10天可生根，20天可移栽。小苗长到3～4对真叶时应摘心，栽培期间至少摘心2～3次。生长前期每两天浇水一次，浇水多会使叶片发黄、脱落；进入生长旺期，增加浇水量，并开始施追肥，每月施2次，可使花开茂盛、延长花期。

别名：爆仗红（炮仗红）、撒尔维亚、象牙红、西洋红	科属：唇形科鼠尾草属
用途：一串红花期长，不易凋谢，常用作花坛和盆栽观赏；还可作切花；全草入药。	

银边翠

Euphorbia marginata Pursh.

　　银边翠顶叶呈银白色，下部叶为绿叶，白绿相间，给人清凉之感，在炎炎的夏季布置花坛，更能发挥其色彩之美。

蒴果，种子有种瘤突起

花序小，白色，簇生枝顶

上部叶对生或轮生

茎叉状分枝

下部叶互生

全株具柔毛，内含有毒的白汁

· 产地及习性　原产北美，现中国各地均有栽培。喜温暖、阳光，不耐寒，耐干旱，忌湿润和水涝，宜在疏松肥沃和排水良好的沙壤土中生长。

· 形态特征　一年生草本。株高50～70cm，全株具柔毛，内含有毒的白汁；茎直立，叉状分枝；下部叶互生，上部叶对生或轮生，叶卵形或椭圆状披针形，入夏后顶部叶片边缘或全叶变白色；杯状聚伞花序小，簇生于枝顶；蒴果扁圆形，种子有种瘤突起。花期6～9月，果期7～10月。

· 繁殖及栽培管理　播种和扦插繁殖，但以播种为主。一般在春季露地直播，7～10天可发芽，发芽后间苗1次，幼苗期也可移植1次，定植要早。扦插繁殖，要以嫩枝作为插穗，待插条剪口干燥后再插，否则剪口易腐烂。

别名：高山积雪、象牙白	科属：大戟科大戟属
用途：银边翠叶色白绿相间，具有清凉感觉，适宜布置花丛、花坛、花境，也可作隙地绿化用。	

虞美人

Papaver rhoeas L.

虞美人姿态优美，犹如彩蝶展翅。它兼具素雅与华丽之美，堪称花草中的妙品。比利时将其作为国花。

果实圆球形，种子多数

花开后向上，花色丰富

花苞下垂

花梗长，被长硬毛

叶长椭圆形，边缘有不规则的锯齿

产地及习性 原产欧洲及亚洲，北美也有广泛分布。喜阳光充足、通风良好的环境，耐寒，怕暑热。

形态特征 一二年生草本。株高40～80cm，有乳汁，被绒毛，茎直立；叶互生，长椭圆形，边缘有不规则的锯齿；花单生，具长梗，花苞下垂，花开后向上；花瓣4枚，圆形或椭圆形，花色多样，有时具斑点。果实圆球形，种子多数。花期4～7月，果期6～8月。

繁殖及栽培管理 播种或自播繁殖。秋季时，将种子拌细土或沙播种，播种土也要细，种后不覆土或少覆土。真叶长出3～4片时定植，注意植株要带土。入冬前和开春施肥1～2次，忌太多太浓，易使叶片枯焦。另外，还要及时除草、松土、修剪残花，以使幼株苗壮生长。但虞美人全株有毒，栽培时应小心。

病害防治 虞美人很少发生病虫害，但偶尔会遭金龟子幼虫、介壳虫为害，若发现可用40%氧化乐果1000倍液喷除，每7天喷施两次即可。

别名：丽春花、舞草、小种罂粟花、苞米罂粟、蝴蝶满园春、赛牡丹、百般娇	**科属：**罂粟科罂粟属
用途：美化花坛、花境、花带、草地，也可作切花，还可以入药。	

月见草 > 花语：默默的爱

Oenothera biennis L.

在静静的月光下，阵阵幽香扑来，令人神清气爽，这就是傍晚才会悄悄绽放的月见草。

· **产地及习性** 原产南美智利及阿根廷等地，现在世界各地广泛栽培。适应性强，喜阳光，不耐热，耐瘠、抗旱、耐寒，要求疏松肥沃、排水良好的土壤。

· **形态特征** 二年生草本。株高100～120cm，全株具毛；茎绿色；基生叶狭倒披针形，茎生叶卵圆形，叶缘具不整齐疏齿；花序

穗状，花常2朵簇生于叶腋，下部花稀疏，向上逐渐紧密，花大，花瓣4枚，倒卵形，黄色，具香味。花期6～9月。

· **繁殖及栽培管理** 播种繁殖，北方春播，淮河以南各地秋季或春季播种育苗。播种后，覆土薄薄一层，保持土壤湿润，10～15天发芽出苗。月见草自播能力强，经一次种植，其自播苗即可每年自生，开花不绝。

花瓣4枚

叶缘具齐疏齿

根系发达

别名：待霄草、夜来香、山芝麻、野芝麻	科属：柳叶菜科月见草属
用途：一般作为花境背景材料，或丛植、栽植。	

诸葛菜

Orychophragmus violaceus (L.) O.E.Schulz

· **产地及习性** 原产中国东部、华北等地区。适应性强，喜冷凉、阳光，耐寒、耐阴，对土壤要求不严。

· **形态特征** 二年生草本。株高20～70cm，茎直立且仅有单一茎，光滑、有白色粉霜；基生叶近圆形，下部叶羽状分裂；顶生叶三角状卵形，无叶柄；侧身叶歪卵形，有柄；总状花序顶

生，花深紫色或淡紫色，随着花期的延续，花色逐渐转淡，最终变为白色。花期4～5月。

· **繁殖及栽培管理** 播种繁殖。秋季9月可直接撒播，出苗后结合间苗进行移栽，成活率极高。栽培期不需要多加养护，正常浇水，施肥1～2次即可。害虫有蚜虫、菜青虫、蜗牛等，但不会有严重危害。另外，诸葛菜的果实成熟后，会开裂，弹射出种子，自行繁殖。

别名：二月兰、菜子花、紫金草	科属：十字花科诸葛菜属
用途：一般栽于林下、林缘、住宅、桥下、山坡或草地边缘，也可成片种植，或与各种灌木混栽，形成春景特色；嫩叶和茎可食。	

醉蝶花 > 花语：神秘

Cleome spinosa L.

醉蝶花花形别致，花色娇艳，长长的花蕊伸出花冠之外，如龙须飞舞，很是有趣。因它的花瓣有蜜腺，常引得飞蝶陶醉，故得名醉蝶花。

总状花序顶生，花多数，花色丰富

花蕊像一根根长长的触须伸出花瓣之外

叶柄基部有两枚小钩刺

掌状复叶互生，小叶5～7枚

产地及习性

原产南美热带地区，现世界各地广泛栽培。喜阳光高温，亦耐半阴干旱，忌寒冷、忌积水。

形态特征

一年生，植株高60～100cm，被有黏性腺毛，枝叶有强烈的气味。掌状复叶互生，小叶5～7枚，长椭圆状披针形，有叶柄，叶柄基部有两枚托叶演变成的小钩刺。总状花序顶生，花多数；花瓣4枚，花色有粉白、粉红和淡紫红色等；雄蕊6枚，蓝紫色，像一根根长长的触须伸出花瓣之外，雌蕊更长；蒴果线形，有长的果柄。花期7～9月。

繁殖及栽培管理

播种繁殖。生长期每半月施肥1次，以后每月1次。平时浇水以保持半墒状态为好。

别名：西洋白花菜、凤蝶草、紫龙须	科属：白花菜科醉蝶花属

用途：夏秋季节可用来布置花坛、花境，也可将其作为盆栽观赏。园林应用中，可将其在林下或建筑阴面。醉蝶花是非常优良的抗污花卉，能吸收甲醛，对二氧化硫、氯气的抗性强，所以在污染较重的工厂矿山也适宜种植。

紫茉莉

Mirabilis jalapa L.

这是一种极易种养的花卉，只要将小地雷般的种子撒在土里，不用任何关照，它们就会乖乖地发芽、生长，还会四处乱爬。而且，它们还会依靠掉落的种子，繁衍"后代"。

花喇叭状，花色多样，傍晚开放，清晨凋谢

叶脉明显

叶对生，卵形或卵状三角形

主茎圆柱形，直立，茎节膨大

· **产地及习性** 原产于南美热带，现中国各地均有分布。喜温暖、湿润、半阴，不耐寒，不择土壤。

· **形态特征** 多年生草本，常作一年生栽培。株高可达1m；根肥粗，倒圆锥形，黑色或黑褐色；主茎直立，圆柱形，多分枝，茎节膨大；叶对生，卵形或卵状三角形，先端尖，全缘；花顶生，3～5朵成簇，花色多样，傍晚开放，清晨凋谢；果实圆形，成熟时黑褐色。花期8～11月。

· **繁殖及栽培管理** 播种繁殖。春季直播露地，幼苗真叶长出后移植1次，也可间苗后直接定植。生长快，耐移栽，对肥水要求不严，管理粗放。
花后也可直播。

★ **注意**：避免在野生环境中使用，容易造成生物入侵。

别名：夜顶花、胭脂花、地雷花、洗澡花	科属：紫茉莉科紫茉莉属
用途：庭院丛植、暖地地被；叶、根均可入药。	

紫罗兰 <small>> 花语：信任、宽容</small>

Matthiola incana(L.)R.Br.

紫罗兰花香清幽似兰，并含着桂花般的甜润，给人以亲切舒适的感受。

总状花序，花单瓣或重瓣，花色丰富

花梗粗壮

叶互生，长圆形至倒披针形

茎直立，全株有灰色柔毛

·产地及习性
原产地中海沿岸。喜凉爽，忌燥热，稍耐寒，怕渍水，宜疏松肥沃、土层深厚、排水良好的土壤，忌酸性土壤。

·形态特征
多年生草本。株高30～60cm，全株被灰色星状柔毛；茎直立，基部稍木质化；叶互生，长圆形至倒披针形，全缘；总状花序顶生和腋生，花梗粗壮，花有紫红、淡红、淡黄、白等颜色。花期4～5月。

·繁殖及栽培管理
播种繁殖，也可扦插。一般在9～10月进行盆播，播前将土壤浇湿，播后2周可发芽。在真叶展开前需分苗移植。栽培期间注意施肥，不可栽植过密，否则通风不良，易受病虫害。4月中旬可开花。北方寒冷地区需保护越冬。

别名：草桂花、四桃克、草紫罗兰	科属：十字花科紫罗兰属
用途：紫罗兰花期长，可以布置花坛、花境，或作盆花、切花。	

百合 > 花语：顺利、心想事成、祝福、高贵

Lilium brownii F. E. Brown ex Miellez

我们通常所说的百合泛指百合科百合属的多种植物，目前国内栽培的品种多达50余个，为鲜花市场中的重要花种。百合花花姿雅致、清香宜人，素有"云裳仙子"之称。而百合的鳞茎由鳞片抱合而成，有"百年好合"之意，被认为是吉祥花。

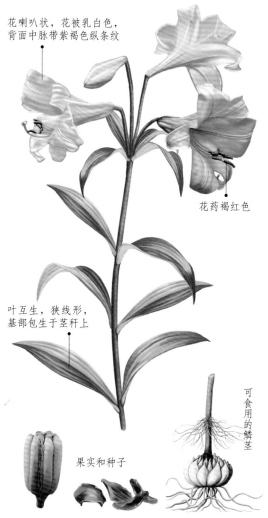

花喇叭状，花被乳白色，背面中脉带紫褐色纵条纹

花药褐红色

叶互生，狭线形，基部包生于茎秆上

可食用的鳞茎

果实和种子

产地及习性
原产中国南部沿海各省及西南地区，陕西、河南及河北有分布。喜湿润、半阴、光照、耐寒，不耐热，要求土层深厚、肥沃、排水良好的砂质土壤。

形态特征
多年生球根草本。株高40～60cm，也还有高达1m以上的，鳞茎扁球形，黄白色；茎直立，不分枝，被紫晕；单叶，互生，狭线形，无叶柄，直接包生于茎秆上，叶脉平行，有的品种在叶腋间生出紫色或绿色颗粒状珠芽；花簇生或单生，生于茎秆顶端，花冠较大，花筒较长，呈漏斗形喇叭状，花药褐红色，花被乳白色，背面中脉带紫褐色纵条纹，味芳香。花期8～10月。

繁殖及栽培管理
分球或扦插鳞片繁殖，也可播种。播种繁殖，应在秋季采后即播，20～30天发芽，幼苗期适当遮阳，入秋时，地下部分已形成小鳞茎，即可挖出分栽。鳞片扦插则宜选成熟肥大之鳞片，干后插入粗沙中；秋植球根，新芽常于第二年春发出。管理简单，花期追肥1～2次。不宜每年挖出鳞片，3～4年分栽一次即可。忌连作。

别名：野百合、紫背百合、山丹	科属：百合科百合属
用途：一般用于花境、丛植及草坪边缘，也可用作切花。	

百子莲

Agapanthus africanus Hoffmgg.

- **产地及习性** 原产南非，中国各地多有栽培。喜温暖、湿润和阳光充足的环境，不耐寒，宜半阴，对土壤要求不严。

- **形态特征** 多年生草本。株高80～100cm，有鳞茎；叶基生，二列排列，近革质、带状，光滑、浓绿色；花葶直立，高出叶丛，顶生伞形花序，花多数，漏斗形，蓝色。花期7～8月。

- **繁殖及栽培管理** 分株和播种繁殖。分株在春季3～4月换盆时进行，将过密的老株分开，每盆以2～3丛为宜。分株后第二年开花。播种在温暖的地方，可露地直播，播后15天左右发芽，小苗生长慢，需栽培5～6年才开花。生长期注意保持盆土潮湿，每2周左右施1次肥。越冬温度不低于8℃。北方需温室越冬。

花多数，漏斗形，蓝色

花葶直立，高出叶丛

叶二列排列，近革质，带状

别名：紫穗兰、紫花君子兰、百子兰	科属：石蒜科百子莲属
用途：百子莲叶色浓绿，花形秀丽，适于盆栽室内观赏，也可作岩石园和花境的点缀植物。	

垂花火鸟蕉

Heliconia rostrata Ruiz et Pavon

- **产地及习性** 原产阿根廷至秘鲁。喜温热、湿润、半阴环境，不耐寒，要求疏松、肥沃的土壤。

- **形态特征** 多年生草本。株高约2m，具根茎；叶革质、基生成二列，穗状花序顶生，通常下垂，苞片15～20枚，排成二列，互不覆盖，船形，基部红色，渐向尖变黄色，边缘绿色。花期春末夏初。

- **繁殖及栽培管理** 播种繁殖或早春分株繁殖。盆栽需用轻松、肥沃的土壤，生长期注意补水，夏季给予半阴，忌阳光直射，否则易把叶子晒伤。冬季室温10℃以上。一般管理。

叶革质，基生成二列

全株图

穗状花序顶生

别名：垂花海立康、金鸟褐尾蕉、垂序蝎尾蕉	科属：芭蕉科火鸟蕉属
用途：是珍贵的切花，也可盆栽观赏。	

长春花 >花语：美丽的回忆

Catharanthus roseus (L.) G. Don

长春花的嫩枝顶端，每长出一叶片，叶腋间便会随即冒出两朵花，因而花势繁茂、生机勃勃，从春天到秋天，开花不断，所以又有"日日春"之美名。

花冠高脚碟状

主脉明显，白色

叶对生，长椭圆状，光滑

茎直立，茎节明显

• 产地及习性

原产马达加斯加、印度。喜温暖、稍干燥和阳光充足环境，不耐寒，耐半阴，不择土壤，以肥沃和排水良好的土壤为佳，忌水湿。

• 形态特征

多年生草本，有时作一年生栽培。株高30～50cm，茎直立，多分枝；叶对生，长椭圆状，全缘，光滑无毛，主脉白色明显；聚伞花序顶生或腋生，花冠高脚碟状，花为玫瑰红、黄或白色。花期秋冬季。

• 繁殖及栽培管理

播种繁殖。春季，果实发黄时摘取（变黑时会裂开），在3～4月气温10℃以上时，用较疏松的人工介质，床播或箱播，2～3周发芽、出苗，待苗长出4～5对真叶时移栽1次，具6～7对真叶时即可在阴雨天定植。定植后摘心，促进分枝。生长期适当浇水，忌过湿。越冬温度5℃以上。

别名：日日春、日日草、四时春、时钟花、雁来红、草夹竹桃	科属：夹竹桃科长春花属
用途：长春花姿态优美，花期长，很适合布置花坛、花境或盆栽观赏。	

春黄菊

Anthemis tinctoria L.

花单生，金黄色

叶羽状裂，边缘有锯齿

产地及习性

原产欧洲，现世界各地都有栽培。适应性强，喜凉爽、阳光，耐寒、耐半阴，对土壤要求不严。

形态特征

多年生草本。株高30～80cm，具浓香气味；茎直立簇生，具条棱，被白色绵毛；叶长椭圆形，二回羽状裂，边缘有锯齿；头状花序单生，花金黄色。花期5～7月。

繁殖及栽培管理

播种繁殖，也可分株繁殖。播种在春、秋均可进行，但以9～10月播种为佳，发芽适宜温度18～22℃，1～2周即可发芽。出苗后，及时间苗，经1次移植后即可定植。分株繁殖一般在春季3月进行，切记要将枯叶、残根除去。管理粗放。

别名：西洋菊	科属：菊科春黄菊属
用途：春黄菊花朵细致，排列有序，是很好的园林花卉，适宜布置花坛、花境，也可作切花。	

瓷玫瑰

Etlingera elatior (Jack)R.M.Smith

产地及习性

原产非洲、南美洲和亚洲。喜光，稍耐阴，宜在疏松肥沃、排水良好的腐殖质土壤生长。

形态特征

多年生球根花卉。植株丛生，株高3～7m；叶互生，2行排列，长圆状披针形，深绿色，光滑；头状花序由地下茎抽出，玫瑰花形，红色，花瓣革质，亮丽如瓷，有50～100瓣不等。花期夏季。

繁殖及栽培管理

分株繁殖。春天花期后，每丛3～5株，每株茎上保留下部2～4片叶，选择含水量充足、阳光充足、微带酸性的砂质土壤种植，埋土深度为20cm，生长适温为22～28℃，适当遮阴，浇足定根水，20天后去除遮阴物，10～15天进行一次根外施肥或半年追埋一次农家肥。等生长稳定后适当减少浇水次数。平时注意疏剪枯黄叶片与老茎，以利通风和采花。偶有害虫危害叶片或花朵，应注意观察，及时喷杀虫剂以防治。

花形如玫瑰，红色

花序枝

植株

别名：姜荷花、火炬姜、菲律宾蜡花	科属：姜科火炬姜属
用途：瓷玫瑰花形奇特、美丽，是重要的切花，也可盆栽观赏。	

葱兰 ＞花语：纯洁的爱

Zephyranthes candida (Lindl.)Herb.

顾名思义，葱兰的叶子像葱一样清秀碧绿，亭亭玉立。当花季悄悄来临，它们一起绽放，远远望去，就像一块绿色的幕布上，繁星点点，那种雅致令人动容！

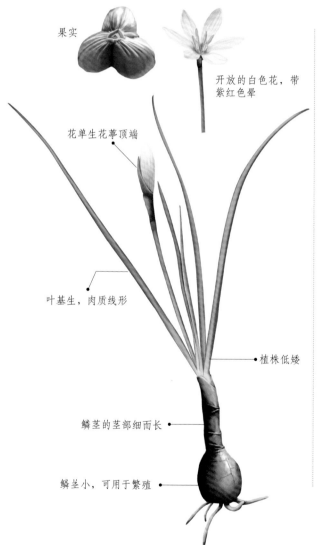

果实

开放的白色花，带紫红色晕

花单生花葶顶端

叶基生，肉质线形

植株低矮

鳞茎的茎部细而长

鳞茎小，可用于繁殖

产地及习性
原产南美，现中国栽培广泛。喜温暖、湿润和阳光，耐半阴、低湿，稍耐寒，要求排水良好、肥沃的黏质土壤。

形态特征
多年生常绿草本。株高30～40cm，具小而颈部细长的鳞茎，叶基生，肉质线形，暗绿色；花葶自叶丛一侧抽出，较短，花单生顶部，白色或外略带紫红晕。花期7～11月。

繁殖及栽培管理
分球繁殖。春季，每穴种3～4枚鳞茎，注意要浅植，上端稍稍露出地面。发芽前控制水量，生长旺季则充分供给水、肥。寒冷地区需在入冬前，挖出鳞茎，稍晾干，用细土拌和藏入窖内，第二年开春再种。管理粗放，一般盆栽2～3年、地栽1～2年，挖出1次，有利变壮。

别名：葱莲、玉帘、韭菜莲、肝风草	科属：石蒜科葱兰属
用途：一般用于花坛、花境布置或装饰草坪，也作地被、盆栽。	

大百合

Cardiocrinum giganteum (Wall.) Makino

· **产地及习性** 原产中国，分布在西南地区山地林下草丛中。喜阴湿环境，耐半阴，适合于深厚、肥沃、微酸性土壤，较耐寒。

· **形态特征** 多年生球根花卉。株高1～2m，鳞茎由基生叶柄膨大而成；茎直立，中空；叶心形，肥厚，光滑，基生叶大于茎生叶，茎生叶近轮生，向上渐小；总状花序，花10～16朵，喇叭状，白色带紫晕。花期6～7月。

· **繁殖及栽培管理** 分球和播种繁殖。分球，秋季以母株鳞茎上剥离小鳞茎栽植。播种，秋季采种后即播，一般播种苗需5～7年后开花。管理简单，夏季前后经常浇水，并施腐熟的饼肥、厩肥或无机肥，以保持土壤的养分。

· **病害防治** 4～5月容易发生锈病，发病期喷25％萎锈灵乳油400倍液，每旬喷1次，有明显效果。

果实卵球形

叶心形

茎粗壮，中空

总状花序，花喇叭状

别名：水百合	科属：百合科大百合属
用途：大百合株姿健美，花大雅致，可种植庭院边缘或林下。	

大花葱

Ilium giganteum Regel.

花特写

球状伞形花序

花葶较高

基生叶宽带形，被白粉

株高可达1.2米

· **产地及习性** 原产亚洲中部。喜凉爽、半阴，耐寒，忌湿热，不择土壤，耐贫瘠、干旱，要求疏松肥沃的沙壤土。

· **形态特征** 多年生草本。株高可达1.2m，鳞茎球形，被白色膜质皮；基生叶宽带形，被白粉；花葶远高于叶丛，球状伞形花序顶生，花序直径达15cm左右，由多数花密生而成，花淡紫色。花期5～6月。

· **繁殖及栽培管理** 种子繁殖和分株繁殖。在7月上旬，将成熟种子采下，阴干，9～10月秋播，翌年3月发芽出苗。夏季叶上部枯萎，形成小鳞茎，播种苗约需栽培5年才能开花。分株繁殖，9月中旬将主鳞茎周围的子鳞茎剥下种植。生长期及时松土浇水，每2～3周施肥1次。4～5月抽莛开花。

· **病害防治** 常见有鳞茎的腐烂病，可用60％代森锌可湿性粉剂600倍液喷洒防治。

别名：巨葱、高葱、硕葱	科属：百合科葱属
用途：大花葱花色艳丽，花形奇特，管理简便，是花境、岩石园或草坪旁装饰和美化的品种。	

大花美人蕉

Canna generalis Bailey

产地及习性

原产美洲热带。喜高温炎热、阳光充足的环境，怕强风，不耐寒，遇霜即枯萎，宜肥沃湿润、土层深厚、富含有机质的土壤，忌水涝。

形态特征

多年生草本。株高1~1.5m，全株被白霜；地下具肥壮多节的根状茎，地上假茎直立无分枝；叶互生，宽大，阔椭圆形；总状花序自茎顶抽出，常数朵至十数朵簇生在一起，花色丰富。花期6~10月。

繁殖及栽培管理

块茎繁殖。长江流域宜在3~4月栽植，北方在5月栽植，挖起根茎，切割时每块茎上要有2~3个芽眼，勿伤种皮，开穴8~10cm深，施入基肥，栽植。管理简单。喜肥，花前追肥1~2次，花后从基部剪去残枝。

花数朵簇生，花色丰富

叶阔椭圆形

株高1~1.5m，全株被白霜

别名：昙华、美人蕉、兰蕉、红艳蕉	科属：美人蕉科美人蕉属
用途：大花美人蕉花大色艳，枝叶繁茂，在园林应用中非常普遍，也可盆栽。根、茎可入药。	

大金鸡菊

Coreopsis lanceolata L.

产地及习性

原产美国南部，中国各地均有栽培或野生。性强健，喜光，耐寒，稍耐阴，不择土壤。

形态特征

多年生草本。株高30~70cm；叶多簇生基部或少数对生，茎上叶较少，长圆状匙形至披针形，全缘或基部有1~2个裂片；花单生，头状花序，具长梗，花黄金色。花期6~10月。

繁殖及栽培管理

春季播种繁殖，春、秋季分株繁殖。种子有很强的自播繁殖能力，可以在春季露地直播，当年7~8月开花。分株繁殖于4~5月进行。注意排水，防止倒状，并及时摘叶，剪掉枯枝和花梗，以减少不必要的养分消耗，促使植株开花。

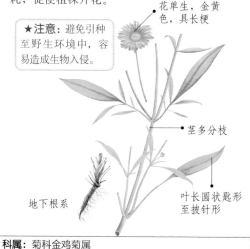

★注意：避免引种至野生环境中，容易造成生物入侵。

花单生，金黄色，具长梗

茎多分枝

叶长圆状匙形至披针形

地下根系

别名：剑叶金鸡菊	科属：菊科金鸡菊属
用途：一般用于花境、花坛、花丛、地被植物，也可作切花。	

大丽花 ＞花语：大吉大利

Dahlia pinnata Cav.

据统计，目前全世界培育的大丽花品种已超过3万种，是世界花卉品种最多的物种之一。在墨西哥，人们把它视为大方、富丽的象征，并将它尊为国花。

颜色、形态各异的花

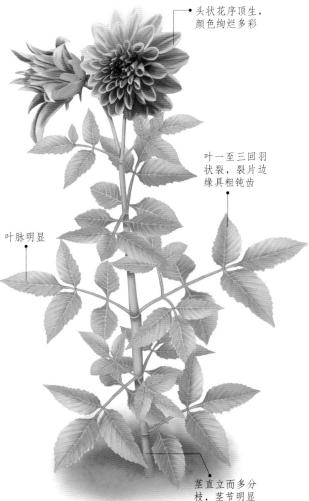

头状花序顶生，颜色绚烂多彩

叶一至三回羽状裂，裂片边缘具粗钝齿

叶脉明显

茎直立而多分枝，茎节明显

产地及习性 原产墨西哥高原，中国引种始于400多年前。喜阳光，不耐寒，畏酷暑，怕涝，宜疏松肥沃、通风良好、富含腐殖质的砂质土壤，忌积水。

形态特征 多年生球根花卉。块根纺锤形、粗大、肉质；茎直立而多分枝，光滑；叶对生，一至三回羽状裂，裂片卵形，具粗钝齿；总柄微带翅状；头状花序顶生，中间管状花，多为黄色，外围舌状花，颜色绚丽多彩。花期6～10月。

繁殖及栽培管理 扦插繁殖，矮生品种多用播种繁殖。扦插，早春将块根放入花槽中，覆盖湿砂土，使梗冠露出土面，置于温床中促芽，待芽6～7cm时，下留2枝叶片切取插穗，进行扦插，温度在15～22℃，约20天生根。播种在春季露地条播或温室盆播，适温12～20℃，4～5天发芽出土，待真叶长出后再分植，1～2年后开花。生长期注意修剪、排水、摘蕾，施肥不可以过量。

叶特写

别名：大理花、天竺牡丹、东洋菊、洋芍药	科属：菊科大丽花属
用途：大丽花适宜花坛、花径或庭前丛植，矮生品种可作盆栽；花朵用于制作切花、花篮、花环等；全株可入药。	

钓钟柳

Penstemon campanulatus Willd.

不规则总状花序，花色丰富，花瓣有白色纹

叶交互对生，卵形至披针形

花唇形，上唇浅2裂，下唇深3裂

茎丛生，全株被腺毛

- **产地及习性** 原产墨西哥及危地马拉。喜阳光充足、空气湿润、通风良好的环境，不耐寒，稍耐半阴，忌炎热干旱，喜排水良好的钙质土壤，忌酸性土壤。

- **形态特征** 多年生草本。株高40～60cm，全株被腺毛；茎直立，丛生，多分枝；叶交互对生，卵形至披针形，边缘具疏齿；花单生或3～4朵生于叶腋总梗上，呈不规则总状花序，花为红、蓝、紫、粉等色，并间有白色条纹。花期7～10月。

- **繁殖及栽培管理** 播种、扦插或分株法繁殖。播种多在秋季进行，气温宜在18～21℃，发芽较快。幼苗期娇嫩，需要注意保持基质湿润，经常洒水或浸盆；生长期每半月施用一次追肥，鸡粪或复合化肥均可。分株繁殖多在春季，当母株露出新芽，掘起母株土坨或脱盆，根据萌芽确定新分植株，用刀将新株与母体割离，直接定植。定植后浇透水，可很快扩大根系长成可观植株。

别名：象牙红	科属：玄参科钓钟柳属
用途：钓钟柳花期长，花色艳，株形洒脱，适合盆栽观赏，也可与其他花卉配植成花境。	

小花

全株图

莲座状花序

地涌金莲

Musella lasiocarpa(Franch.)C. Y. Wu ex H. W. Li

● **产地及习性** 原产中国云南中部至西部，是中国特有的植物。喜阳光、温暖，不耐寒，要求疏松肥沃、排水良好的土壤。

● **形态特征** 多年生草本。植株高1m以下，丛生，一般基部宿存前一年叶鞘，叶鞘层层重叠，呈螺旋状排列，如树杆状，称之为假茎；叶大型、长椭圆形，形似芭蕉叶；花序莲座状，生于假茎上，花开时叶枯，苞片黄色，花被微带淡紫色；果为浆果。花期长，南方温室可达10个月。

● **繁殖及栽培管理** 分株繁殖。早春或秋季，将母株周围的小假茎连同匍匐茎一同切下，栽植。旱季适时浇水，雨季及时排水，但忌雨淋或浇水过多造成积水。秋末或早春需施以腐熟有机肥，并在假茎基部培肥土，以促进生长开花。花后，将枯死的假茎及时砍掉。每年春季换盆。

别名：千瓣莲花、地金莲、不倒金钢、地涌莲	科属：芭蕉科地涌金莲属
用途：一般栽培于花坛中心、假山石及庭院里。茎汁可解酒醉，花可入药。	

番红花

Crocus sativus L.

● **产地及习性** 原产欧洲南部，中国各地常见栽培。喜温和凉爽环境，耐寒，忌酷热，宜排水良好、腐殖质丰富的沙壤土。

● **形态特征** 多年生草本。株高15cm左右，球茎扁球形，外有黄褐色的膜质包被；每球2~12丛叶，每丛叶有叶片2~15片；叶条形，中肋白色，叶面有沟，叶缘有毛并内卷；花葶从叶丛中抽出，顶生1花，花被6片，倒卵形，淡紫色，具芳香。花期9~10月。昼开夜合。

● **繁殖及栽培管理** 分球繁殖。成熟球茎有多个主、侧芽，花后从叶丛基部膨大形成新球茎，每年8~9月将新球茎挖出栽种。栽前将土壤翻耕整细，施足基肥，栽后覆土5~8cm。生长期及时除草，雨后注意排水，秋旱时要松土浇水，保持土壤湿润以利生根。10月开花，花后追肥1次，有利于球茎发育。

花顶生，淡紫色

叶丛生，条形，叶面有沟

球茎外有黄褐色的膜质包被

别名：西红花、藏红花	科属：鸢尾科番红花属
用途：番红花植株低矮，花朵优雅，是点缀庭院或花坛、林缘的好材料，也可盆栽或水养欣赏。花柱及柱头可入药。	

风铃草

Campanula medium L.

· **产地及习性** 原产南欧。喜夏季凉爽、冬季温和的气候，稍耐寒、耐阴，忌炎热，喜光，喜轻松、肥沃而排水良好的土壤。

· **形态特征** 二年生草本。株高30～120cm，全株被粗毛；茎直立、粗壮；基生叶呈莲座状，卵形至倒卵形，叶缘圆齿状波形、粗糙，叶柄具翅；茎生叶小而无

柄；总状花序顶生，花冠膨大，钟形，花色丰富。花期4～6月。

· **繁殖及栽培管理** 播种繁殖。待种子成熟，采收后立即播种，第二年大部分植株都可以开花。如果是晚秋播种，多数植株要到第三年春末才开花。栽培时注意，小苗在夏季适当遮阴，避免强烈日照，保持凉爽通风的环境；北方冬季要保护越冬。管理精细。

总状花序，花钟形，花色丰富

叶卵形至倒卵形，向上渐小

别名：吊钟华、瓦筒花	科属：桔梗科风铃草属
用途：一般用于花坛、花境布置或作切花。	

风信子

Hyacinthus orientalis L.

· **产地及习性** 原产于西亚及中亚的石灰岩地区，现在世界各地广泛栽培。喜凉爽湿润、阳光充足或半阴的环境，耐寒，要求排水良好、疏松肥沃的砂壤土中生长，忌过湿或黏重的土壤。

花序枝

· **形态特征** 多年生草本。鳞茎卵形，有膜质外皮；叶基生，4～8枚，肥厚带状，上有凹沟，绿色有光泽；花茎中空、肉质，从叶丛中抽出；总状花序顶生，有花5～20朵，花

花漏斗形，花色丰富，花被裂片反卷

叶肥厚带状

漏斗形，花被筒长，基部膨大，裂片长圆形、反卷，花色丰富。花期3～4月。

· **繁殖及栽培管理** 分球繁殖和鳞茎繁殖，也可用种子繁殖。母球栽植一年后分生1～2个子球，有的品种也可分生十个以上子球，子球繁殖需3年开花。种子繁殖，秋播，第二年2月才发芽，实生苗培养4～5年后开花。管理简单，栽前施足基肥，花前追肥，后期节制肥水。

别名：洋水仙、西洋水仙、五色水仙、时样锦	科属：百合科风信子属
用途：一般用于花坛、花境、草坪及林缘栽植，也可盆栽或水养观赏，也常用于切花。	

芙蓉葵

Hibiscus moscheutos L.

产地及习性 原产北美。性强健，喜阳光，稍耐阴，耐水湿，忌干旱，不择土壤。

形态特征 多年生草本。株高1～2m，落叶灌木状；茎粗壮，基部半木质化；单叶互生，广卵形，叶柄、叶背密生灰色星状毛，边缘具疏浅齿；花大，直径可达20cm，单生于叶腋，有白、粉、红、紫等色，瓣基深红色。花期6～8月。

繁殖及栽培管理 播种、扦插、分株和压条等繁殖法，多用扦插法。在生长期间，取半木质化的枝条，插入湿润砂壤土中，约一个月即可生根。花期长，生长期应补充磷、钾肥；北方地区露地过冬。管理粗放。

花直径可达20cm

叶广卵形，叶背和叶柄具灰色毛

别名：草芙蓉、大花秋葵、紫芙蓉	科属：锦葵科木槿属
用途：芙蓉葵是极富观赏效果的花境植物，常被栽培于河坡、池边、沟边。	

非洲菊

Gerbera jamesonii Bolus

非洲菊花朵硕大、花色艳丽，是世界著名十大切花之一。非洲菊又叫扶郎花，象征互敬互爱，许多地方结婚时都用扶郎花装饰新房。

产地及习性 原产南非，少数分布在亚洲。喜冬暖夏凉、阳光充足的环境，不耐寒，忌炎热，宜疏松肥沃、微呈酸性的砂质土壤，忌连作。

形态特征 多年生宿根常绿草本。株高30～45cm；叶基部丛生，具长柄，长圆状匙形，羽状浅裂或深裂；头状花序单生，自基部抽出，舌状花1～2轮，花色有红、粉、橘黄、黄色等。花四季常开，以春秋两季最盛。

繁殖及栽培管理 播种、分株繁殖，以播种为主。通常种子成熟采收后立即播种，不要全部被泥土覆盖，保证光照，同时温度在20～25℃，15～25天即可发芽。生长期充分浇水，但不要使水灌入叶丛中心，否则容易使花芽腐烂。

头状花序单生，花色丰富

花葶自基部抽出

叶羽状裂

株高30～45cm

别名：扶郎花、灯盏花、波斯花、千日菊	科属：菊科扶郎花属
用途：主要用于盆花和切花，在气候条件允许下，还可以用于花坛布置。	

高飞燕草

Delphinium elatum L.

· 产地及习性
原产法国、西班牙山区及亚洲西部，中国分布在内蒙古及新疆等地。喜阳光、凉冷，忌高温多湿，耐寒性极强，宜排水和通风良好的砂质土壤。

· 形态特征
多年生草本。株高可达1.8m以上，宿根，多分枝；叶片大，掌状5～7深裂；穗形总状花序，花色以蓝紫色为主，还有粉红、白色等，具有漂亮的眼斑。花期夏季。

· 繁殖及栽培管理
分株、扦插或播种繁殖。分株多在春、秋季进行，扦插多在春季，新芽长至18～20cm时，切取，扦插在沙土中。栽培简单，管理粗放。

穗形总状花序

小花特写

别名：穗花翠雀	科属：毛茛科翠雀花属
用途：一般用于丛植、花坛、花境，也可作切花。	

荷兰菊

Aster novi-belgii L.

色彩丰富的小花

· 产地及习性
原产北美洲。喜温暖湿润、阳光充足的环境，耐寒、耐干旱和炎热，宜肥沃、排水良好的沙壤土或腐叶土。

· 形态特征
多年生草本。株高50～150cm，全株被粗毛，上部呈伞房状分枝；须根较多，有地下走茎；叶披针形，光滑，近全缘，幼嫩时微呈紫色，基部稍抱茎；伞状花序生于枝顶，舌状花1～3轮，淡蓝紫色或白色。花期8～10月。

· 繁殖及栽培管理
播种繁殖和扦插繁殖。播种宜在春季进行，盆播或温床播种。扦插一般在夏季进行，去嫩枝扦插在沙床上，以湿润肥沃的土壤为佳，温度在18℃左右的条件下，10天左右即可生根。定植或盆栽苗高1cm时，进行摘心，促使多分枝。生长季节10～15天追施稀薄肥料1次，注意及时浇水。入冬前浇冻水1次，可安全越冬，第二年由根部重新萌芽，长成新株。

叶披针形，光滑，基部抱茎

别名：纽约紫菀	科属：菊科紫菀属
用途：荷兰菊花繁色艳，盛花期正值国庆节前后，所以多作花坛、花境材料，也可片植、丛植或作盆花或切花。	

荷包牡丹

> 花语：答应追求、答应求婚

Dicentra spectabilis (L.)Lem.

荷包牡丹花朵玲珑、叶丛美丽、色彩绚烂，是重要的盆栽欣赏植物。

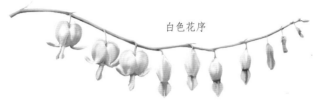

白色花序

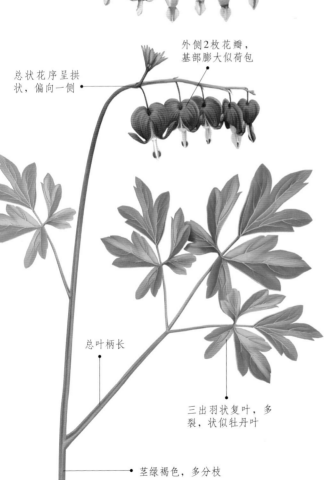

外侧2枚花瓣，基部膨大似荷包

总状花序呈拱状，偏向一侧

总叶柄长

三出羽状复叶，多裂，状似牡丹叶

茎绿褐色，多分枝

产地及习性

原产中国北部、日本、俄罗斯西伯利亚等地。性强健，喜光，耐荫、耐寒，不耐高温、干旱，宜富含腐殖质、疏松肥沃的砂质土壤。

形态特征

多年生草本。株高30～60cm，具肉质根状茎；叶对生，三出羽状复叶，多裂，状似牡丹叶，具白粉，有长柄；总状花序顶生呈拱状，花下垂向一边，花瓣4枚，外侧2枚基部囊状，形似荷包，玫瑰红色，里面2枚瘦长而突出，粉红色或白色。花期4～6月。

繁殖及栽培管理

分株繁殖或根茎扦插。分株，秋季将植株的地下部分挖出，清除老腐根茎，按自然段顺势分开，分别栽植。注意浇水，阳光强烈时置阴处，长新叶后按常规管理，当年可开花；每隔2～3年分株1次。扦插，将根茎截成小段，每段带有芽眼，插于沙中，大约1个月生根。第二年春带土上盆定植，管理得好，当年可开花。

别名：荷包花、蒲包花、兔儿牡丹、铃儿草	科属：罂粟科荷包牡丹属
用途：一般用来布置花境、花坛，也可以盆栽或作切花。	

鹤望兰 >花语：自由、幸福、潇洒

Strelitzia reginae Aiton

鹤望兰叶大姿美，花形奇特，色彩瑰丽。不过，鹤望兰只有在授粉后才能正常结出果实，在南非，只有靠体重仅2g的蜂鸟传粉。

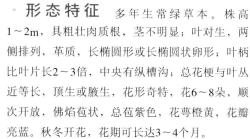

· 产地及习性
原产南非，中国各地园林中多有栽培。喜温暖、湿润气候，怕霜雪，不耐寒，喜光照，要求肥沃、排水良好的土壤，忌湿涝。

· 形态特征
多年生常绿草本。株高1～2m，具粗壮肉质根，茎不明显；叶对生，两侧排列，革质，长椭圆形或长椭圆状卵形；叶柄比叶片长2～3倍，中央有纵槽沟；总花梗与叶丛近等长，顶生或腋生，花形奇特，花6～8朵，顺次开放，佛焰苞状，总苞紫色，花萼橙黄，花瓣亮蓝。秋冬开花，花期可长达3～4个月。

· 繁殖及栽培管理
播种和分株繁殖。经人工授粉，80～100天种子才能成熟。熟后立即采收，发芽适温25～30℃，15～20天发芽，生长适温25℃，冬季10℃以上，夏季生长期和秋冬开花期需充足水分，并喷水增加湿度。生长季及花茎抽出后追肥。种子发芽后半年形成小苗，栽培4～5年、具9～10枚成熟叶片时才能开花。分株繁殖于早春换盆时进行，选取茂盛植株，从根茎的空隙处用利刀切断连接处，伤口涂上草木灰，防止腐烂，置阴凉处1～2小时后种植，栽后放半阴处养护，当年秋冬就能开花。

花形奇特，总苞紫色，花萼橙黄，花瓣亮蓝

叶背灰绿色，中脉隆起

叶柄比叶片长

叶革质，中央有纵槽沟

株高可达2m，茎不明显

别名：天堂鸟、极乐鸟花	科属：芭蕉科鹤望兰属
用途：盆栽，也是珍贵的切花，也可切叶。	

红花酢浆草

Oxalis corymbosa DC.

- **产地及习性** 原产巴西及南非好望角，现中国各地广泛栽培。喜阴凉、湿润的环境，耐阴，不耐寒，忌炎热，宜在富含腐殖质、排水良好的砂质土壤中生长。

- **形态特征** 多年生草本。株高15～30cm，全株被白色纤细毛；主根茎纺锤形，有多数侧根和纤维状细根；叶丛生，掌状复叶，具长柄；三小叶复叶，倒心形，无柄，顶端凹陷，两面被毛，叶缘有黄色斑点；花葶从叶丛中抽生，伞形花序顶生，花12～14朵，淡红色或桃红色。花期4～11月。

- **繁殖及栽培管理** 分株繁殖，也可播种。分株，即分植球茎。管理粗放，生长期施腐熟液肥，保持空气湿润。果实成熟后自动开裂，种子细小，要及时采摘。

花淡红色或桃红色

小叶顶端凹陷，边缘有黄色斑点

★ **注意：** 避免在野生环境中使用，容易造成生物入侵。

全株被白色纤细毛

别名：三叶草、铜锤草	科属：酢浆草科酢浆草属
用途：酢浆草株形整齐，花期长，花色艳，是一种很好的观花地被植物，也可布置花坛或作盆栽欣赏。	

红花钓钟柳

Penstemon barbatus (Can.) Roth

- **产地及习性** 原产中美洲及墨西哥。喜凉爽、湿润、耐寒、耐半阴，忌炎热和干旱，对土壤要求不严，但要排水良好。

- **形态特征** 多年生草本，常作一年生栽培。株高可达2m，茎光滑，稍有白粉；叶对生，上部叶披针形，下部叶卵形，全缘；圆锥花序顶生，花红色。花期夏季。

- **繁殖及栽培管理** 扦插繁殖。秋季，剪取枝梢，除去下部叶，插入砂土苗床中，保持室内低温和土壤湿润，大约1个月即可生根，之后便可分栽入盆。管理简单，保持土壤和空气湿润，但不可过湿，夏季注意排水防涝。

花侧面

花正面

圆锥花序，花红色

上部叶披针形

株高可达2m，茎有白粉

下部叶卵形

别名：草本象牙红	科属：玄参科钓钟柳属
用途：一般栽植于花境、岩石园中。	

忽地笑

Lycoris aurea (L' Her)Herb.

忽地笑是一种非常奇特的植物，每到初夏，它们便消失得无影无踪；到了仲夏，又会从地里忽然冒出来，绽放出金灿灿的花朵。

· 产地及习性
原产东亚和中国的福建、台湾一带。喜温暖、湿润、半阴环境，耐寒，较耐阴，不择土壤。

· 形态特征
多年生草本。鳞茎肥大，近球形；叶基生，质厚，宽条形，灰绿色，花前枯死，花后发新叶；花葶高30～60cm，伞形花序具5～10朵花，侧向开放，花黄色或橙色。花期7～9月。

· 繁殖及栽培管理
分球繁殖。春、秋季均可种植，如暖地秋植，第二年春抽芽。以腐殖质丰富、排水好的土壤为佳（一般园地也可），选择多年生、具多个小鳞球茎的健壮老株，将小鳞球茎掰下，尽量多带须根，栽植深度以刚埋过球顶为宜。夏季开花前如太干旱，要浇水1～2次。管理简单，一般4～5年分栽1次。

伞形花序

叶花前枯萎，花后发新芽

别名：黄花石蒜、铁色箭、龙爪花	科属：石蒜科石蒜属
用途：一般用来布置花丛、花境或在稀疏林大片种植，也可盆栽或作切花。	

花贝母

Fritillaria imperalis L.

· 产地及习性
原产欧亚大陆温带，喜马拉雅山区至伊朗等地。喜阳光，耐阴、耐寒，忌炎热，要求含腐殖质丰富、土层深厚及排水良好的土壤，微酸性至中性土壤为宜。

· 形态特征
多年生球根花卉。株高可达1m以上，鲜鳞茎较大，黄色，具浓烈臭味，茎直立，带紫色斑点；叶轮状丛生，下部叶披针形，上部叶卵形，全缘；伞形花序腋生，下具轮生的叶状苞；花大，下垂，紫红或橙红色，基部深褐色，具白色大形蜜脉。花期4～5月。

· 繁殖及栽培管理
播种或分球繁殖。夏季种子成熟后即播种，第二年春天发芽。新芽出土后，及时追肥1次，促进茎、叶生长。平时保持土壤湿润，晚春开花品种花期适当遮阴品质更好。鳞茎可2～3年取出分栽1次。华北地区露地保护过冬。管理简单。

花下垂，紫红或橙红色，基部深褐色，具白色大形蜜脉

上部叶卵形

株高可达1m，有浓烈臭味

叶轮状丛生，下部叶披针形

别名：皇冠贝母、璎珞百合、璎珞贝母	科属：百合科贝母属
用途：一般用作林下地被。	

花毛茛 > 花语：受欢迎

Ranunculus asiaticus L.

花毛茛是纪念公元13世纪的法兰西斯科教会修士——圣安索尼的花。每当圣安索尼传播福音时，总会吸引大批信徒前来聆听，他因此而声名大噪。所以，花毛茛的花语是：受欢迎。

花瓣质薄，栽培品种花形、颜色多样

叶3裂，深浅不一，裂片边缘具齿

地上茎，中空，有毛

· 产地及习性 原产欧洲东南部及亚洲西南部。喜凉爽、阳光充足、湿润的气候，不耐寒、畏霜冻、积水，怕干旱，宜排水良好、肥沃疏松的中性或偏碱性土壤，好肥。

· 形态特征 多年生球根花卉。株高30～50cm，块根纺锤形，常数个聚生于根颈部；春季抽生直立地上茎，中空，有毛；根出叶3裂，深浅不一，裂片倒卵形，叶缘具齿；每一花葶有花1～4朵，萼绿色，花瓣质薄，有光泽。栽培品种很多，有重瓣、半重瓣，且花色丰富。花期4～5月。

· 繁殖及栽培管理 分株或播种繁殖。分株多在秋季9～10月，块球带根茎以自然状态掰开，3～4根为1株，栽植。播种前，当母株的第一朵花开始结籽时，摘去其余花蕾，使营养集中，种子饱满。6月采收成熟种子，阴干贮藏，秋后气温降至10℃左右时盆播或地播，约20天可发芽出苗。从11月开始，可10天施淡肥1次，随着花苗长大，逐渐增加肥量。花后可再施2次肥。冬季气温降至5℃以下时，注意防寒或移入室内越冬。第二年春定植，入夏前开花。

别名：芹菜花、波斯毛茛、陆莲花	科属：毛茛科毛茛属
用途：园林中可地栽作花坛、花带，也可作盆栽欣赏或切花插瓶。	

火炬花

Kniphofia uvaria Hook.

在绿意盎然的春季，远远望去，荒野里、石头缝里、一颗颗小草争抢着举起"火把"，使春色更加绚烂多彩。由于花如燃烧的火把，它们也就自然而然地有了"火炬花"之名。

花序特写

总状花序，花数百朵，呈火炬形，花下垂

茎直立

叶内折成三棱状，叶背有脊，叶缘有齿

株高80～120cm

产地及习性
原产于南非，现世界各地庭园广泛栽培。喜温暖湿润、阳光充足环境，耐半阴，喜光，喜肥沃、排水好的轻黏质土壤。

形态特征
多年生草本。株高80～120cm，茎直立；叶基生，广线形边缘内折成三棱状，叶背有脊，叶缘有齿，黄绿色，被白粉；总状花序着生数百朵花，呈火炬形，稍下垂，花冠橘红色。花期6～7月。

繁殖及栽培管理
分株繁殖，也可播种繁殖。秋季花期后，挖起母株，由根颈处每2～3个萌蘖芽切下分为一株进行栽植，并至少带有2～3条根。株行距30～40cm，定植后浇水即可。栽培期加强水肥管理，第二年即可抽出2～3个花葶。分株繁殖方法简便，容易成活。播种宜在春、秋季，发芽适温25℃左右，播后2～3周出芽，待幼苗长至5～10cm定植。管理简单。

病害防治
主要有锈病危害叶片和花茎。发病初期用石灰硫黄合剂或用25%萎锈灵乳油400倍液喷洒防治。

别名：红火棒、火把莲	科属：百合科火把莲属
用途：可丛植于草坪之中或植于假山石旁，用作配景。	

姜花 > *花语：将记忆永远留在夏天*

Hedychium coronarium Koem.

姜花盛开时宛如一群纷飞的蝴蝶，淡淡的芬芳沁人心脾，但它的寿命只有一天，所以代表一种转眼即逝的"美丽"，也正因为这样，姜花的花语是：将记忆永远留在夏天。

穗状花序

块茎黄褐色，像食用姜

花似蝶，白色，具浓香

叶无柄，叶脉明显，叶背疏被短柔毛

横向呈匍匐生长

产地及习性 原产亚洲热带，中国分布于南部、西南部。喜高温、高湿的环境，不耐寒，忌霜冻，要求土质肥沃、排水良好的土壤。

形态特征 多年生草本。株高1～2m左右；地下根茎发达，横向呈匍匐生长，粗壮，淡黄色似食用姜；叶互生，长椭圆状披针形，叶背疏具短柔毛，全缘，无叶柄，具叶舌；穗状花序顶生，花白色，栽培品种有黄、红与橙等色，具浓香。花期秋季。

繁殖及栽培管理 分株繁殖。春季切取根茎进行繁殖，可直接盆栽或地栽，当年夏季可以开花。一般隔3～4年分株1次。在种植前，尽量多施基肥，种后淋足水分，经过20～30天可发芽生长。生长期追肥1～2次。在岭南各地，四季皆可定植。生长期需保持土壤湿润。夏季花期适当遮阴，可延长花期。冬季将茎枝剪除，以便第二年萌发新枝。寒冷地区，冬季挖取根茎放室内贮藏。

病害防治 主要有炭疽病危害茎、叶，发病初期，喷50%多菌灵可湿性粉剂500倍液，每旬喷1次。

别名：蝴蝶姜、香雪花、夜寒苏、姜兰花、姜黄	科属：姜科姜花属
用途：一般用于花境、丛植，也可盆栽或作切叶；根茎可入药。	

63

金光菊

Rudbeckia laciniata L.

金光菊盛花期五颜六色，繁花似锦，光彩夺目，且观赏期长、落叶期短，可以形成长达半年之久的艳丽花海，景观令人震撼！

筒状花黄绿色

舌状花金黄色

花序枝的叶长卵形，不分裂

茎生叶3～5裂

茎多分枝

基部叶特写

植株丛生图

● **产地及习性** 原产加拿大及美国。适应性强，喜通风良好、阳光充足的环境，耐寒、耐旱，对土壤要求不严，但在排水良好、疏松的砂质土壤中生长良好，忌水湿。

● **形态特征** 多年生草本，常作一二年生栽培。株高可达2m，茎多分枝；叶片宽且厚，基部叶羽状5～7裂，茎生叶3～5裂，边缘具锯齿；头状花序单生或数朵合生，具长总梗，舌状花金黄色，筒状花黄绿色。花期7～9月。

● **繁殖及栽培管理** 播种或分株繁殖，但多采用分株法，尤其重瓣品种。播种在春、秋均可进行，但以秋播为好。播种后大约2周即可出苗，3周即可移苗，第二年开花。分株宜在早春进行，挖出地下宿根，分株，每株具有3个以上的萌芽。播种苗、分株苗种植后浇透水，如光照太强要适当遮阴。生长期节制浇水，同时追施1～2次液肥。当植株长到1m以上时，及时设支架，避免植条被风吹折断。第一次花谢后及时剪去残花，可延长花期。

别名：臭菊	科属：菊科金光菊属
用途：一般布置花坛、花境、草坪边缘，也是切花、瓶插的精品。	

韭兰

Zephyranthes grandiflora Lindl.

· **产地及习性** 原产南美墨西哥，现中国各地多有栽培。喜温暖、湿润和阳光，耐半阴、低湿，稍耐寒，要求排水良好、肥沃的黏质土壤。

· **形态特征** 多年生草本。株高15～30cm，成株丛生状；鳞茎较大，卵形，颈部稍短；叶数枚基生，扁线形，稍后，极似韭菜；花茎自叶丛中抽出，花单朵顶生，花瓣多数为6枚，粉红色。花期6～9月。

· **繁殖及栽培管理** 分球繁殖。一般在秋季老叶枯萎后或春季新叶萌芽前掘起老株，将小鳞茎连同须根分开栽种，每穴2～3个，栽种深度以鳞茎露出地面为宜。一次分球后，过2～3年再行分球。一批花枯萎后，停止浇水2～3个月，如此干湿反复，可使一年内开花2～3次。

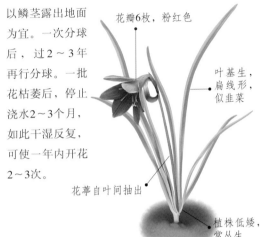

花瓣6枚，粉红色

叶基生，扁线形，似韭菜

花葶自叶间抽出

植株低矮，常丛生

别名：红花葱兰、韭菜兰、花韭、红菖蒲、赛番红花、风雨花	科属：石蒜科葱兰属
用途：韭兰叶丛碧绿，闪烁着粉色的花朵，美丽优雅，最适宜布置花坛、花境、草地，也可盆栽欣赏。	

桔梗 ＞花语：永恒不变的爱

Platycodon grandiflorus (Jacq.)A.DC

· **产地及习性** 原产中国华南至东北一带，朝鲜半岛、日本和西伯利亚东部也有分布。喜光照、温和凉爽的气候，耐寒，宜在排水良好、富含腐殖质的砂质土壤。

· **形态特征** 多年生草本。株高40～90cm，内有乳汁；根粗大呈胡萝卜形，淡黄色；茎直立，上部有分枝，叶多为互生，少数对生或3枚轮生，卵形至披针形，边缘具齿，叶背具白粉，近无柄；花常单生或数朵成总状花序聚生茎顶，花冠钟形，裂片5，蓝紫色。花期6～9月。

· **繁殖及栽培管理** 播种繁殖。冬播于11月～次年1月，春播于3～4月。以冬播为好，将种子用潮细沙土拌匀，撒在苗床，用扫帚轻扫一遍，以不见种子为度，稍作震压。第二年春，出苗早齐。春播前，先在30℃温水中浸种，催芽，再按冬播法播种，保持土壤湿润，一般15天左右出苗，在休眠期定植。管理粗放。

叶轮生枝

根

叶对生枝

别名：六角荷、包袱花、铃铛花、僧帽花	科属：桔梗科桔梗属
用途：一般种植于花境、岩石园或作切花。根可入药。	

菊花 >花语：清净、高洁、长寿、吉祥

Dendranthema grandiflorum(Ramat)Kitam.

菊花是中国十大名花之一，明末清初传入欧洲。中国人极爱菊花，从宋朝起就有一年一度的菊花大会。古神话传说中菊花又被赋予了吉祥、长寿的含义。

花大小、形态及颜色，因品种而异

叶缘有缺刻和齿，可泡茶饮，具有消食和抗癌的功效

茎多分枝，基部木质化

· **产地及习性** 原产中国。喜凉爽、阳光，耐寒，不耐积水，宜湿润肥沃、排水良好的土壤，喜肥。

· **形态特征** 多年生草本。株通常高30～90cm，也有达2m；茎多为直立、分枝，基部半木质化；叶互生，卵圆至长圆形，边缘有缺刻及锯齿；头状花序一朵或数朵簇生枝顶，花的大小、颜色、形态极富变化，有香气。花期因品种而异。

· **繁殖及栽培管理** 扦插繁殖，具体分为芽插、嫩枝插、叶芽插。秋冬季，切取距植株较远、芽头丰满的脚芽，除去下部叶片，按株距3～4cm，行距4～5cm，插于温室或大棚内的花盆或插床中，保持7～8℃室温，春暖后栽于室外。嫩枝插应用最广，一般在春季4月截取嫩枝8～10cm作为插穗，在18～21℃的温度下，3周左右生根，约4周可定植。露地插床，介质以素沙为好，床上应遮阴。全光照喷雾插床无需遮阴。叶芽插，从枝条上剪取一张带腋芽的叶片扦插，此法仅用于繁殖珍稀品种。

别名：寿客、金英、黄华、秋菊、陶菊	科属：菊科菊属
用途：多种植于花境、丛植、地被或室内栽培、盆景。	

铃兰 > 花语：幸福

Convallaria majalis L.

在法国，铃兰是纯洁、幸福的象征。每年5月1日，法国人总会互赠铃兰，祝愿对方一年幸福，而获赠人也会将花挂在房间，全年保存，寓意幸福永驻。

花特写

成熟的浆果

叶2～3枚，卵形，略内卷

总状花序，小花阔钟形，白色

叶梢抱茎

根茎顶部具顶芽，叶丛叶芽抽出

根茎多分枝

产地及习性
原产欧洲，现世界各地普遍引种栽培。喜半阴、湿润、凉爽环境，耐寒冷，忌炎热，喜肥沃排水良好的沙质壤土。

形态特征
多年生草本。株高20～30cm；地下部具平展而多分枝的根茎，根茎顶端具顶芽，春天每个顶芽都会长出2～3枚卵形叶片，基部抱有数枚鞘状叶；花葶由鞘状叶内抽出，总状花序偏向一侧，花阔钟形，乳白色，有浓郁的香气；浆果球形，成熟时红色。花期5～6月。栽培品种有重瓣种、红花种及斑叶种等，虽各有特点，但均不及白色花种健美温馨。

繁殖及栽培管理
分株和播种繁殖。深秋，当地上部分枯萎后，将根茎掘起，剪取带有2～3个芽的根茎，种植在经翻耕并施入基肥的半阴地块或盆栽。注意芽呈肥大状即为花芽，呈圆锥状的为叶芽，栽植后第二年开花。播种，秋季从成熟的浆果中洗出种子，直播于露地苗床，保持湿润与适当遮阴，第二年春天发芽，幼苗生长较慢，要经3～6年才能开花。

别名：草玉玲、君影草、香水花、小芦铃、草寸香、糜子菜、芦藜花	科属：百合科铃兰属
用途：一般种植于林缘、坪地，还可盆栽和作切花。	

六出花

Alstroemria ligtu L.

- **产地及习性** 原产南美的智利、秘鲁、巴西、阿根廷和中美的墨西哥。喜温暖湿润和阳光充足环境，耐寒、耐半阴，喜肥沃、排水好及保水好的土壤。

- **形态特征** 多年生草本。株高45～60cm或更高，根肥厚、肉质，呈块状茎，簇生，平卧；茎直立，不分枝；叶在茎上直立着生，披针形；伞形花序，花小而多，喇叭形，花橙黄色，内轮有紫色或红色条纹及斑点。花期6～8月。

- **繁殖及栽培管理** 播种繁殖，在秋、冬季，经过1个月0～5℃的自然低温，种子逐渐萌动；然后移至15～20℃的条件下，约2周，种子发芽、出苗。幼苗生长温度维持在10～20℃，生长迅速。当幼苗长至4～5cm高时，及时分植。移植时切勿损伤根系，移植时间以早春2～3月为佳。

花枝部分图

别名：智利百合、秘鲁百合、水仙百合	科属：石蒜科六出花属
用途：六出花花形奇异，盛开时典雅富丽，是新颖的切花材料。近年来，已开始应用于盆栽观赏。	

落新妇

Astilbe chinensis (Maxim.) Franch. et Sav.

- **产地及习性** 产于中国东北、华北、西北、西南、朝鲜、日本、俄罗斯也有分布。性强健，喜半阴，耐寒，喜微酸、中性排水良好的砂质土壤，也耐轻碱土壤。

- **形态特征** 多年生草本。株高45～65cm，具块状根茎；茎直立，密被褐色长毛；基生叶为二至三回三出复叶，具长柄，托叶较狭；小叶片卵形至长椭圆状卵形或倒卵形，边缘具重锯齿；茎生叶2～3片，较小，与基生叶相似；圆锥状花序与茎生叶对生，花轴长而直立，被褐色毛，花密集，红紫色。花期8～9月。

- **繁殖及栽培管理** 播种繁殖。秋季采种，干藏过冬，第二年3月下种，覆薄薄一层焦泥，以不见种为度，再盖草，保持土壤湿润。发芽出苗后，揭去草，遮阴，见真叶时间苗，苗长至5cm高时栽种，继续遮阴至10月。播后可用喷雾器、细孔花洒把播种基质淋湿，以后当盆土略干时再淋水，仍要注意浇水的力度不能太大，以免把种子冲起来。

花轴被褐色毛，花红紫色

根茎

叶为二至三回三出复叶

别名：红升麻、金猫儿、升麻、三七	科属：虎耳草科落新妇属
用途：一般用于花境点缀，或疏林下丛植。	

满天星 > 花语：思念、清纯

Gypsophila paniculata L.

重瓣花

初夏时节，只见数百朵洁白无瑕的小花聚在一起，宛如浩渺夜空中的点点繁星，微风拂过，清香四溢，让人觉得惬意而温馨，这就是满天星。满天星婉约、素雅，是花海中的"淑女"。

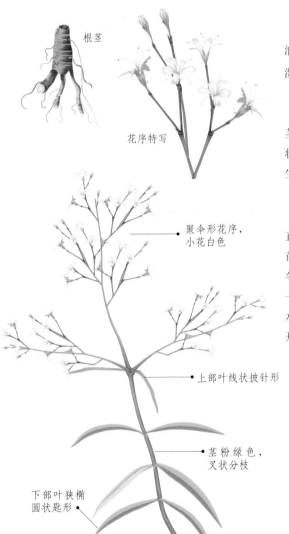

根茎

花序特写

聚伞形花序，小花白色

上部叶线状披针形

茎粉绿色，叉状分枝

下部叶狭椭圆状匙形

- **产地及习性** 原产欧亚大陆。喜温暖湿润和阳光充足环境，较耐阴、耐寒，忌炎热和潮湿，宜排水良好、肥沃、含石灰质的土壤。

- **形态特征** 多年生草本。株高30～50cm；茎直立，叉状分枝，粉绿色；叶对生，上部叶线状披针形，下部叶狭椭圆状匙形；聚伞形花序顶生，花小，白色，或有重瓣品种。花期5～6月。

- **繁殖及栽培管理** 播种繁殖。秋季露地直播或盆播，温度15～20℃，大约10天发芽、出苗。注意及时间苗、除杂草。入冬前移至冷床越冬，第二年春天带土移植，幼苗定植成活后摘心一次，促使其多分枝。待植株高20cm以上，浇水量逐渐减少，稍干旱能促进开花，5月中下旬开花。本种也可在上冻前露地直播或早春播种。

全株图

别名：锥花丝石竹、宿根霞草	科属：石竹科丝石竹属
用途：一般用于布置花坛、花境及配置岩石园，也可作切花、花束和花篮。	

69

马利筋

Asclepias curassavica L.

- **产地及习性** 原产南美热带。喜向阳、通风、温暖、干燥的环境，耐寒，不择土壤。

- **形态特征** 多年生直立草本。株高60～100cm，全株具乳汁，茎基部半木质化；叶对生或3叶轮生，椭圆状披针形；伞形花序腋生或顶生，花紫红色或橘红色，副花冠黄色。花期6～8月。

- **繁殖及栽培管理** 播种或扦插繁殖。播种于春季3～4月，栽培容易，管理粗放。花蕾期追肥1次，花谢后将植株具地面10cm处剪短，再施肥。秋季开花后，盆栽应进行摘心，促进分枝，设立支柱，防止倒伏。

伞形花序，花紫红色或橘红色

小花特写

果实

叶椭圆状披针形，叶脉明显，侧脉连结

别名：莲生贵子	科属：萝藦科马利筋属
用途： 一般用于布置花坛、花境、石园，也可作盆栽。但马利筋有毒，小心儿童误食。	

猫须草

Clerodendranthus spicatus (Thunb.) C. Y. Wu ex H. W. Li

由于猫须草的雄蕊酷似猫的胡须，故有此名。猫须草的花序为轮伞形，绽放后十分美观。

- **产地及习性** 原产印度、南洋群岛。喜温暖湿润的气候，较耐阴，对土壤要求不严格。

- **形态特征** 多年生草本。株高1～1.5m；茎直立，四棱形，被倒向短柔毛；叶对生，卵形、菱状卵形或卵状椭圆形，边缘在基部以上具粗齿，齿端具小突尖，两面被短柔毛及腺点；轮伞花序在主茎和侧枝顶端组成间断的总状花序，每轮具花6朵，花萼钟形，花冠浅紫色或白色。花期5～11月。

- **繁殖及栽培管理** 扦插繁殖。在给植株摘心时，把粗壮、无病虫害的顶梢摘下作为插穗，以营养土或河砂、泥碳土等材料为基质，生长适温为20～30℃。管理简单。

别名：化石草、腰只草、肾草、肾茶	科属：唇形科肾茶属
用途： 一般用作布置花坛、庭院，也可盆栽。	

迷迭香 ＞花语：怀念

Rosmarinus officinalis L.

　　迷迭香被视为爱情、忠贞和友谊的象征，在意大利，人们会在丧礼上将一枝枝迷迭香抛进死者的墓穴，以表达对死者的敬仰和怀念。

花对生，花萼卵状钟形，花冠蓝紫色

幼枝四棱形，密被白色绒毛

叶线形，向背面反卷，含树脂

老茎圆柱形，不规则纵裂

产地及习性 原产地中海地区。喜阳光充足、温暖干燥的环境，耐寒冷、瘠薄和干旱，怕积水，适宜在排水良好、含有石灰质的砂质土壤中生长。

形态特征 灌木，高达2m，作多年生草本栽培；茎及老枝圆柱形，皮层暗灰色，不规则的纵裂，块状剥落，幼枝四棱形，密被白色星状细绒毛；叶丛生，革质，线形，全缘，向背面卷曲，上面近无毛，下面密被白色的星状绒毛；花对生，近无梗，少数聚集在枝顶成总状花序，花萼卵状钟形，外被白色星状毛及腺体，花冠蓝紫色。花期春夏。

繁殖及栽培管理 扦插繁殖。以母株上3～5cm的嫩芽或7～10cm的未木质化嫩梢作为插穗，去除插穗基部的叶子，放入装有清水的容器中备用。苗床可采用珍珠岩、泥炭土、黄土、粗河沙等，也可用混合基质。生根期，温室适宜温度为22℃，需经常给插穗喷雾，但忌过于潮湿。前10～14天，插穗开始生根，要特别注意防止插穗萎蔫。生根后进行移栽。一般移栽到盆径10cm的花盆里，种植6～10周。期间，及时修剪，每次修剪时不要超过枝条长度的一半。

别名：艾菊、海洋之露	科属：唇形科迷迭香属
用途：迷迭香具有抗氧化的功效，是重要的栽培植物，放在室内可净化空气，还可美容、泡茶饮用。	

美丽向日葵

Helianthus laetiflorus Pers.

花金黄色

宽卵形，两面密生硬毛，边缘具粗锯齿，基部3出脉，具长柄；头状花序单生，一般离地15cm每叶一枝花蕾，舌状花金黄色，筒状花棕色或紫色。花期夏秋季节。

· 产地及习性

原产北美。适应性强，喜阳光、温暖，不耐寒，对土质要求不严。

形态特征

多年生草本。株高1~3m；茎直立，多分枝；叶宽卵形

· 繁殖及栽培管理

只能用根茎脚芽进行分株繁殖。早春，用透明塑料薄膜搭成小拱棚，增温催芽。待苗高5cm时即可分株，在备好的栽植地上扦插培育，注意保持适当的湿度，一般约7天浇水一次。超过50cm的大苗移栽或花期移栽，需选择阴天并栽后浇透水。

别名：无	科属：菊科向日葵属
用途：可用于庭院、公园、街区等绿化观赏，也可行植或片植以提高景观效果。	

欧洲银莲花

Anemone coronaria L.

· 产地及习性

原产地中海地区。喜温暖，耐寒，怕炎热和干燥，要求日光充足、富含腐殖质且稍带黏性的土壤。

· 形态特征

多年生草本。株高25~40cm，具块茎，褐色；叶基生，一至二回三出复叶，裂片狭长形，具长柄；花梗从叶丛中抽出，花单生于茎顶，花形似罂粟，花色丰富。花期4~5月。

· 繁殖及栽培管理

播种繁殖。6月，采下成熟种子即播，播后10~15天即可发芽，第二年春开花。一般性管理。

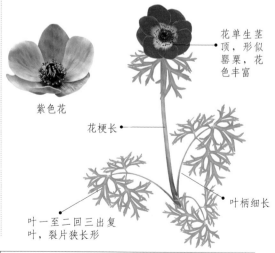

花单生茎顶，形似罂粟，花色丰富

紫色花

花梗长

叶柄细长

叶一至二回三出复叶，裂片狭长形

别名：罂粟秋牡丹、法国白头翁、冠状银莲花	科属：毛茛科银莲花属
用途：一般用作花坛、花境布置或盆栽观赏，也可作切花。	

葡萄风信子
Muscari botryoides Mill.

· **产地及习性** 原产欧洲南部，荷兰栽培较多。喜温暖、凉爽气候，耐半阴，耐寒，宜在疏松肥沃、排水良好的砂质土壤上生长，喜肥。

· **形态特征** 多年生球根花卉。地下鳞茎卵圆形，皮膜白色；叶基生，线形，稍肉质，暗绿色，边缘常内卷；花葶高于叶丛，总状花序密生花葶上部，花密生而下垂，碧蓝色；有变种白花。花期3～5月。

· **繁殖及栽培管理** 播种或分植小鳞茎繁殖。播种一般在秋季采收种子后，露地直播，第二年4月发芽，苗3年后开花。分植鳞茎可在夏季叶片枯萎后进行，秋季生根，入冬前长出叶片。栽植后保持培土湿度，待长出叶片后，可施用氮、磷、钾稀释液亦促进发育。待春季花芽长出，移至日照60%～70%处，使花茎迅速生长。

果序枝

花序枝

全株图

别名：蓝壶花、葡萄百合、葡萄麝香兰、蓝瓶花、葡萄水仙	科属：百合科蓝壶花属
用途：葡萄风信子花期早，花期长，植株矮小，多用于地被花卉或点缀山石旁，也可作盆栽或鲜切花用。	

千叶蓍
Achillea millefolium L.

· **产地及习性** 原产欧洲、亚洲及美洲，中国西北、东北等地有野生。喜光，耐瘠薄，对土壤要求不严，在向阳、疏松肥沃、排水良好的土壤中生长最佳，忌积水。

· **形态特征** 多年生草本。株高60～100cm，具匍匐根茎；地上茎直立，稍具棱，上部有分枝，密生长白柔毛；叶矩圆状披针形，2～3回羽状深裂至全裂，裂片似许多细小叶片，故有"千叶"之说；头状花序伞房状，舌状花白色、粉红色或紫红色，筒状花黄色。花期5～10月。

· **繁殖及栽培管理** 分株繁殖和扦插繁殖。分株一年四季都可进行，但夏季分株要注意遮阴，植株也要进行回缩修剪。分株时以2～3个芽为一丛，分栽间距30～40cm为佳。扦插繁殖以5、6月为宜，剪取母株开花茎，去除顶上花序，将插条剪成15cm，叶片适当剪短，扦插于疏松、透水的基质中。注意及时浇水、遮阴，大约一个月即可生根，长成植株。

别名：西洋蓍草	科属：菊科蓍属
用途：一般用来布置花坛、花境，也可作为切花。	

秋水仙 ＞花语：单纯

Ranunculus asiaticus L.

秋水仙是一种很特别的植物，它只有等到所有叶片凋谢后，才会开出花儿来。

· **产地及习性** 原产欧洲和地中海沿岸。喜冬季湿润多雨、夏季干燥炎热的环境，耐严寒，宜排水良好、肥沃疏松的砂质壤土。

· **形态特征** 多年生草本。球茎卵形，外皮黑褐色；茎极短，大部分在地下；叶披针形；每葶开花1～4朵，花漏斗形，淡粉红色（或紫红色），花药黄色。花期8～10月。

· **繁殖及栽培管理** 鳞茎、分球或种子繁殖。每年应挖出鳞茎置于贮藏室越冬，来年种植。种植时，要对土壤进行消毒，以预防病虫害，株行距一般为15×15cm，秋季多雨季节，要注意排涝，预防积水。种子和分球繁殖时，盖土不宜太深。如为了增加子球的繁殖，可适当增加土层厚度。

花漏斗形，淡粉色或紫红色

地上茎很短

别名：草地番红花	科属：百合科秋水仙属
用途：常用于岩石园或花坛种植。	

三叶草 ＞花语：幸福

Trifolium repens L.

在欧洲一些国家，人们只要在路边看到三叶草，就会把它采摘、压平，以便将来赠送他人，表达他们对友人的美好祝愿。

· **产地及习性** 原产小亚细亚南部和欧洲东南部，现广泛分布于温带及亚热带高海拔地区。喜阳光、湿润，耐阴湿，稍耐半阴，宜排水良好的中性或微酸性土壤。

· **形态特征** 多年生草本。株高30～40cm，多分枝，直立或匍匐生长，节间着地即生根，并萌生新芽；掌状3出复叶，小叶倒卵状或倒心形，基部楔形，先端钝或微凹，边缘具细锯齿，叶面中心具"V"形的白晕；托叶椭圆形，抱茎；头状花序腋生，花白色或湛红色。花期夏秋季节。

· **繁殖及栽培管理** 播种繁殖。南方以秋播为主，北方以春播为主，播后覆土1～2cm，生长适温15～25℃。管理粗放，注意除杂草，夏季适当浇水。

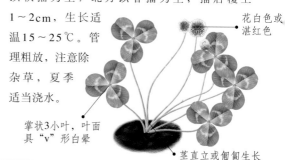

花白色或湛红色

掌状3小叶，叶面具"V"形白晕

茎直立或匍匐生长

别名：白车轴草、白花三叶草	科属：豆科车轴属
用途：三叶草是非常好的地面覆盖材料，因此常作地被，也可作牧草。花序可入药。	

石蒜

Lycoris radiata (L□Her)Herb.

产地及习性 原产中国长江流域，西南各省有野生，目前广泛分布于东亚各地。喜湿润、半阴、耐暴晒、耐干旱，宜富含腐殖质、排水良好的砂质土壤，较耐寒。

形态特征 多年生宿根草本。鳞茎广椭圆形，外皮紫褐色；叶丛生，细带状，深绿色，叶两面中央色浅，于秋季花后抽出；花葶高30～60cm，

伞形花序的顶生，花5～12朵，红色，偶有花瓣具白边。花期7～9月。

繁殖及栽培管理 分球繁殖。当叶片或花茎枯萎时，挖起鳞茎，将母球附生的子球取下，分开种植，1～2年即可成株开花。管理粗放。

花5～12朵，红色

蒴果

叶细带状，花后抽出

种子

鳞茎广椭圆形

别名：龙爪花、红花石蒜、老鸦蒜、蟑螂花、山乌毒	科属：石蒜科石蒜属
用途：石蒜夏、秋季红花怒放，冬季叶色翠绿，是布置花境、假山、石园和地被的好材料，也可作切花；鳞茎可作农药，石蒜粉可作建筑涂料。	

时钟花 > 花语：高贵

Turnera trioniflora

时钟花文雅、隽秀，是献给公元13世纪汉堡公主的花儿，她举手投足都比一般人高贵，最后因为救济穷人而成为修女。因此，时钟花的花语是：高贵。

产地及习性 原产南美洲。喜高温、高湿，耐寒力强。

形态特征 多年生草本花卉。叶互生，边缘有齿，叶基有一对腺体；花单生于叶腋，花瓣5枚，白色，中心黄色，基部紫色。每天上午9点

左右绽放，下午4点闭合，大约持续一个星期。花期春夏季。

繁殖及栽培管理 播种繁殖或扦插繁殖。从营养生长到开花均需施肥，大概每月施肥1次。时钟花花期较长，花后的枝条应及时剪去，以促发新枝。

花白色，上午开放，下午闭合

叶边缘有齿

别名：白时钟花	科属：时钟花科时钟花属
用途：一般作为室内盆栽欣赏，也在庭院等地栽植。	

蛇鞭菊 >花语：警惕、努力

Liatris spicata Willd.

蛇鞭菊是一种很漂亮的花草，但在民间，常常被用来"镇宅"，有些商人远行时，也会将蛇鞭菊带在身边，以避邪驱魔，并鼓励自己勇敢前行。因此，它的花语是警惕、努力。

头状花序聚集成长穗状花序，像一条鞭子

花侧面图

花正面图

腋生的小花

叶线形，向上渐小，中脉明显

· **产地及习性** 原产北美。性强健、喜阳光，耐寒、耐水湿、耐贫瘠，要求疏松、肥沃、湿润的土壤。

· **形态特征** 多年生草本。株高60～150cm，株形锥状；具黑色块根，地上茎直立、少分枝；叶互生，线形，叶线形或披针形，由下至上逐渐变小，全缘；头状花序排列成密穗状，长15～30cm，自上而下开放，花紫红色。花期7～8月。

· **繁殖及栽培管理** 分株繁殖。早春，把母株从花盆中取出，轻轻抖掉土，分成2～3株，每一株都有一定的根系，并对叶片适当修剪，之后在百菌清1500倍液中浸泡5分钟，取出晾干，上盆，浇1次透水。萌发新根需要3～4周，期间节制浇水，但每天要给叶面喷雾1～3次。如阳光强烈，则要放在阴凉处。小苗装盆时，基质可用菜园土、水稻土、塘泥或腐叶土等。上完盆后浇1次透水，并放在略阴环境养护1周。

别名：麒麟菊、猫尾花	科属：菊科蛇鞭菊属
用途：一般用于切花，花境种植。	

芍药

Paeonia lactiflora Pall.

自古以来，芍药在中国就被视为爱情之花，那粉红色的花朵，淡淡的清香，犹如一位羞涩、含蓄的少女，充满浪漫的感觉。

· 产地及习性 原产中国、日本及西伯利亚。喜阳光，耐寒，忌湿热，宜排水良好、湿润的土壤，忌盐碱地和低洼地。

· 形态特征 多年生草本。株高50～120cm；地下根粗壮，纺锤形；茎由根部簇生，基部圆柱形，上端多棱角；叶二回三出羽状复叶，小叶椭圆形至披针形，叶端尖，全缘微波；花单朵顶生或腋生，具长梗，花色白、黄、绿、红、紫等。花期春季。

· 繁殖及栽培管理 分株繁殖，也可根插、播种繁殖。分株宜在秋季，小心挖起肉质根，顺自然纹理用刀劈开，每丛要有3～5个芽，剪除腐根，稍阴干，待切割伤口结成软疤，以草木灰涂伤口，防止细菌侵入，最后栽入苗床。管理简单，保持土壤湿润，经常施肥。分株苗隔年即可开花。

花枝图

果实

别名：麒麟菊、猫尾花	科属：菊科蛇鞭菊属
用途：一般用于切花，花境种植。	

射干

Belamcanda chinensis (L.) DC.

· 产地及习性 原产中国、日本及朝鲜。适应性强，喜温暖，耐旱、耐寒、耐霜，怕积水，对土壤要求不严，但以肥沃疏松、地势较高、排水良好的砂质土壤为佳。

· 形态特征 多年生草本。株高50～120cm，地下根茎及匍匐枝外皮鲜黄色，须根多数，茎直立，叶基生，扁平，广剑形，稍被白粉，基部抱茎，叶脉平行；伞房状聚伞花序顶生，二叉分歧，花橙色至橘黄色，有暗红色斑点。花期7～8月。

根状茎

· 繁殖及栽培管理 播种或分株繁殖。播种春季3月，秋季10月，播后15天左右发芽，待幼苗长出3～4片真叶，定植。分株在春季3～4月进行，将带芽的根茎或匍匐枝切开，每段需带芽1～2个，切口稍干后即可栽种，大约10天可出苗。栽培容易，春季萌发期及花期略施薄肥。

· 病害防治 在幼苗和成株时常发生锈病——叶片呈褐色隆起的锈病。防治方法为初期喷95%敌锈钠400倍液，每7～10天打1次，连续2～3次即可。

别名：扁竹、蚂螂花	科属：鸢尾科射干属
用途：一般用来布置花坛、花境或丛植于林缘、草坪边缘、建筑物前等，也可盆栽或作切花；根茎可入药；茎叶可造纸。	

蜀葵 >花语：梦

Althaea rosea (L.)Cav.

在中世纪，教会将圣人分别和不同的花朵合在一起，形成花历。蜀葵是纪念圣斯塔法诺的花。

粉红花枝图

花苞图

叶心脏形，边缘5～7浅裂，掌状脉

花大，单朵腋生，花色丰富

全株有柔毛

• **产地及习性** 原产中国四川，现在中国分布很广，华东、华中、华北均有。喜阳、耐寒、耐半阴、忌涝，宜在肥沃、排水好的土壤种植。

• **形态特征** 多年生草本，有时作二年生栽培。株高可达2～3m，全株被柔毛；茎直立而高，少分枝；叶互生，心脏形，叶面粗糙多皱，叶缘5～7浅裂，叶柄长；花大，腋生，聚成顶生总状花序，花色丰富，有紫、粉、红、白等色。花期6～8月。

• **繁殖及栽培管理** 播种繁殖，也可进行分株和扦插繁殖。北方以春播为主，南方以秋播为主，将成熟种子露地直播，大约7天左右即可发芽，幼苗生长期注意施肥、除草、松土，使植株健壮，11月份定植。叶腋形成芽后，追施磷、钾肥，花期适当浇水，促使花开到茎顶。管理上注意防旱。分株、扦插多用于优良品种的繁殖。

别名：一丈红、熟季花、戎葵、端午锦	科属：锦葵科蜀葵属
用途：蜀葵是很好的园林、花境的背景材料，也可种植在墙下、篱边或作为切花。	

松果菊

Echinacea purpurea Moench.

- **产地及习性** 原产北美，现世界各地广泛栽培。喜温暖向阳，耐寒，稍耐阴，宜肥沃深厚、富含有机质的土壤。

- **形态特征** 多年生草本。株高60~150cm，全株具粗毛；茎直立，少分枝或上部不分枝；基生叶卵形或三角形，基部下延与叶柄相连；茎生叶卵形至卵状披针形，边缘具疏齿，叶柄基部稍抱茎；头状花序单朵或数朵聚生于枝顶，舌状花紫红色，管状花橙黄色。花期6~7月。

- **繁殖及栽培管理** 播种繁殖。春季4月或秋季9月，将露地苗床深翻整平，浇透水，待水全部渗入后撒播种子，温度控制在22℃左右，2周即可发芽。待幼苗长出2片真叶时移植，苗高约10cm时定植。此外，也可扦插繁殖，取长约5cm的嫩梢，连叶插入沙床中。注意插床不能过湿，空气湿度要高，在温度22℃条件下，3~4周便可生根。

花正面图

花侧面图

果实

全株图

别名：紫松果菊、紫锥花	科属：菊科松果菊属
用途：一般作背景栽植或作花境、坡地材料，亦作切花。	

随意草

Physostegia virginiana Benth.

- **产地及习性** 原产北美洲。适应性强，喜光，耐寒、耐热、耐半阴，喜通风湿润、排水良好的土壤。

花正面图

花侧面图

- **形态特征** 多年生草本。地下根茎匍匐生长，地上部分茎丛生、少分枝；叶椭圆形至披针形，先端锐尖，具锯齿；穗状花序顶生，花密集，每轮着花2朵，花冠筒长，唇瓣短，花紫色、红色至粉色。花期7~9月。

枝叶图

花序图

- **繁殖及栽培管理** 播种繁殖或分株繁殖。栽培容易，管理粗放。保持土壤湿润，尤其是夏季，否则叶片易脱落。

别名：芝麻花、假龙头花、囊萼花、棉铃花、一品香	科属：唇形科随意草属
用途：一般用于花坛、花境布置，也可作切花。	

四季海棠
Begonia semperflorens Link et Otto

四季海棠姿态优美、娇嫩光亮、四季开放、清香宜人，为室内装饰的重要盆花。目前，秋海棠类有400种以上，而园艺品种近千种，主要包括球根秋海棠、根茎秋海棠及须根秋海棠三大类。

淡红色花

· 产地及习性 原产南美巴西。喜阳光、湿润，稍耐阴，怕寒冷，忌干燥和积水。

· 形态特征 多年生草本。株高70～90cm，全株光滑；茎直立，多分枝，肉质；叶互生，卵形至广椭圆形，有光泽，边缘具齿及缘毛；花序腋生，数朵成簇，淡红色。花期四季。

花单性，栽培品种花形、花色富于变化

· 繁殖及栽培管理 播种、扦插、分株繁殖。播种，用当年采收的新鲜种子，播种土用高温消毒，均匀撒入盆中后压平，从盆底浸水，上面盖玻璃盖，保持室温20～22℃，约1周发芽。当苗出现2片真叶时，要及时间苗；出现4片真叶时，移入小盆。春播冬天开花，秋播第二年春开花。扦插，剪取健壮的顶端嫩枝做插穗，长10cm，插入砂床，2周后生根，根长2～3cm时上盆。分株在春季换盆时进行。生长期喷雾，保持空气湿度；花后摘心，促进分枝和开花。

叶大型，叶缘有齿和柔毛

卵状三角形的小托叶

茎肉质，绿色带红色，多分枝

全株图

别名：蚬肉秋海棠、玻璃翠、四季秋海棠、瓜子	科属：秋海棠科秋海棠属
用途：多为室内盆栽，部分品种布置花坛、花墙。	

唐菖蒲 > 花语：怀念

Gladiolus gandavensis Van Houtte

　　唐菖蒲、玫瑰（实为月季）、康乃馨和扶郎花被誉为"世界四大切花"，而唐菖蒲更赢得了"切花之魁"的称号。1984年美国总统里根访问中国期间，美方特意空运来新鲜的唐菖蒲，增加节日气氛。

· 产地及习性

原产非洲南部，现世界各地普遍栽培。喜阳光、忌炎热、耐寒，要求肥沃、疏松、湿润、排水良好的砂质土壤，不耐涝。

· 形态特征

多年生草本。株高60～150cm，球茎扁球形，被褐色膜质外皮；茎粗壮、直立；基生叶互生，剑形，7～8枚呈二列嵌叠状着生，草绿色；花葶自叶丛中抽出，蝎尾状聚伞花序顶生，着花12～24朵，排成二列，侧向一边，每朵花生于革质佛焰苞内，花色丰富，深浅不一，或具斑点、条纹。花期夏秋季。

· 繁殖及栽培管理

分球繁殖。秋季，当叶片1/3发黄时挖出球茎，去除腐枝，将新生大球和附生小球逐一用手掰下，充分晾干后贮存于5～10℃的通风干燥处，第二年春种植。栽种前，土壤中要施入足够的基肥，通常覆土标准为球茎高的2倍，球茎萌芽适温为4～5℃，生长适温为20～25℃。生长期长出2片叶、4片叶及花期前后追肥，可使花枝粗壮。冬季球茎贮藏温度2～3℃。一般小球培育1～2年后开花。

花生于佛焰苞内，偏向一侧，花色丰富

叶剑形，叠状着生，草绿色

叶背灰绿色

叶鞘抱茎

鳞茎被褐色膜质外皮

蝎尾状聚伞花序

别名：菖兰、剑兰、扁竹莲、什样锦	科属：鸢尾科唐菖蒲属
用途：唐菖蒲花型多变，花色艳丽，是重要的切花，也可用于花坛、花境的布置。	

天使花

Angelonia salicariifolia Humb.et Bonpl.

花钟状，5裂，蓝紫色

叶长披针形

- **产地及习性** 原产南美洲。喜高温、湿润、阳光充足的环境。

- **形态特征** 多年生草本。叶近对生，长披针形，边缘具齿；花单生于叶腋，花冠钟状，5裂，蓝紫色，裂片中下部白色。花期夏季。

- **繁殖及栽培管理** 扦插繁殖，也可播种繁殖。扦插除冬季外，其他季节都可进行，剪取优良粗壮的枝条作为插穗，插入水中或土中都可，大约2周即可生根。管理简单，夏季适当遮阴，花后剪去残枝，保证排水要好。

别名：水仙女、蓝天使	科属：玄参科香彩雀属
用途：一般用于布置花坛、花境或庭院栽培。	

晚香玉

Polianthes tuberose L.

- **产地及习性** 原产墨西哥及南美洲。喜阳光、湿润，怕寒冷，耐盐碱，忌积水，要求肥沃、排水良好的黏质土壤。

- **形态特征** 多年生球根草本。块茎球状，形似洋葱，下端生根，上端抽出基叶；基生叶细长带状，全缘，开展呈拱形；茎生叶互生，向上逐渐减小，近花序处呈苞片状；总状花序顶生，花呈对生在花序轴上，漏斗状，上部6裂，白色，浓香。花期7～10月。

- **繁殖及栽培管理** 分球繁殖。春季，用刀将子球下部的衰老块茎及须根削去，每穴3～4个，大球浅栽，覆土以顶芽露出土面为度。管理粗放。如土壤湿润，不必立即浇水，大约1个月萌芽，待芽出齐、表土干时再浇水。出叶后初期忌浇水太多，后期生长快，水、肥要充足。秋季采收后，充分干燥，存入干燥温暖处。

花序枝图

小花图

叶图

别名：夜来香、月下香	科属：石蒜科晚香玉属
用途：晚香玉因为夜晚特别浓香，所以常常用来布置夜花园，也是非常美丽的切花材料，还可水养。	

网球花

Haemanthus multiflorus Martyn

- **产地及习性** 原产非洲热带。喜温暖、湿润及半阴环境，不耐寒，宜肥沃、疏松、排水好的砂质土壤。

- **形态特征** 多年生球根草本。株高可达90cm，鳞茎扁球形；叶自鳞茎上部的短茎上抽出，3～6枚丛生，椭圆形，全缘，叶柄短而成鞘状；花葶先叶抽出，球状花序顶生，花多达上百朵，血红色。花期6～7月。

- **繁殖及栽培管理** 分球或播种繁殖。分球宜在春季换盆时进行，将母株上的小球种植，可切割鳞茎基部促进分生能力。播种繁殖随熟随播。生长适温16～20℃，喜肥，除施足基肥外，生长期要追肥。夏季放在半阴处，可延长花期。深秋霜降后，叶开始枯萎，此时少浇水；叶子全枯时，停止浇水，连盆移入室内越冬。露地栽植，入冬前要将鳞茎挖出，放入室内越冬。

花特写图 · 花蕊 · 花瓣

别名：多花网球花	科属：石蒜科网球花属
用途：网球花花色艳丽，花朵密集，是优良的盆栽花卉。	

文殊兰

Crinum asiaticum L. var. *sinicum* (Roxb. ex Herb.) Baker

- **产地及习性** 原产亚洲热带，现广为栽培。喜阳光、湿润，略耐阴，耐盐碱，不耐寒。

- **形态特征** 多年生草本。株高可达1m，假鳞茎由叶基形成，长圆柱状；叶片宽大肥厚，常年浓绿，好似一柄巨人的绿剑；花葶一年四季均直立生出，夏秋季伞形花序顶生，花瓣线形，白色，有香气。花期夏季。

- **繁殖及栽培管理** 分株和播种繁殖。分株在春、秋季进行，将母株周围的鳞茎剥下，另行栽植。但不宜过深，2～3年分株1次。播种繁殖在种子采收后立即播下，覆土约2cm，保持适度湿润，在16～22℃温度下，约2周可发芽。待幼苗长出2～3片真叶，移栽小盆中。栽培3～4年可开花。管理简单，幼苗期喜半阴；生长期尤其是开花前后需肥水充足；花后剪去花梗；10月底，移入室内越冬。

红色花序图

花瓣白色，花药褐红色

假鳞茎由叶基形成 · 叶宽厚肥大

别名：文兰树、引水蕉、十八学士、海带七、郁蕉、海蕉	科属：石蒜科文殊兰属
用途：文殊兰常年翠绿，花色淡雅，适宜盆栽欣赏；南方等温暖地区也可露地栽培，布置于花坛或庭院。	

香石竹

Dianthus caryophyllus L.

香石竹又称康乃馨，来自英文Carnation的音译。1907年，美国费城的贾维斯（Jarvis）曾以粉红色康乃馨作为母亲节的象征。土耳其、西班牙等多个国家以香石竹为国花。

花瓣广倒卵形，具爪，花色丰富

苞片

上部叶渐小

茎节明显，膨大

叶对生，线状披针形，灰绿色

产地及习性
原产南欧、地中海北岸、法国至希腊一带。喜凉爽干燥、阳光充足的环境，不耐炎热，宜富含有机质、疏松肥沃、微酸性的黏质土壤，忌连作和湿涝。

形态特征
多年生草本。株高70～100cm，茎直立，多分枝，基部木质化，全株被白粉；叶对生，基部抱茎，线状披针形，灰绿色；花单生或数朵簇生，花瓣广倒卵形，具爪，花色丰富。花期5～7月。

繁殖及栽培管理
扦插繁殖和播种繁殖。扦插多在春季，选择植株中部粗壮、节间短的侧枝作为插穗，留顶端3～4片叶，其余去除，浸泡于水中，使插穗充分吸收水，待生长点硬起来后再扦插。浇水视土壤干湿情况；遮阴视阳光强弱而定。播种在秋季，温度在18～20℃的条件下，约1周可发芽，幼苗要经过移植、养苗阶段，2～3个月可成苗。生长期给予充足水肥，注意排涝。

别名：康乃馨、麝香石竹、石竹	科属：石竹科石竹属
用途：香石竹色泽艳丽，主要用于切花，也可布置花坛，或盆栽欣赏。	

香雪兰

Freesia refracta Klatt.

香雪兰花色纯白如雪，花香清幽似兰，故得名香雪兰，作为一种高雅的早春切花，近年来风靡世界各地。

· **产地及习性** 原产南非好望角一带，
现世界各地广泛栽培。喜凉爽、湿润和光照充足的环境，耐寒性较差，宜于在疏松、肥沃的沙壤土中生长。

· **形态特征** 多年生球根草本。株高40cm，具圆锥形小球茎，被棕褐色薄膜；茎纤细，有分枝，柔软；叶基生，6～10片，剑形，全缘；蝎尾状聚伞花序顶生，着花5～10朵，偏生一侧；苞片膜质，白色；花小，黄绿色至鲜黄色，具芳香。花期春季。

· **繁殖及栽培管理** 播种或分球球茎。播种，6月采种，7～8月播于冷床或盆播放于向阳处，2周左右发芽，实生苗3～4年开花。分球繁殖宜秋季进行，一般每个母球可新生5～6个新球，挑选大者栽培，次年可开花；栽植小者，隔年开花。生长期经常追肥，保持土壤湿润，加强室内通风，开花期设支柱防止花茎倒卧，冬春开花，温度为14～16℃，3～4月进入休眠期。

不同颜色的香雪兰花

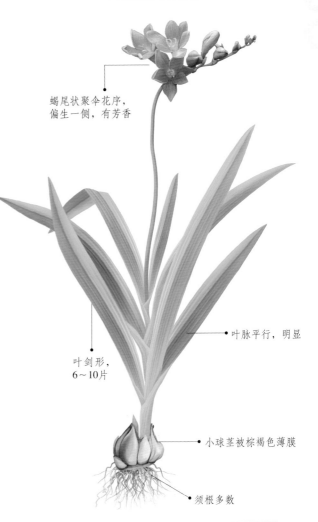

蝎尾状聚伞花序，偏生一侧，有芳香

叶脉平行，明显

叶剑形，6～10片

小球茎被棕褐色薄膜

须根多数

别名：小苍兰、剪刀兰、素香兰、洋晚香玉	科属：鸢尾科香雪兰属
用途：香雪兰花期长，且香味浓郁，是重要的冬春盆花，也是著名的切花，可在暖地丛植。	

萱草 > 花语：爱的忘却

Hemerocallis fulva L

在康乃馨成为母亲花之前，萱草花在中国已经是一种母爱的象征，它的花语是：爱的忘却。此外，萱草还叫忘忧草，代表"忘却一切不愉快的事"。

花漏斗形，橘红色，早开晚谢

圆锥花序

叶宽线形，对排成两列

叶背面有龙骨突起

残存的叶鞘

块根肉质，纺锤形

产地及习性
原产于中国、西伯利亚、日本和东南亚。性强健，喜光、耐寒、耐半阴、耐干旱，对土壤选择性不强，但以富含腐殖质、排水良好的湿润土壤为宜。

形态特征
多年生宿根草本。根茎短，块根纺锤形、肉质；叶基生、宽线形，对排成两列，嫩绿色，背面有龙骨突起；花葶细长坚挺，自叶丛中抽出，圆锥花序顶生，花6～10朵，漏斗形，橘红色，具香味，早开晚谢。花期6～7月。

繁殖及栽培管理
分株繁殖，也可播种。分株宜在春秋，在苗床中施以腐熟的堆肥，选择每丛带2～3个芽栽植。如果春季分株，夏季就可开花，通常3～5年分株1次。播种繁殖春秋均可。春播时，头一年秋季将种子砂藏，播种前用新高脂膜拌种，提高种子发芽率。播后发芽迅速而整齐。秋播时，9～10月露地播种，翌春发芽。实生苗一般2年开花。

别名：褪草、金针花、川草花、丹棘	科属：百合科萱草属
用途：萱草花色鲜艳，栽培容易，极为美观，多丛植或在花境、路旁栽植，也可做疏林地被植物。	

亚马逊石蒜

Eucharis grandiflora Planch.

全株图

小花特写

肉质；伞形花序生于茎顶，花3～6朵，花冠中央有副冠，花白色，芳香。花期从春到秋。

· 产地及习性

原产哥伦比亚、秘鲁。喜高温、湿润的环境，不耐寒，忌强光直射，宜生长在疏松肥沃、排水良好的土壤中。

· 形态特征

球根花卉。鳞茎被膜；叶宽椭圆形；花梗从叶丛中抽出，

· 繁殖及栽培管理

分球和播种繁殖。分球繁殖待花谢后，将子球分开种植，忌伤根太多。初期少浇水，生长恢复后增加浇水量。生长期适当遮阴，每月施肥1次。播种在炎热地区可露地栽培，寒冷地区则温室栽培，种后覆土4～5cm，水量与分球繁殖相似。每次花后会进入短暂休眠期，此时节制浇水，直到进入下一个花期再正常浇水。为使根系发达，可每周施液肥1次。

别名：亚马逊百合、南美水仙、文草、大花油加律	科属：石蒜科油加律属
用途：亚马逊石蒜花洁白如玉，芳香馥郁，多用来点缀庭院或盆栽欣赏，也可作为切花、插花。	

郁金香

>花语：爱的表白、荣誉、祝福永恒

Tulipa gesneriana L.

植株部分图

鳞茎

· 产地及习性

原产地中海沿岸、中亚、中国新疆。喜冬季温暖湿润、夏季凉爽干燥，怕酷暑，耐半阴，宜腐殖质丰富、疏松肥沃、排水良好的微酸性砂质壤土。忌碱土和连作。

· 形态特征

多年生草本。鳞茎扁圆锥形或扁卵圆形，被淡黄色纤维状皮膜；茎、叶光滑，被白粉；叶基生，长椭圆状披针形或卵状披针形，全缘，边微呈波状皱；花单生茎顶，杯状或钟状，花色有白、粉红、洋红、紫、褐、黄、橙等，品种有单瓣和重瓣。花期3～5月。

· 繁殖及栽培管理

分球繁殖，以分离小鳞茎法为主。秋季分栽小球，母球为一年生，花后在鳞茎基部发育成1～3个次年能开花的新鳞茎和2～6个小球，母球干枯。母球鳞叶内生出一个新球及数个子球，新球与子球的膨大常在开花后一个月的时间内完成。6月上旬，将休眠鳞茎挖起、去泥，贮藏于干燥、通风、20～22℃温度条件下，促进鳞茎花芽分化。分离出大鳞茎上的子球放在5～10℃的通风处贮存，秋季栽种，栽培地应施入充足的腐叶土和适量的磷、钾肥作基肥。植球后覆土5～7cm即可。

别名：郁香、红蓝花、紫述香、洋荷花、草麝香	科属：百合科郁金香属
用途：珍贵的切花，也常用于花坛、花境、林缘及草坪边丛栽或盆栽。	

洋水仙 >花语：自恋

Narcissus pseudonarcissus L.

洋水仙花姿潇洒、叶色青绿，是春节等喜庆节日的理想用花。其实，早在2000多年前，希腊人就用洋水仙制成各种装饰品，可见洋水仙的历史已经很悠久了。

花瓣三角状卵形，开展

副花冠边缘皱缩，有不规则小齿

苞片

叶背有白粉

花葶长短不一

叶丛生，带形

· 产地及习性 原产欧洲西部。喜冬季温暖、夏季凉爽，耐寒、耐半阴、耐干旱贫瘠，宜疏松肥沃、排水良好的土壤，喜肥。

· 形态特征 多年生草本。鳞茎卵圆形，外皮干膜状，黄褐色或褐色；叶4～6枚丛生，扁平、带形，背面具白粉而呈绿白色；花葶几乎与叶等长，每花葶有花一朵，花大，副花冠喇叭状，边缘呈不规则齿牙状且有皱褶，浅黄色，具芳香。花期4～5月。

· 繁殖及栽培管理 分球繁殖。秋季10～11月种植，先将土地深翻、施腐熟基肥，在基肥上覆一层薄土，以免球根与肥料直接接触；再将两侧分生的小鳞茎掰下作种球，栽植即可，但不宜过深，株距根据大小而定。出苗后、抽生花葶前各施肥1次；开花后，追施低氮富磷、钾肥1次，使鳞茎膨大而充实。5月左右，叶片枯黄，植株进入休眠期，及时将球根挖起，晾干后冷藏。

别名：喇叭水仙、大喇叭、漏斗水仙、黄水仙	科属：石蒜科水仙属
用途：一般用于布置花坛、花境或种植在疏林、草坪，也可盆栽欣赏或作切花。	

鸢尾

Iris tectorum Maxim.

· 产地及习性 原产中国中部。性强健，喜阳光充足，气候凉爽的环境，耐寒性较强，要求适度湿润、排水良好、富含腐殖质、略带碱性的黏性土壤，耐半阴。

· 形态特征 多年生草本。植株低矮，通常高30～50cm，根状茎匍匐多节，粗而节间短，浅黄色；叶剑形，质薄，淡绿色，呈二纵列交互排列，基部互相包叠；花葶几乎与叶等长，花序单一或分枝，着花2～3朵，花蓝紫色或紫白色，外轮花被片中央具鸡冠状突起。花期4～5月。

· 繁殖及栽培管理 分株繁殖。在春、秋季或花后进行，一般2～5年分割1次，根茎粗壮的在分割后，需在切口蘸草木灰，稍干后再种，防止感染。植株栽植深度，在排水良好的疏松土壤，根茎顶部要低于地面约5cm；在黏土上，根茎顶部要略高于地面；在水湿地，每年秋季施肥1次；栽植干旱地的，秋季发芽前施1次腐熟堆肥。在北方冬季，株丛上要覆盖防寒物。

鸡冠状突起

叶二列交互排列

别名：蓝蝴蝶、乌鸢、扁竹花、蛤蟆七	科属：鸢尾科鸢尾属
用途：一般用于布置花坛、花境，或丛植，或作切花。	

羽扇豆 > 花语：苦涩

Lupinus polyphyllus Lindl.

羽扇豆的种子非常苦涩，含在嘴里会让人忍不住皱起眉头，表情很痛苦。

· 产地及习性 原产北美。喜凉爽、阳光，忌炎热，稍耐阴，耐旱，最适宜肥沃、排水良好的砂质土壤。

· 形态特征 多年生草本。茎直立、粗壮；叶多基生，掌状复叶，小叶9～16枚，披针形，具长总柄；托叶尖且部分与叶柄相连；总状花序顶生，花轮生、紧密，蓝紫色。花期5～6月。

· 繁殖及栽培管理 播种繁殖，也可扦插繁殖。播种一般在春、秋季，发芽适温21～30℃，保持土壤湿润，7～10天发芽、出苗。春播后生长期在夏季，高温炎热会导致部分品种不开花，或植株观赏效果差；秋播，第二年4～6月开花。花后去除残花，防止结果，利于次年开花。华北地区需保护越冬。

· 病害防治 羽扇豆叶斑病，病斑褐色至黑色，危害叶片及茎的生长，导致叶片早期枯死，可用多菌灵可湿性粉剂1500倍液喷施，效果好。

别名：多叶羽扇豆、鲁冰花	科属：豆科羽扇豆属
用途：一般用于花境、花坛、林缘种植，也可作切花。	

玉簪

Hosta plantaginea Aschers

玉簪花洁白如玉，象征人清操自守的高贵品质，是很受人们欢迎的一种花。

产地及习性
原产中国。性强健，耐寒冷，喜阴湿环境，怕强光，要求土层深厚、排水良好且肥沃的砂质土壤。

形态特征
多年生草本。株高30～50cm；叶基生成丛，卵形至心状卵形，基部心形，叶脉呈弧状；具长柄，叶柄有沟槽；总状花序顶生，高出叶丛，花被筒长，下部细小，形似簪；花漏斗形，白色，浓香。花期6月～8月

繁殖及栽培管理
分株繁殖或播种繁殖。分株一般在春、秋季进行，每3个芽切为一墩，栽在土中。每3～5年可分株1次。播种，秋季采收种子后晒干，第二年春播，实生苗2～3年开花。注意，种植地以遮阴处为宜，发芽期和花前可施氮肥及少量磷肥；北方冬季稍覆盖越冬。管理简单。

花管状漏斗形，白色

叶大，叶脉弧形

叶柄有沟槽

须根多

别名：玉春棒、白鹤花、玉泡花、白玉簪	科属：百合科玉簪属
用途：常用于林下地被、花境、路旁栽植，也可盆栽、切花，还可食用。	

蜘蛛兰

Hymenocallis americana M. Roem.

蒴果

花瓣细线形，6枚，略外翻，花药和花丝呈"T"形

蜘蛛兰夏季开花，全花雪白，香气清新，因为花形很像蜘蛛，故有蜘蛛兰之称。

产地及习性
原产热带美洲。适应性强，喜温暖湿润、光照充足的环境，不耐寒，不择土壤，但以富含腐殖质、疏松肥沃、排水良好的沙质壤土为佳。

形态特征
多年生草本。株高1～2m，地下具球形鳞茎；叶基生，阔带形，叶端尖，基部有纵沟；花葶硬而扁，伞形花序顶生，花被裂片线形，基部合生成筒状，副花冠漏斗形，均白色。花期夏、秋季。

繁殖及栽培管理
分球繁殖。春季换盆时，将子球栽植，子球可稍深些，但球颈要与地面相平。生长期水、肥要充足。夏季光照太强，可置于半阴处；冬季要在不低于15℃的室内越冬。管理简单。

别名：美洲水鬼蕉、水鬼蕉、海水仙、美丽蜘蛛兰、美丽水鬼蕉	科属：石蒜科水鬼蕉属
用途：一般用于盆栽摆设，温暖地区可在林缘、草地等进行条植或丛植。	

杂种耧斗菜

Aquilegia hybrida Hort.

· 产地及习性 本种为杂种，由蓝耧斗菜和黄花耧斗菜杂交而成。喜半阴，耐寒，忌酷暑和干旱，要求肥沃湿润、排水良好的沙质壤土。

· 形态特征 多年生草本。株高90cm，多分枝；二至三回三出复叶，基生叶具长柄，茎生叶较小；花朵侧向，萼片较长，花瓣先端圆唇状，基部距长而直，花色丰富。花期6～8月。

· 繁殖及栽培管理 播种或分株繁殖，春、秋均可播种，以秋播为好；分株宜早春或晚秋进行。栽培中注意避高温、多湿，一般管理。

叶缘裂，叶基白色
花侧生，花色丰富
距长而直
基生叶具长柄
上部叶小
主根发根

别名：大花耧斗菜	科属：毛茛科耧斗菜属
用途：一般合栽植于花坛、花境、岩石园或林缘、疏林下。	

紫背万年青

Rhoeo discolor Hance

· 产地及习性 原产墨西哥和西印度群岛，现世界各地广泛栽培。喜光，不耐寒，忌强光直射，要求肥沃、排水好的土壤。

· 形态特征 多年生草本。株高20～40cm，茎短，略多汁；叶密生成束抱茎，披针形，表面暗绿色，背面紫色；花腋生，下具2枚蚌壳状紫色苞片，花小，白色，花丝上有白色长毛。花期8～10月。

· 繁殖及栽培管理 分株法繁殖，也扦插、播种。分株四季均可进行，将母株旁带根的蘖苗切取，带根，另行栽植。播种在春季3～4月盆播，发芽适温20℃，苗高10cm左右移栽上盆，置半阴处，忌阳光直射。

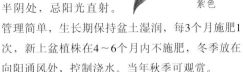

叶面暗绿色
叶背面紫色
花白色，苞片紫色

管理简单，生长期保持盆土湿润，每3个月施肥1次，新上盆植株在4～6个月内不施肥，冬季放在向阳通风处，控制浇水。当年秋季可观赏。

· 病害防治 有时发生叶枯病，发病初期可用100倍波尔多液加新高脂膜，提高药效，半月喷洒1次，要喷2～3次，可防止病害蔓延。

别名：紫锦兰、红背将军、血见愁、蚌花	科属：鸭跖草科紫背万年青属
用途：紫背万年青是常见的盆栽观叶植物，适宜家庭阳台、房间布置和会客室、餐车、食堂等公共场所点缀。	

中国水仙 >花语：多情、想你

Narcissus tazetta L. var.chinensis Roem.

　　水仙花高雅清香，只需一碟水、几粒石子，就会在寒冬萌翠生长，吐露芬芳，因此家家户户都喜欢用它作"岁朝清供"的年华，增添节日气氛。

- **产地及习性** 原产中国、日本及南欧等地。喜阳光、凉爽及湿润，忌高温，不耐寒，耐半阴。

副花冠浅杯状，黄色

花白色

叶4~6枚丛生

肉质鳞片组成球形鳞茎

鳞茎盘

须根细长，白色

- **形态特征** 多年生草本。鳞茎球状，肥大，由鳞茎盘和肉质鳞片组成，着生在鳞茎盘中心的称顶芽，着生在顶芽两侧的为侧芽；鳞茎盘底部生细长、白色的须根3~7层；叶4~6枚丛生，翠绿色，带状，面上有层白霜粉；花枝从叶丛抽生，伞形花序，花4~8朵，白色，副花冠浅杯状，淡黄色，芳香。花期1~4月。

- **繁殖及栽培管理** 侧球繁殖和侧芽繁殖。最常用的是侧球繁殖，侧球着生在鳞茎球外的两侧，仅基部与母球相连，很容易自行脱离母体，秋季将其与母球分离，单独种植，第二年产生新球。侧芽繁殖，侧芽是包在鳞茎球内部的芽。只在进行鳞茎阉割时，才随挖出的碎鳞片一起脱离母体，拣出白芽，秋季撒播在苗床上，第二年产生新球。管理粗放。

别名：雅蒜、天葱、女星、姚女花、水仙花	科属：石蒜科水仙属
用途：一般散植在草地、林缘或布置花坛。此外，水仙还可提取香精，或作药用。	

朱顶红

Hippeastrum rutilum (Ker-Gawl.) Herb.

花大，花色
因品种而异

花葶中空

叶两侧对
生，带状

· **产地及习性** 原产巴西，现各国均广泛栽培。喜温暖湿润气候，忌酷热，怕水涝，喜富含腐殖质、排水良好的砂质壤土。

· **形态特征** 多年生草本。鳞茎球状、肥大，外皮黄褐色；叶基生，两侧对生、6～8枚，扁平带状，肉质；花葶自叶从外侧抽出，扁圆柱形，中空；伞形花序，花大，红色或洋红色，不同品种颜色丰富。花期春夏季节。

· **繁殖及栽培管理** 分球、切鳞茎、播种繁殖。分球是将大球周围的小鳞茎剥下，另行栽植，宜浅植，球颈与地面平即可。切鳞茎，是将大鳞茎球切成8～16块，每块基部需带部分鳞茎盘，晾至萎蔫后插入湿土中，待生出小鳞茎球，分离栽培后便可成苗。播种在采收种子后即播，约1周发芽，苗期移植1次，地栽3～4年开花。管理简单。初栽浇水量少，以后逐渐增加；生长期、花后追肥。

别名：朱顶兰、孤挺花、华胄兰、百枝莲、对红、对角兰	科属：石蒜科朱顶红属
用途：朱顶红花大色艳，开放时极为壮观，一般用于庭院丛植或花境，也可作切花或盆栽。	

锥花福禄考

Phlox paniculata L.

· **产地及习性** 原产北美东部。性喜阳，耐寒，适宜排水良好、疏松、稍有石灰质的土壤。

· **形态特征** 多年生草本。株高60～120cm，茎直立、粗壮，光滑或上部有柔毛，基部木质化，通常不分枝；叶交互对生，茎上部叶卵状披针形，质薄，边缘有细硬毛；塔形圆锥花序顶生，花呈高脚碟状，粉紫色。花期6～9月。

· **繁殖及栽培管理** 分株、压条和扦插繁殖。分株宜在早春进行；压条可在春、夏、秋季进行；扦插分为根插、茎插及叶插。根插可于分株时截取3cm左右的根段，平埋砂土中，保持湿润，在20℃的条件下只需1个月即可出芽；茎插在花后进行，截取壮实枝条5～6cm插于砂土中，保持湿润即可；叶插在夏季取出具有腋芽的叶片，带2cm长的茎，插于砂土，1个月即可生根。生长期追肥1～3次，经常浇水，保持土壤湿润。每3～5年分株1次，防止衰老。

别名：天蓝绣球、夏福禄、草夹竹桃、宿根福禄考	科属：花荵科福禄考属
用途：一般用来布置花坛、花境，也可点缀草坪，或者作为盆栽及切花。	

贝壳花

Molucella laevis L.

- **产地及习性** 原产地亚洲西部。喜阳光，宜排水良好的土壤。

- **形态特征** 一二年生草本。株高50~60cm，茎秆直立，通常不分枝；叶对生，近基出，心状圆形，叶缘有齿；花6朵轮生，白色；花萼翠绿色，贝壳状，是观赏的主要部分。花期6~7月。

- **繁殖及栽培管理** 播种繁殖。春、夏、秋均可播种，发芽适温15~25℃，约1周发芽、出苗。生长缓慢，大约20天长出真叶，2个多月才有一点小苗的样子。移栽成活后开始施肥，半月一次，开花后停止施肥。为促其分枝，可进行摘心。

叶对生，叶缘有齿

小花白色

花萼贝壳状，是主要的观赏部分

种子

别名：领圈花、象耳	科属：唇形科贝壳花属
用途：贝壳花花型奇特，素雅美观，是世界流行的重要插花衬材，也可用作干花及盆栽观赏。	

彩叶草

Coleus scutellarioides (L.)Benth.

- **产地及习性** 原产印度尼西亚爪哇，现在世界各国广泛栽培。喜温暖、湿润，耐寒力较强，忌烈日曝晒，宜疏松肥沃、排水和通风良好的砂质土壤，忌积水。

- **形态特征** 多年生草本，常作一二年生栽培。株高通常为30~50cm，最高可达90cm；茎四棱形，基部木质化，少分枝；单叶对生，卵形，叶面绿色，具黄、红、紫等斑纹，边缘具钝齿；总状花序顶生，花小，浅蓝色或浅紫色。花期夏、秋季。

花浅蓝色或浅紫色

- **繁殖及栽培管理** 播种繁殖。温室内可随时播种，将腐熟的腐殖土与素面沙土各半掺匀装入苗盆，小粒种子播后稍覆土，发芽适温18~20℃，播后10~15天发芽、出苗。出苗后间苗1~2次，再分苗上盆。管理简单，生长期控制水量，要有充足光照。

别名：五彩苏、洋紫苏、老来少、五色草、锦紫苏	科属：唇形科鞘蕊花属
用途：彩叶草是重要的观叶植物，适合盆栽室内欣赏，也可配置花境种植。	

大花蕙兰
Cymbidium hybrid

大花蕙兰是对兰属中通过人工杂交培育出的花朵较大品种的统称。世界上第一个大花蕙兰品种于1889年在英国培育而成，其原生种是来自中国的独占春和碧玉兰。目前用来作杂交的原生种有近200种，培育出的栽培品种近2万个。

花大而多，花色丰富

隐芽

产地及习性
原产亚洲。喜光照、凉爽的环境，要求通风、透气。

形态特征
多年生草本。根多为圆柱状，肉质，粗壮肥大；具假鳞茎，鳞茎节上生有隐芽；叶丛生，带状，革质；花序长，花大而多，一般着花30～50朵，花色丰富。花期冬春季。

繁殖及栽培管理
分株繁殖。生长适温10～30℃，生长期保持较高的空气湿度，每月施肥2～3次，花后剪除花茎，以免过多消耗营养。

别名：虎头兰、蝉兰、西姆比兰、多花兰	科属：兰科兰属
用途：大花蕙兰叶长碧绿，开花繁茂，是高档的室内盆花。	

大岩桐
Sinningia speciosa Benth. et Hook.

产地及习性
原产巴西，现世界各地广泛栽培。喜温暖、湿润和半阴环境，忌强光，不耐寒，喜疏松肥沃、排水良好的腐殖质土壤。

形态特征
多年生草本。株高15～25cm，全株被粗毛；块茎扁球形，地上茎极短；叶通常对生，偶有3叶轮生，基出，卵圆形或长椭圆形，肥厚而大，边缘有锯齿，叶背稍带红色；花顶生或腋生，花冠钟状，花色丰富，有重瓣和双色品种。花期夏季。

繁殖及栽培管理
播种繁殖。在春、秋季均可进行，以秋季为佳，常用腐叶土、粗沙和蛭石的混合基质，种子细小，播后不必覆土，生长适温18～22℃。避免强烈的日光照射；保持土壤和空气湿润；从叶片伸展后到开花前，每隔10～15天施稀薄的饼肥水1次；花期要注意避免雨淋；冬季，叶片枯死，植株进入休眠期，此时把地下块茎挖出，贮藏于阴凉（温度不低于8℃）干燥的沙中越冬，第二年春暖时再用新土栽植。

别名：六雪尼、落雪	科属：苦苣苔科苦苣苔属
用途：大岩桐花朵大而鲜艳，显得十分雍容华贵，是一种观赏价值极高的室内盆栽花卉。	

袋鼠花

Nematanthus australis Chautems

　　袋鼠花因管状外形上附着天鹅绒似的绒毛，酷似袋鼠爪，因此被叫做袋鼠脚爪。袋鼠花是澳大利亚第二大出口花卉，因奇特的花形成为澳大利亚最具代表性的庭院植物。

可爱的袋鼠花

· **产地及习性**　原产澳大利亚，近年在欧美很流行。喜温暖和阳光，耐半阴，忌强光直射。

· **形态特征**　多年生常绿草本。宿根花卉，枝条亚灌木状，红褐色；叶对生，革质，浓绿有光泽，排列整齐紧凑；花腋生，花形奇特，中部膨大，两端小，前有一个小的开口，花叶表面均有一层极薄绒毛，橘红色。花期冬末至春季。

· **繁殖及栽培管理**　扦插繁殖。剪取顶端带节枝条，每段长约8cm，上部叶片剪去半片，下部叶片全部剪除，保持半阴湿润环境，30天左右即可生根上盆。定植后摘心1次，促使多分枝，生长适温20～22℃，浇水宁少勿多，花谢后强剪1次。

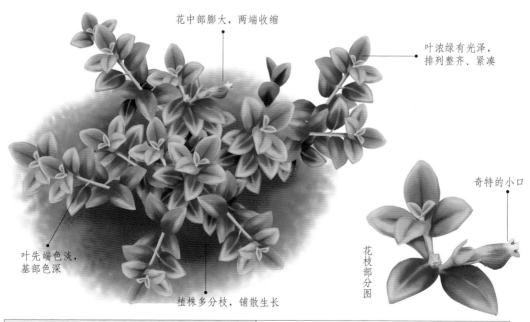

花中部膨大，两端收缩

叶浓绿有光泽，排列整齐、紧凑

奇特的小口

叶先端色浅，基部色深

花枝部分图

植株多分枝，铺散生长

别名：金鱼花、河豚花、亲嘴花	科属：苦苣苔科袋鼠花属
用途：袋鼠花的花金黄色，造型清新雅致，颇具观赏价值，是很好的切花品种，也适宜作盆栽或室内悬吊、走廊绿饰用。	

兜兰

Paphiopedilum insigne Pfitzer

· 产地及习性 原产印度北部。喜温暖、湿润和半阴的环境，忌强光，耐寒，喜半阴，宜肥沃、排水好、透气性强的腐殖质土壤。

形态特征 多年生草本。地生性、无假鳞茎；叶基生，革质，表面有沟，幼叶绿色，老叶蓝色；花葶从叶腋中抽出，花单生，蜡状，黄绿色，具褐色斑纹，兜大，紫褐色。花期9月～次年2月。

· 繁殖及栽培管理 分株繁殖。有5～6个以上叶丛的植株都可以分株，在花期后短暂的休眠期进行。分株时，先将植株从盆中倒出，去除根部的附着物，再将植株顺纹理分开，每株丛不要少于3株，注意不要损伤嫩根和新芽，栽种于装有肥沃腐叶土的盆中。栽后放于弱光处，生长适温18～25℃，保持空气流通，并每天定时喷水保持空气湿度。定植后充分浇水，常追肥。新芽期及休眠期少浇水。盆栽每2～3年可分株1次。

紫褐色花兜

幼叶绿色，老叶蓝色

别名：拖鞋兰、美丽囊兰	科属：兰科兜兰属
用途：兜兰是一种名贵的花卉，花形奇特，色彩鲜艳，是极好的盆栽品种，也可作切花。	

非洲紫罗兰

Saintpaulia ionantha Wendl.

非洲紫罗兰的花语是繁茂、美丽。偏爱紫罗兰的人内心如天使般的圣洁，崇尚高雅，但同时也代表了内心的脆弱。

· 产地及习性 原产非洲东部热带地区。喜温暖、湿润和半阴环境，怕强光和高温，不耐寒，较耐阴，宜肥沃疏松的中性或微酸性土壤。

· 形态特征 多年生草本。植株矮小，全株被绒毛，无茎；叶基生，肉质，卵圆形，表面暗绿色，背面常带红晕，具长柄；总状花序，着花1～8朵，花瓣5枚，花紫色。花期夏秋季。

· 繁殖及栽培管理 播种繁殖。春、秋季均可进行，以9～10月为佳，种子细小，盆土应细，播后不覆土，压平即可。发芽适温18～24℃，播后15～20天发芽，2～3个月后以3cm的株距移苗1次。幼苗期盆土不宜过湿。一般从播种至开花需6～8个月。

花瓣边缘浅裂

花梗和叶柄紫红色

叶肉质，边缘有齿

叶背带红晕

别名：非洲堇、非洲苦苣苔	科属：苦苣苔科非洲苦苣苔属
用途：非洲紫罗兰植株小巧玲珑，花色斑斓，是室内的优良盆栽花卉，在欧美等地特别盛行。	

瓜叶菊 ＞花语：喜悦、快乐、昌盛

Cineraria cruenta Mass.

瓜叶菊在寒冬开放十分难得，节日里送给亲人，能表达美好的心意。同时，瓜叶菊花色丰富艳丽，尤其是蓝色花，闪着天鹅绒般的光泽，幽雅动人。

舌状花花色丰富

花侧面图

花序枝有硬刺

管状花黄色

苞片叶状

叶背灰色，掌状脉隆起

叶大，似黄瓜叶

茎草质，有柔毛

- **产地及习性** 原产西班牙加那利群岛。性喜冷寒，不耐高温和霜冻，忌干燥和烈日，喜富含腐殖质而排水良好的砂质土壤，忌干旱，怕积水，适宜中性和微酸性土壤。

- **形态特征** 多年生草本，常作一二年生栽培。植株分高生种和矮生种，矮者仅20cm，高者可达90cm，全株被柔毛；茎直立，草质；叶大，形似黄瓜叶，叶缘波状，掌状脉；茎生叶有长翼，基生叶无；头状花序多数，聚生成伞房状，舌状花，花色丰富，管状花黄色。花期春季。

- **繁殖及栽培管理** 播种繁殖。在7～8月，将种子与少量细沙混合均匀后播在浅盆中，注意撒播均匀，播后覆细土一层，以不见种子为度，以浸盆法或喷雾法使盆土完全湿润，温度保持在20～25℃，10～20天发芽、出苗。管理简单，生长期控制水肥，夏季注意防雨、降温，一般6个月即可开花。

别名：千日莲	科属：菊科千里光属
用途：瓜叶菊是冬春时节主要的观花植物之一，既能露天布置花坛、花境或庭院，也可盆栽摆设于室内欣赏。	

果子蔓

Guzmania lingulata Mez

· **产地及习性** 原产热带美洲。喜高温、高湿和阳光充足的环境，不耐寒，耐半阴，畏干旱，要求排水良好、富含腐殖质的基质。

· **形态特征** 多年生草本。株高约30cm，叶莲座状着生呈筒状，叶舌状，基部较阔，外曲；伞房花序，由许多大型、阔披针形、红色的外苞片包围，小花

白色。花期全年，单株花期50～70天。

· **繁殖及栽培管理** 分株繁殖。早春2～3月，去母株基部的幼芽另行栽植即可，生长适温20～25℃，越冬温度15℃。管理简单，生长期充分浇水，全年保持盆栽基质湿润。

色彩丰富的外苞片

伞房花序里包裹着白色小花

叶舌状，外曲

别名：红怀凤梨、姑氏凤梨	科属：凤梨科果子蔓属
用途：果子蔓既可观叶又可观花，是一种优良的室内盆栽花卉，还可作切花。	

鹤顶兰

Phaius tankervilliae(Aiton)Blume

· **产地及习性** 原产亚洲热带及大洋洲，中国主要分布在台湾、海南、两广、云南等省区。喜温暖、湿润和半阴环境，不耐寒，宜肥沃、疏松和排水良好的腐殖质土壤。

· **形态特征** 多年生草本。株高50～100cm，地生性，具圆锥形假鳞茎；叶2～6枚，矩圆状披针形，叶面具折扇状脉；花葶从假鳞茎的基部生出，直立；总状花序，花20

余朵，花外面白色或浅黄色，内面紫色或赭色。花期春、夏季。

· **繁殖及栽培管理** 分株繁殖。在休眠期结合换盆进行，新株需带2个以上假鳞茎和芽，温室盆栽，避夏日阳光直射。生长期多浇水，保持空气湿度，每2周施稀薄肥1次。花后有短暂休眠期，减少浇水。

花外面白色或浅黄色，内面紫色或赭色

花葶从假鳞茎的基部生出

叶面具折扇状脉

别名：大白芨、猴兰、鹤兰	科属：兰科鹤顶兰属
用途：鹤顶兰株丛茂盛，花形美丽，很适合在庭院遮阴处种植，也可盆栽室内观赏。	

红剑凤梨

Vriesea splendens (Brongn.)Lem.

· 产地及习性

原产南美圭亚那。喜温热、湿润和阳光充足环境，不耐旱，喜半阴，较耐寒，以肥沃、疏松、透气和排水良好的砂质土壤为宜。

· 形态特征

多年生草本。叶基生成莲座状，叶带状，外拱，革质，具光泽，深绿色，两面具紫的横向带斑；花葶直立，无分枝；穗状花序扁平，苞片互叠，鲜红色，花黄色。

· 繁殖及栽培管理

扦插繁殖。用腐叶土和砂各半掺杂在一起作为基质，湿苔藓包住枝条基部扦插，生长适温20～25℃。管理简单，生长季节充分浇水，冬季减少，以保持盆土不干为度。每2～3年春季翻盆1次。冬季室内温度保持在10℃以上，保持半阴。

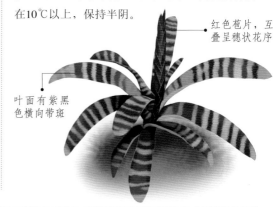

红色苞片，互叠呈穗状花序

叶面有紫黑色横向带斑

别名：虎纹凤梨、火剑凤梨、丽穗蓝	科属：凤梨科丽穗凤梨属
用途：红剑凤梨的苞片鲜红色，小花黄色，观赏期长，很适合盆栽摆放客室、书房、办公室等处，也是理想的插花和装饰材料。	

红掌 ＞花语：热情、热血

Anthurium andraeanum Lind.

红掌的佛焰苞火红色，充满热情，看到它的每个人都会不由得热血沸腾。

· 产地及习性

原产哥伦比亚。喜温暖、阴湿，不耐寒，宜排水良好、空气湿度高的环境。

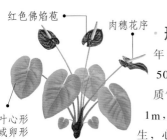

红色佛焰苞

肉穗花序

叶心形或卵形

花背面

花正面

质，深绿色，具长柄；单花顶生，花梗长，佛焰苞广心形、蜡质、表面波状，鲜红色，有光泽；肉穗花序圆柱形、直立，先端黄色，下部白色。花期全年。

· 形态特征

多年生草本。株高50～80cm，具肉质气生根，茎长达1m，节间短；叶丛生，心形或卵形，革

· 繁殖及栽培管理

分株和扦插繁殖。分株在春季换盆时进行，将有气生根的侧枝切下，形成单株种植，分出的子株至少保留3～4片叶。扦插繁殖是将老枝条剪下，去叶片，每1～2节为一个插条，插于25～35℃的插床中，几周后即可萌芽发根。上盆时，盆底要多垫碎盆片，基质用泥炭、水苔、焦炭及少量有机肥等。生长期每天除浇水外，还要给植株喷雾。

别名：花烛、安祖花、火鹤花、红鹅掌	科属：天南星科花烛属
用途：红掌花朵独特，是世界名贵花卉，可切叶作插花的配叶，也可温室盆栽观赏。	

猴面花

Mimulus luteus L.

花对生叶腋

叶5～7脉

宽卵圆形，脉自基部伸出，5～7脉；稀疏总状花序，花对生在叶腋内，漏斗状、黄色，通常有紫红色斑块或斑点。花期4～5月。

·产地及习性

原产智利。喜凉爽、湿润、充足的阳光，忌炎热，不耐寒，喜半阴，宜肥沃湿润的土壤。

·形态特征

多年生草本，常作一二年生栽培。株高30～40cm；茎粗壮，中空，伏地处节上生根；叶交互对生，

·繁殖及栽培管理

播种繁殖。在秋季9月盆播，基质可用壤土、腐叶土和沙等量混合，因种子细小播后不覆土，用"浸盆法"保持土壤湿润，发芽适温12～15℃，大约1周即可发芽、出苗。待幼苗长出2～3片真叶时，在浅花盆中移栽1次。当苗高4～5cm时，移植入稍深一些的花盆。管理简单，养护期间多浇水、施肥，适时调整盆距，不使拥挤。幼苗期多摘心，促使分枝。冬季需放入冷床或低温温室越冬。

别名：锦花沟酸浆、沟酸浆、黄花沟酸浆	科属：玄参科酸浆属
用途：猴面花株形低矮，花大色艳，适合作盆花欣赏，也可布置花坛、花境。	

火炬凤梨

Vriesea poelmannii Selecta

·产地及习性

原产圭亚那，现中国南部各地有栽培。喜高温、高湿的环境，稍耐寒，也喜半阴。

·形态特征

多年生草本。植株粗壮，株高20～30cm；叶基生呈莲座状，叶带状，浅绿色，全缘，具光泽；花葶高出叶丛，多分枝，穗状花序扁平，苞片2列套叠，猩红色，顶端黄绿色；小花黄色。花期3个月。

·繁殖及栽培管理

扦插繁殖。取植株基部小芽扦插，生根缓慢，一般需要2个月时间。生长期充分浇水，可注水于叶筒内，并喷水于叶面，需勤施肥。花后剪去花葶，利于分生小芽。越冬温度需要在8℃以上。

苞片

穗状花序

花葶高于叶丛

叶带状，浅绿色

别名：擎天凤梨、大剑凤梨、彩苞凤梨、大鹦哥凤梨	科属：凤梨科丽穗凤梨属
用途：一般用于盆栽观赏或作切花。	

火鹤

Anthurium scherzerianum Schott.

· **产地及习性** 原产南美洲热带雨林中。喜温热，好潮湿，耐半阴，宜空气湿度高、排水通畅的生长环境。

· **形态特征** 多年生草本。株高30～50cm，茎矮，具肉质气生根；叶丛生，革质，长圆状披针形，暗绿色，基部钝圆形；花茎自叶腋抽出，顶生单花，佛焰苞卵心形，蜡质，橙红或腥红色；肉穗状花序上端黄色，下端白色，螺旋状卷曲。花期2～7月。

· **繁殖及栽培管理** 分株繁殖。春季，将成株旁气生根的子株剪下，每个子株至少有3～4片叶，单独分栽。管理简单，每天应喷雾3～4次，以促使分株及早生新根。一般培养一年可形成花枝。

叶暗绿色，光滑无毛

佛焰苞

肉穗花序

Tips 红掌与火鹤的区别：
- 茎：红掌茎长，火鹤茎矮
- 叶：红掌叶片长圆状心形，火鹤叶片细窄
- 佛焰苞：红掌有蜡质光泽，火鹤无
- 花序：肉穗花序圆柱形；肉穗花序螺旋状卷曲

别名：花烛、红鹤芋、安祖花、烛台花	科属：天南星科花烛属
用途：火鹤叶片典雅，花形高贵，株姿优美，既可盆栽观叶赏花，也可作高档切花。	

蝴蝶兰

Phalaenopsis amabilis Blume

蝴蝶兰花姿优美，花色艳丽，由于花大而且形似蝴蝶而得名。蝴蝶兰是热带兰中的珍品，有"兰中皇后"之美誉。

· **产地及习性** 原产亚洲热带及中国台湾。喜高温、高湿、不耐寒、不耐涝，忌烈日直射，喜通风及半阴，要求排水良好、富含腐殖质的土壤。

· **形态特征** 多年生草本。根扁平如带，茎很短，常被叶鞘所包；叶大，近2列状丛生，长圆形或镰刀状长圆形，稍肉质，正面绿色，背面紫色，基部具短而宽的鞘，关节明显；花茎一至数枚，拱形；花序侧生于茎的基部，花大，蝶状，白色。花期冬春季。

花大，蝶状

· **繁殖及栽培管理** 分株繁殖。秋季，将花茎上产生的幼芽分栽即可，北方温室栽培。幼苗移栽后，2～3日内不能浇水。生长期追肥，小苗宜施含氮量高的肥，成株宜施含鳞钾高的肥。春季可适当在叶面喷水；夏季生长适温21～24℃，生长旺季及花芽生长期多浇水，增加空气湿度；秋季干燥，浇水量少次多；冬季光照弱，保持盆土湿润即可。

别名：蝶兰	科属：兰科蝴蝶兰属
用途：蝴蝶兰是珍贵的盆花，也是优良的切花材料。	

君子兰
> 花语：坚强、刚毅、威武不屈

Clivia miniata Regel

花

果实

· **产地及习性** 原产非洲南部。喜冬季温暖、夏季凉爽的半阴环境，不耐寒，畏强光，宜疏松肥沃、排水良好的微酸性土壤，忌水湿。

●伞形花序顶生

叶剑形，排成2列

形态特征 多年生草本。根系粗大、肉质、白色，基部具叶基形成的假鳞茎；叶基生，排成2列，剑形，革质，全缘；伞形花序顶生，花7～30朵，漏斗状，橙红色至橙黄色。可全年开花，花期以春夏季为主。

· **繁殖及栽培管理** 分株繁殖。春季，将母株根茎周围产生的15cm以上的脚芽分离，栽种到小盆中，浇足水放在阴处，一周后移到半阴处。如果脚芽还没有生出幼根，可将它插入砂中，直到新根产生后再进行盆栽培养。春季上盆时施足基肥，放置在阴处，生长期多追肥，保持湿润；夏季一般不施肥，应加强通风，并经常往叶面喷水；冬季需移入低温温室越冬，适当干燥，使其休眠。

别名：大花君子兰、大叶石蒜、剑叶石蒜、达木兰	科属：石蒜科君子兰属
用途：多用于盆栽室内摆设，也是布置会场、装饰宾馆环境的理想盆花，还有净化空气的作用。	

卡特兰

Cattleya hybrida Veitch

卡特兰与石斛、蝴蝶兰、万带兰是观赏价值最高的四大观赏兰类，在新娘捧花中更是少不了它的倩影。因此，卡特兰的花语是：敬爱、倾慕。

产地及习性 为杂交种，原产南美洲。性强健，喜温暖、潮湿和充足的光照，不耐寒，忌阳光直射，宜高湿、排水、通风好的土壤。

· **形态特征** 多年生草本。气生兰，株高约60cm，假鳞茎生于短根茎顶端，长纺锤形；叶顶生1～2枚，长椭圆形，革质厚叶；花梗自叶基抽出，着花5～10朵，花大，浅紫色，喉部黄白色，具紫纹。花期2月。

· **繁殖及栽培管理** 分株繁殖。春季，将植株从盆中倒出，轻轻去除根部附着物，从缝隙处将根茎切为两半，每部分应有3个以上芽，然后把新株分栽在盛有湿润而新鲜基质的盆内，置于弱光处。种植前，盆底最好垫木炭块或碎砖块，利于排水；种植后上面需加水苔、树蕨等填充材料，使根固定。生长适温15～25℃，冬季不低于12℃，花后休眠期可耐2℃的低温。

别名：阿开木、嘉德利亚兰、嘉德丽亚兰、加多利亚兰、卡特利亚兰	科属：兰科卡特兰属
用途：卡特兰花形千姿百态，花色绚丽夺目，常常出现在各种宴会上，是高档的切花和盆花材料。	

丽格海棠

Begonia elatior Hort.ex Steud.

丽格海棠是秋海棠和许多球根类秋海棠的杂交种，没有球根，不结种子，但花形漂亮，色彩丰富，是难得的温室盆栽花卉。

· 产地及习性 阿拉伯秋海棠的南美几种野生球根秋海棠的杂交种。

叶对生

喜光，喜湿润，忌高温、多湿，短日照。

· 形态特征 多年生草本。株形丰满，株高20~30cm，须根，茎肉质、多汁，有稀疏绒毛；叶对生，不对称心形，叶缘有粗齿，叶色绿中带紫晕；花色丰富。花期冬季到春季。

· 繁殖及栽培管理 扦插繁殖。剪下的新生枝条作插穗，长短要适度，用刀片将枝条下部切成马蹄形；也可用生长旺盛6分成熟的叶子扦插，将叶柄下端用刀片斜切。将插穗插入后要浇透水，但叶面上不可积水，并用塑料膜将其罩上，放于散射光处，适当通风，避免高温，约3周就可发根。待群根旺盛生长时移入花盆栽培。管理粗放。

别名：玫瑰海棠	科属：秋海棠科秋海棠属
用途：丽格海棠花色丰富，株型丰满，是冬季美化室内环境的优良品种，也可布置花坛。	

六倍利

Lobelia erinus Thunb.

花似蝴蝶展翅

· 产地及习性 原产北美洲。喜阳光，稍耐阴，忌酷热、忌霜冻，宜湿润、肥沃的土壤。

· 形态特征 多年生草本，常做一年生盆栽，半蔓性。株高15~30cm，有乳汁；茎枝细密、多分枝，展开成匍匐状；叶对生，基部叶广匙形，具不整齐疏齿，茎生叶披针形；总状花序顶生，花冠5裂成二唇，似蝴蝶展翅，花浅蓝色或蓝紫色，喉部白色或淡黄色。花期4~6月。

· 繁殖及栽培管理 播种繁殖。秋冬或早春均可播，因种子细小，播前可拌入一些细沙，一般每穴1~2粒种子，播后不覆土，发芽适温12~15℃，待幼苗长出2~4片真叶时移植，播种后14~15周可开花。管理简单，幼苗期注意松土、除草，经常保持土壤湿润，定植后每隔3周追肥1次，特别是花期前后要补充磷肥；冬季施腐熟肥，且移入室内越冬。

叶披针形，边缘有齿

别名：翠蝶花、山梗菜、半边莲	科属：桔梗科半边莲属
用途：适合花坛、盆栽、吊盆及庭园造景，在欧美广受家庭喜爱。	

马蹄莲 > 花语：忠贞不渝，永结同心

Zantedeschia aethiopica (L.)Spreng.

由于马蹄莲叶片翠绿，花苞片洁白硕大，宛如马蹄、形状奇特，因此被称为马蹄莲。

肉穗花序直立，鲜黄色

佛焰苞马蹄形

叶大型，箭形

叶柄中央是凹槽

叶脉在叶背隆起

叶柄基部抱茎

株高可达1m，无地上茎

- **产地及习性** 原产埃及、非洲南部。喜温暖、不耐寒、不耐高温、耐半阴，喜肥、水，忌干旱，宜土壤湿润、空气湿度大的生长环境。

- **形态特征** 多年生草本。株高70~100cm，具肥大肉质块茎；叶基生，大型，箭形，基部截形，鲜绿色；叶柄是叶片的2倍以上长，中央为凹槽；花梗着生叶旁，佛焰苞马蹄形，白色；肉穗花序直立于佛焰苞中央，鲜黄色。花期从冬季到第二年春。

- **繁殖及栽培管理** 分球繁殖。在秋季9月，将肥沃而略带黏质的土壤入盆，每盆种7~8个小球，植后覆土3~4cm，生长适温15~25℃，20天左右即可生根。一般分栽培养一年后，才能成为开花植株。生长初期，施肥应少；花期，施肥增加；休眠期，停止施肥。温度高时，肥水要大，温度低时，肥水减少。在生长旺季，浇水要充足，并保持空气湿度，花期后，逐渐减少。春、秋、冬阳光要充足，夏季适当遮阴。老叶及时去掉，保持株间的良好通风。

别名：慈菇花、水芋马、观音莲	科属：天南星科马蹄莲属
用途：马蹄莲花朵美丽，花期特别长，是室内装饰的良好盆栽花卉，也是切花、花束、花篮的理想材料。但马蹄莲全身有毒，小心儿童误食。	

美叶光萼荷
Aechmea fasciata Baker

花序呈塔状 ●

叶边缘有
黑色小刺

· 产地及习性 原产南美巴西东南部。喜阳光充足，耐阴、耐旱，不耐寒，忌强光直射，要求富含腐殖质、疏松肥沃、排水透气良好的土壤。

· 形态特征 多年生草本。叶丛莲座状，中央卷呈长筒形；叶剑形，革质，被灰色鳞片，有数条银白色横纹，边缘有黑色小刺；花莛从叶筒中抽出，穗状花序塔状，花初开蓝紫色，后渐变为桃红色。花期夏季。

· 繁殖及栽培管理 分割吸芽繁殖。花后老株可存活6～8个月，把其基部长出的吸芽掰下，去除基部小叶，削平下端，扦插即可。移栽前在小叶筒内注入水，并尽可能带些母株根，生长适温18～22℃，花期温度不低于18℃。管理简单。生长期充分浇水，并保持较高的空气湿度；在叶筒内灌入较稀薄的液肥，叶片上也可施肥。注意，冬季温度低于18℃以下时，叶筒内不可存水。

别名：蜻蜓凤梨、斑粉菠萝	科属：凤梨科光萼荷属
用途：多作为盆栽或吊盆观赏，布置厅堂十分理想。	

美叶羞凤梨
Neoregelia carolinae(Beer)L. B. Sm.

· 产地及习性 原产巴西。喜温暖、湿润、光照充足的环境，不耐寒，忌强光，宜疏松、透气性强、排水良好的土壤。

· 形态特征 多年生草本。株高20cm，叶莲座状丛生，基部成筒状，筒内可注水；叶带状，革质，绿色有金属光泽，边缘有细齿，开花前，内轮叶下半部或全叶变红；花序隐藏在叶丛中，小花蓝紫色。

· 繁殖及栽培管理 扦插繁殖。春季3～4

开花前，叶下部变为红色 ●

花序在叶筒内

叶边缘有细齿

月，将母株基部的吸芽掰下，削平基部插于沙中，生长适温18～28℃，冬季温度宜15～18℃。生长期盆土需保持湿润；盛夏季节叶面多喷水，也可在圆筒叶丛中装满水，不能中断，每2周换水1次，直到气温降到15℃以下；每月施肥1次；让植株充分接受光照，使其叶色更加鲜艳。冬季应减少浇水。

别名：贞凤梨、彩叶凤梨、五彩凤梨	科属：凤梨科贞凤梨属
用途：美叶羞凤梨的花期能持续数月，很适合室内盆栽观赏或用于插花、瓶景欣赏。	

鸟乳花

Ornithogalum caudatum Ait.

花序有花数
十朵，白色

花被中间
有绿色纹

叶脉近平行

鳞茎灰绿色

叶顶端内卷

- **产地及习性** 原产南非，中国各地多盆栽。喜冬季光照充足、夏季凉爽半阴，耐半阴，畏寒，宜富含腐殖质、排水良好的土壤。

- **形态特征** 多年生草本。鳞茎卵状圆形，有光滑的膜质外皮，灰绿色；叶基生，革质，长条形，顶端内卷成尾状；总状花序或伞形花序，花数十朵，花被白色，中间有一条绿色条带。

- **繁殖及栽培管理** 分球繁殖。取鳞茎边分生的子球，另行栽植即可。生长强健，栽培容易。土壤保持湿润，每周施肥1次，花后留种去残枝；夏季遮阴处培养，冬季低温室内越冬。

别名：虎眼万年青	科属：百合科虎眼万年青属
用途：一般作为室内和阴面阳台的观叶植物。	

欧洲报春

Primula vulgaris Huds.

小，播后可不覆土，保温保湿，并放在半阴处，发芽适温15～21℃，自播种到开花约需160天。因其不耐强光照和高温，入冬后注意保温，并放在光线充足处，以保证花色鲜艳。

- **产地及习性** 原产西欧和南欧。喜凉爽，耐潮湿、怕暴晒、忌高温，宜排水好、富含腐殖质的土壤。

- **形态特征** 多年生草本，常作一二年生栽培。植株低矮，高10～15cm；叶基生，长椭圆形，叶脉深凹，叶面皱，叶柄有翼；伞状花序，花色艳丽丰富，一般花心为黄色。花期全年。

- **繁殖及栽培管理** 播种繁殖。因种子细

花色丰富，花心黄色

叶面皱，
叶脉下陷

别名：欧洲樱草、德国报春、西洋樱草	科属：报春花科报春花属
用途：欧洲报春恰逢元旦、春节期间绽放，可作中小型盆栽，是很好的室内植物，也可作早春花坛用。	

蒲包花

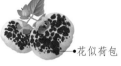

• 花似荷包

Calceolaria herbeohybrida Voss.

• **产地及习性** 原产墨西哥至智利一带，中国大多数作温室花卉栽培。喜冬季温暖、夏季凉爽，怕炎热，不耐寒，忌干旱、水涝，宜排水良好、富含腐殖质的土壤。

花瓣有褐色或红色小斑点

• **形态特征** 多年生草本，常作一二年生栽培。株高30～60cm，全株被细绒毛；茎上部分枝；叶对生，卵形，呈黄绿色；伞房状花序顶生，花冠二唇形，上唇小并前伸，

下唇大并膨胀呈荷包状，花色丰富，多具褐色或红色的小斑点。花期2～5月。

• **繁殖及栽培管理** 播种繁殖。秋季8～9月室内盆播，用腐叶土和泥炭土掺一半沙子作为基质，用浸盆法灌足水即可播种，因种子细小，不可播种过密、覆土过厚，也可不覆土，播后盖上玻璃罩，保持湿度，置于阴处，在20℃的条件下，一般10天可出苗。出苗后立即移在见光处，降温至15℃，保证通风。待小苗长出2～3片真叶，可分栽入小盆，11～12月可上大盆定植。管理简单，浇水时避免水聚集在叶面及芽上，生长期注意施肥。

叶缘有齿

别名：荷包花	科属：玄参科蒲包花属
用途：蒲包花花形奇特，色彩鲜艳，早春开花，是很好的室内盆花。	

石斛兰

> 花语：慈爱

Dendrobium spp.

由于石斛兰具有秉性刚强、祥和可亲的气质，许多国家把它作为每年六月第三个星期日的"父亲节之花"。

• **产地及习性** 原产东南亚各国。喜温暖、湿润的环境，耐寒、耐旱，忌酷热、忌积水，喜半阴，宜疏松、排水好的基质。

• **形态特征** 多年生草本。株高20～40cm，有地上茎，丛生，直立，稍扁，有明显的节；叶2～5枚顶生或互生，革质；总状花序，花金黄色带紫色边缘或白色。花期3～6月。

刀叶石斛　　环草石斛　　罗河石斛

• **繁殖及栽培管理** 春季结合换盆时进行，将生长密集的母株，从盆内托出，少伤根叶，把兰苗轻轻掰开，选用3～4株，栽15cm深盆。生长期适当浇水，每周施薄肥1次。春季开花时对花序扶持。常用分株、扦插和组培繁殖。

别名：石斛	科属：兰科石斛属
用途：高档盆花，室内摆设或吊挂观赏，也常用作鲜切花。	

四季报春

Primula obconica Hance

四季报春也叫报春花，因在春节前后开花，人们把它视为报告春天的信使，美其名曰"报春花"。

· 产地及习性 原产中国。喜温暖湿润气候，忌强光和高温，较耐湿，宜肥沃疏松、富含腐殖质、排水良好的砂质酸性土壤。

· 形态特征 多年生草本，常作二年生花卉栽培。植株低矮，高30cm，全株被白色绒毛；茎较短，褐色；叶基生卵形，叶缘有浅波状裂或缺刻，叶面光滑，叶背密生白色柔毛，具长叶柄；花梗从叶中抽生，伞形花序的顶生，具花1轮，10～15朵，花冠漏斗状，小花淡紫色至玫瑰紫色，喉部黄色。花期1～5月。

· 繁殖及栽培管理 播种繁殖。种子采收即播，覆土薄薄一层，用"浸盆法"让水从盆底孔中慢慢湿润土壤，盆上盖玻璃或塑料膜，放在遮阴处，适温15～21℃，10～28天发芽完毕。发芽后立即除去覆盖物，并逐渐移至有光线处。幼苗长出2片真叶时进行分苗，幼苗有3片真叶时进行移栽，6片叶时定植盆中。幼苗期注意通风，经常施以稀薄液肥并保持盆土湿润。

叶背密生白色柔毛

叶面光滑

别名：四季樱草、仙鹤莲、仙荷莲、鄂报春	科属：报春花科报春花属
用途：一般盆栽观赏，或春季布置花坛、花境等。	

铁兰

Tillandsia cyanea Linden ex K.Koch

· 产地及习性 原产厄瓜多尔、美洲热带及亚热带地区。喜温暖、湿润，不耐寒，忌阳光直射，要求疏松、排水好的基质。

· 形态特征 多年草本。株高约15cm，无地上茎；叶基生，成莲座状，叶条形，斜伸而外拱，革质、浓绿色，基部具紫褐色条纹；花葶自叶丛中抽出，较短，穗状花序椭圆形，苞片二列，对称互叠，玫红色；花多达20朵，雪青色。花期可全年。

· 繁殖及栽培管理 分株繁殖。用腐殖质及粗纤维作为盆栽基质，待基芽稍大后掰取种植，带根易成活，生长适温15～25℃。管理精细。酷热季节应遮阴，并充分浇水；冬季应置室内阳光充足处，并控制水分，温度不得低于10℃；生长期保持盆土中等湿润，每2周用液肥喷洒叶片1次，花败后立即摘除残花。越冬最低温10℃。

花雪青色

苞片对称互叠

叶条形，外拱

别名：紫花凤梨、细叶凤梨、艳花铁兰	科属：凤梨科铁兰属
用途：铁兰具有很强的净化空气的作用，很适合盆栽装饰室内，也可做插花陪衬材料。	

万代兰

Vanda spp.

万代兰是对万代兰属植物的统称，属内约有50多个原生种，杂交品种非常丰富。万代兰花姿奔放，花色华丽，因为有很强的生命力，所以中国的植物学家将它译为"万代"，意思是世世代代永远相传下去。

· **产地及习性** 原产中国、印度、缅甸、马来西亚、泰国等地。喜光，喜高温、潮湿、抗寒力差。

· **形态特征** 多年生草本。附生于树上或石上，植株向上直立，一般高30～50cm，无假球

植株直立向上

花序腋生

叶带状，互生

茎；叶片互生于单茎的两边，带状，厚革质，中脉凹下呈"V"字形，先端有缺刻；总状花序腋生，着花10～20朵，花色华丽，除了具备多种单色外，还有布满斑点或网纹的双色。花期秋冬季。

· **繁殖及栽培管理** 分株繁殖。春季气温上升时，将母株株丛带根分割，切口处涂上草木灰，栽于湿度大且隐蔽的环境中。生长期半个月追肥1次，经常浇水并在周围喷水。

别名：桑德万代	科属：兰科万代兰属
用途：一般盆栽悬挂室内，也可作切花。	

文心兰

> 花语：快乐无忧

Oncidium spp.

文心兰是对兰科文心兰属植物的统称，属内的原生种超过750余种，目前园艺上使用的多是杂交种。文心兰植株轻巧，花朵奇异可爱，像一只只飞翔的金蝶，也像一个个翩翩起舞的少女，充满了动感。

· **产地及习性** 原产美洲热带地区。喜温热、半阴，不耐寒，耐旱。

· **形态特征** 多年生草本。多附生于树上或石上，假鳞茎扁卵圆形，肥大，有些种类没有假鳞茎；叶片1～2枚，硬革质；一般一个假鳞茎上只有1个花茎，圆锥花序细长而弯曲，花较多，黄色，基部有红色斑点或斑纹。花期秋季。

花瓣基部有红色斑点或斑纹

叶常外翻

一个假鳞茎只有一茎花

· **繁殖及栽培管理** 分株繁殖。春、秋季或花后把有假鳞茎的子株剪离母体，2～3株栽一盆。夏季适当遮阴，生长期充分浇水，并在周围喷水保持空气湿度，每2～3周施肥1次，冬季则减少浇水、施肥。

别名：跳舞兰、金蝶兰、瘤瓣兰	科属：兰科文心兰属
用途：适合于家庭居室和办公室瓶插，也是加工花束、小花篮的高档用花材料。	

喜荫花

Episcia cupreata (Hook.)Hanst.

花侧面

花正面

叶面绿色，背面红色

- **产地及习性** 原产巴西、哥伦比亚、墨西哥、巴拿马等地。喜温暖，好高湿和通风好的环境，耐半阴，不耐寒，忌暴晒，宜生长在疏松透气、排水良好的土壤中。

- **形态特征** 多年生蔓性草本。植株低矮，一般高20～30cm，全株密生细毛；茎细长，走茎腋生，匍匐状，顶端着小株，基部可生根；单叶对生，叶片大，卵圆形，叶脉银白色，叶面绿色，背面红色；花单生叶腋，花梗亮红色，花冠5裂，红色。花期夏秋季节。

- **繁殖及栽培管理** 扦插繁殖。从春末到秋初，用匍匐枝、叶片扦插，选择健壮植株，剪取优良的带柄叶片，插入河沙基质中。扦插后，经常喷水，保持插床湿润，避免阳光直射，并尽量使温度在20℃以上，2～4周即可生根。管理简单，夏季要求有充足的水分和较高的空气湿度；冬季要减少浇水，越冬温度16℃，低于10℃会冻死。此外，也可以将走茎顶端的子株剪下进行扦插，极易生根成活。

别名：红桐草、红绳桐、喜荫草	科属：苦苣苔科喜荫花属
用途：喜荫花植株低矮，茎叶繁茂，花朵艳丽，是非常珍贵的摆设或吊挂盆栽欣赏花卉。	

仙客来

Cyclamen persicum Mill.

仙客来因品种不同，有的散发出浓郁的香气，有的香味很淡，而有的则没有香气。仙客来有"仙客翩翩而至"的寓意。

- **产地及习性** 原产南欧和地中海一带。喜凉爽湿润及阳光充足的环境，不耐寒，忌高温，宜疏松肥沃、富含腐殖质、排水良好的微酸性沙壤土。

- **形态特征** 多年生草本。株高20～30cm，块茎扁球形、肉质、外被木栓质；叶丛生于块茎顶端的中心部，叶肉质，心脏形，多数叶面有灰白色或淡绿色块斑，叶背紫红色，叶缘有细锯齿；叶柄红褐色；花单生于花茎顶部，花朵下垂，花瓣向上反卷，犹如兔耳，花色丰富。花期冬春季。

- **繁殖及栽培管理** 播种繁殖。秋季9～10月，播前用纱布包裹种子，浸泡在24℃的温水中半天或一天，将种皮搓洗干净，以1～2cm为间距播于浅花盆中，覆土薄薄一层，再浸水让土壤湿润，置于阴暗处，保持室温18～20℃。一般2周可生根，4～6周生出子叶1枚。一旦子叶出现，立即移至光照处。管理简单，忌施浓肥，注意通风。夏季气温在30℃以上进入休眠期，此时需凉爽干燥；冬季适温不低于10℃。

别名：萝卜海棠、兔耳花、兔子花、一品冠、篝火花	科属：报春花科仙客来属
用途：一般用于岩石园布置，也是重要的温室冬春盆花。	

新几内亚凤仙

Impatiens linearifolia Warb.

产地及习性
原产新几内亚或杂交种。喜温暖湿润，不耐寒，怕霜冻，忌烈日，不耐旱，怕水渍，对土壤要求不严，但对盐害敏感。

形态特征
多年生草本。株丛紧密，株高25～30cm，茎肉质、多汁、光滑、青绿色或红褐色，茎节突出，易折断；叶互生，披针形，多复色，叶缘具细齿；花通常单生叶腋，花瓣5枚，花色丰富。花期几乎全年。

花正面　　　萼距
花侧面

花单生叶腋
叶缘有细齿
茎青绿色或红褐色

繁殖及栽培管理
扦插繁殖。在春季或秋季，剪取6～7cm长的健壮枝条作为插穗，插于河沙或珍珠岩中，保持湿度，大约2～3周生根，株高6cm时摘心1次，促进分枝。管理精细，夏季避免强光直射，并忌高温、高湿和长期雨淋；浇水以"见干见湿"为原则；每隔7～10天喷1次叶肥或每隔半月施1次沤制的稀薄肥水。

别名：五彩凤仙花、四季凤仙	科属：凤仙花科凤仙花属
用途：新几内亚凤仙花色丰富、娇美，是室内栽培的极好花卉，也适合作花坛、花境布置。	

血叶兰

Ludisia discolor (Ker-Gawl.) A. Rich.

产地及习性
原产中国、泰国、越南等地。喜高温、高湿和隐蔽的环境。

茎直立

形态特征
多年生草本。根状茎匍匐，具节，茎直立；叶2～4枚基生，卵形或卵状长圆形，鲜时较厚，肉质，正面绿色，背面血红色；总状花序，着花4～10朵，中萼片和花瓣合拢成

根茎具节

囊状短距

花白色，有红色晕

兜，唇瓣有囊状短距，花白色有淡红色红晕。花期夏季。

繁殖及栽培管理
分株繁殖。春季换盆时进行，生长期多浇水，并保持空气湿度，注意遮阴。冬季有光照，水量控制。冬季可用塑料袋将植株套住、封闭，放在窗台上，温度不低于5℃，可安全越冬。

叶背血红色

别名：血叶兰、美国金线莲、海南石蚕	科属：兰科血叶兰属
用途：一般用于室内盆栽观赏。	

莺歌凤梨

Vriesea carinata Wawra.

· **产地及习性** 原产南美洲热带地区，中国近几年有引种。喜温暖、半阴、耐寒，不耐旱，要求疏松和排水良好的土壤。

· **形态特征** 多年生草本。株高20cm左右，叶莲座状丛生，呈筒状；叶带状、肉质、较薄，浅绿色、有光泽，外拱；花葶细长，高于叶丛，穗状花序，苞片二列互叠，每个小苞片顶端常为弯钩状，似鹅嘴，基部艳红，端部黄绿色或嫩黄色；花小、黄色。花期冬春季。

· **繁殖及栽培管理** 扦插繁殖。一般用幼芽扦插，为促使植株多萌生蘖芽，开花后应及时剪去花茎。春季来临，气温升高到20℃左右时，将小芽从母株基部切下，注意小芽上至少带4片叶，扦插在沙床或盆内，喷水，用塑料薄膜覆盖，置于阴处，保持空气湿度，在20～27℃的温度条件下，1个月可生根。生根后移植花盆内，再经过一年就可长成新的植株。生长期充分浇水，叶杯内及时注水，施薄肥；越冬温度5℃以上。

全株图

别名：	岐花鹦哥凤梨、珊瑚花凤梨	科属：	凤梨科丽穗凤梨属
用途：	莺歌凤梨小巧玲珑，花叶俱美，是极好的盆栽观赏花卉，也可作切花。		

中国兰花

Cymbidium spp.

简称兰，是兰属中花小而香的种类统称。中国兰花常见的种类有春季开花的春兰、夏季开花的蕙兰、秋季开花的建兰以及冬季开花的墨兰、寒兰等。

· **产地及习性** 原产中国中南部。喜凉爽、湿润和通风的环境，忌酷热、干燥和阳光直晒，宜富含腐殖质、疏松、通气的微酸性土壤。

叶形因品种而异
须根丛生

· **形态特征** 多年生草本。地生性，丛生须根、粗壮肥大、肉质，分枝较少；具假鳞茎，球形；叶2～6枚丛生，叶形不一，如建兰叶广线形、全缘，而春兰叶狭带形、叶缘具细齿；花葶直立，建兰着花5～9朵，黄绿色至黄褐色，有暗紫色条纹，香气浓烈，而春兰着花1～2朵，淡黄绿色，香味淡；建兰夏秋开放，春兰春季开放。

· **繁殖及栽培管理** 分株繁殖。建兰早春分株，春兰秋季分株。选择生长健壮、假球茎密集的植株，洗净，去除腐根烂叶，晾至根部发白，用利刀在假球茎间切割分株，每株至少有5个连在一起的假球茎，其中3个要生长良好，切口涂草木灰防腐，插入腐殖质的砂质盆土中。夏季保持土壤和空气湿度，秋后控制水分；生长期5～10天施肥1次，开花前后停止。雨季防涝。

别名：	朵朵香、双飞燕、兰草、草素	科属：	兰科兰属
用途：	中国兰花叶态优美，花香怡人，是摆设客厅、书房的珍贵盆花。其根、叶、花均可入药。		

菖蒲鸢尾 >花语：信者之福

Iris pseudacorus L.

单朵花

菖蒲鸢尾是水生花卉中的珍品，花姿秀美，花色黄艳，犹如飞舞的一只只金蝶，非常喜人。

· 产地及习性 原产欧洲，中国大部分地区均有引种栽培。适应性强，喜光、耐半阴、耐旱、耐湿，喜浅水及微酸性土壤。

· 形态特征 多年生草本。植株丛生，叶基生，阔带形，中肋明显，具横向网状脉；花葶与叶近等高，具1～3分枝，每枝有花3～5朵，外轮花被片上部长椭圆形，基部具褐色斑纹，内轮花被片小于外轮，稍直立，淡黄色。花期5～6月。

· 繁殖及栽培管理 分株繁殖。春、秋季，将根茎挖出，剪除老化根茎和须根，用利刀按4～5cm长的段切开，每段以具2个顶生芽为宜，最好栽在水深10～15cm的浅水或沼泽地，生长适温15～30℃。栽前施足基肥，管理简单，生长旺季要水分充足，其他时期可减少水量。

别名：黄花鸢尾、水生鸢尾、黄鸢尾	科属：鸢尾科鸢尾属
用途：一般用于布置花坛、水景园或沼泽园，也可作为切花。	

芙蓉莲

Pistia stratiotes L.

· 产地及习性 原产地热带美洲。喜高温，耐潮湿，不耐寒。

· 形态特征 多年生草本。植株漂浮生长，根长而悬垂，叶基生，呈莲座状，叶倒卵形或扇形，两面被柔毛，叶脉扇状；肉穗花序腋生，佛焰苞白色，花单性同序，无花被，成株开绿色花。花期5～11月。

花密被长柔毛，无花瓣

叶两面有柔毛，叶脉扇形

匍匐茎　小植株

悬垂的长根　　母株

· 繁殖及栽培管理 分株繁殖。春季或秋季，将连接小植株的匍匐茎从母株上剪下，移栽到种植池中，自然繁殖。管理简单，每月少量施肥，经常剪除老叶、枯叶，保持水质清洁。冬季北方要搭棚架或盖上稻草或采用其他保暖物越冬。

别名：大薸、水莲、肥猪草、大叶莲	科属：天南星科大薸属
用途：一般用于点缀水面，也可种植于池塘或水池中观赏，还可作为猪、鱼的饲料。	

凤眼莲

Eichhornia crassipes Solm.

1884年，凤眼莲作为观赏植物首次被带到一个园艺博览会上，从此迅速走向世界各地。凤眼莲美丽却不娇贵，由于具有较强的水质净化作用，因此常被种植于水质较差的河流或水池中，不过，由于凤眼莲的繁殖力极强，从而使许多水生动植物遭受了灭顶之灾！因此也被称为世界十大恶草之一。

小花图

上方的1片花瓣较大，中心有一个鲜黄色斑点，形如凤眼

叶先端圆钝

叶宽卵形或菱形

叶柄膨大成囊状，似葫芦，所以又名水葫芦

叶柄基部内含空气

发达的根系

产地及习性 原产南美巴西，中国多见于华北、华东、华中和华南地区。喜高温、湿润的气候，耐寒、耐碱性，畏霜，富含有机质的净水。

形态特征 多年生浮生草本。根系发达，茎极短，具长匍匐枝；叶基生呈莲座状，宽卵形或菱形，光亮、无毛，顶端圆钝，基部浅心形、截形；叶柄基部膨大成囊状，海绵质，内含空气；花茎自叶间抽出，肉穗花序顶生，小花淡蓝紫色；蒴果卵形，有种子多数。花期8～9月，果期9～10月。

繁殖及栽培管理 分株繁殖。春季，将母株从分离或切离母株腋生的小株，投入水中，即可生根，生长适温18～25℃，低于10℃便会停止生长，霜降之前转入冷室水中养护，来年投入池中。盆栽，可在盆地放腐殖质土和塘泥，并混入基肥，再盛清水，以水深30cm为宜，然后放入植株，使根系稍扎入土中，并在生长期定量补给有机肥料，供给充足光照，可使其生长强健，开花多而大。

★**注意：**该种为最具危险性的入侵植物之一，在自然环境中慎用。

别名：水葫芦、凤眼蓝、水葫芦苗、水浮莲	科属：雨久花科凤眼莲属
用途：凤眼莲叶柄奇特，花色美丽，具有很强的净污能力，在园林水多用于绿化池塘。	

荷花 > 花语：清白、坚贞纯洁

Nelumbo nucifera Gaerth.

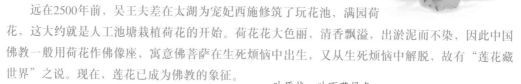

整株荷花

远在2500年前，吴王夫差在太湖为宠妃西施修筑了玩花池，满园荷花，这大约就是人工池塘栽植荷花的开始。荷花花大色丽、清香飘溢，出淤泥而不染，因此中国佛教一般用荷花作佛像座，寓意佛菩萨在生死烦恼中出生，又从生死烦恼中解脱，故有"莲花藏世界"之说。现在，莲花已成为佛教的象征。

产地及习性

原产亚洲热带和大洋洲。喜光、喜热、喜湿，怕干，不耐阴，择土不严，以富含有机质的肥沃土壤为佳。

形态特征

多年水生植物。根茎（藕）肥大多节，横生于水底泥中，节间内有多数孔眼；叶盾状圆形，正面蓝绿色，被蜡质白粉，背面灰绿色，全缘并呈波状；叶柄圆柱形，挺出水面，密生倒刺；花单生花梗顶端，花色有粉红、红和白色，具清香。花期6～8月。昼开夜合。

繁殖及栽培管理

分藕繁殖。栽于池塘时，用整枝主藕作种藕；缸或盆栽时，主藕、子藕、孙藕均可，但藕种都要具有完整无损的苦芽（顶端生长点）。栽前，将池水放干，池泥翻整耙平，施足底肥，栽时苦芽向上，斜插入泥，让尾节翘露泥面，一两日放水20～30cm。缸栽、盆栽操作方法同池栽。北方冬天可在冰层下过冬，盆栽可于冷室越冬，温度在0℃、土壤湿润即可。

叶盾状，叶面蓝绿色，叶背灰绿色，边缘波状

干燥的根茎

果壳，也叫莲蓬

花色丰富，多晨开午闭，单朵花期只有3～4天

种子，俗称莲子

根茎俗称藕，肥大多节，营养丰富，口感爽脆，是很受欢迎的粗纤维蔬菜

藕内部有管状小孔，俗称气腔

别名：莲花、水芙蓉、六月花神、藕花等	科属：睡莲科莲属
用途：荷花一般用于园林水面布置或插瓶清供。除了观赏，荷花全身皆宝，藕和莲子能食用，莲子、根茎、藕节、荷叶、花及种子的胚芽等都可入药。	

萍蓬草

Nuphar pumilum (Hoffm.)DC.

叶背紫红色

小花伸出水面

叶浮于水面，叶形多变

根茎横卧

· 产地及习性 原产北半球寒温带。喜温暖、湿润、阳光充足的环境，稍耐阴，较耐寒，对土壤选择不严，以土质肥沃略带黏性为好。

· 形态特征 多年生水生草本。根状茎块状，肥厚，横卧；叶浮于水面，圆形至卵形，纸质或近革质，基部开裂呈深心形，叶面无毛、亮绿色；叶背紫红色、密生柔毛；沉水叶薄而柔软，无毛，具长柄；花单生并伸出水面，花黄色；浆果卵形，种子矩圆形，成熟时黄褐色。花果期春季至秋季。

浆果

· 繁殖及栽培管理 分株繁殖。适应性强，适宜60cm左右深的水，单株占水面积2～3m²，栽种后只要保持一定水位，不使干涸或暴涨，任其自然繁衍，不需年年栽培。一般性管理，盆栽最好年年施基肥。

别名：黄金莲、萍蓬莲	科属：睡莲科萍蓬草属
用途：萍蓬草为观花、观叶植物，一般用于池塘水景布置，多与睡莲、莲花、香蒲等植物配植。	

千屈菜

Lythrum salicaria L.

· 产地及习性 原产欧洲、亚洲温带。喜光、湿润、耐盐碱、抗寒力强，对土壤要求不严，宜深厚、富含腐殖质的土壤。

· 形态特征 多年生水草本。株高1m左右，茎四棱形，直立多分枝；叶对生或3叶轮生，披针形；长总状花序顶生，花多而密，花瓣6枚，紫红色。花期7～9月。

· 繁殖及栽培管理 分株繁殖，也可播种繁殖。春季4月份，天气渐暖，将母株整丛挖起，轻轻抖掉泥土，用锋利的刀分成小丛，每丛有芽4～7个，另行栽植。盆播在3～4月进行，将基质装入盆中，灌透水，水渗后撒播，因种子细小，可掺些细沙混匀后再播，播后筛上一层细土，盆口盖上玻璃，20天左右发芽。抽花穗前保持盆土湿润而不积水，放置在光照、通风处，入冬剪去地上部分，冷室越冬。

花多而密，紫红色

叶对生或3叶轮生

茎四棱形，多分枝

别名：水枝柳、水柳、对叶莲、水枝锦	科属：千屈菜科千屈菜属
用途：千屈菜宜盆栽观赏，也可种植在水边，或作切花材料。	

水葱

Scirpus validus Vahl

· **产地及习性** 原产亚洲、欧洲、美洲和大洋洲。喜凉爽、湿润、忌酷热、耐霜寒，喜光，宜富含腐殖质、疏松肥沃的土壤。

· **形态特征** 多年生草本。株高60~120cm，具粗壮的横走地下根茎，须根多，秆高大直立，圆柱状，中空，被白粉；基部具3~4个叶鞘，褐色，最上面一个叶鞘具叶片；聚伞花序顶生，小穗圆形，花淡黄褐色，下部具短苞叶。花期6~8月。

· **繁殖及栽培管理** 播种繁殖。春季3~4月盆播，撒播种子，覆细土为种粒的2~3倍，生长适温20~25℃，保持盆土湿润，20天左右既可发芽生根。管理简单，夏季适当庇荫，冬季保护越冬。

聚伞状花序，小穗黄褐色

秆高大、中空，被白粉

叶鞘

根茎横走，须根多

别名：管子草、冲天草、莞蒲、莞	科属：莎草科藨草属
用途：一般在水生园，或盆栽观赏。	

梭鱼草

Pontederia cordata L.

· **产地及习性** 喜温、喜阳、喜肥、喜湿，畏风，不耐寒。

· **形态特征** 多年生草本。株高80~150cm，须状不定根，具多数根毛；地下茎粗壮，黄褐色，有芽眼；叶丛生，多数为倒卵状披针形，橄榄色，光滑，叶柄绿色，圆筒形；穗状花序顶生，花密集在200朵以上，蓝紫色带黄斑点。花期5~10月。

穗状花序

· **繁殖及栽培管理** 分株繁殖。在春季或夏季，从植株基部切开，分株栽植即可。最好栽培在浅水中，适温15~30℃，越冬温度不宜低于5℃。梭鱼草繁殖力强，在条件适宜的前提下，短时间内即可覆盖大片水域。

花多达200朵，蓝紫色

花葶从叶中抽出

叶先端渐尖，中脉下凹

叶柄具节

叶柄圆筒形

叶丛生，橄榄绿

株高可达1.5m

别名：水枝柳、水柳、对叶莲、水枝锦	科属：雨久花科梭鱼草属
用途：梭鱼草叶色翠绿，花色迷人，可用于家庭盆栽、池栽，也可广泛用于园林美化。	

睡莲 ＞花语：洁净、纯真

Nymphaea tetragona Georgi.

形态、颜色各异的睡莲花

人们通常将睡莲属的多年生水生植物统称为睡莲，全世界约有35种，经过长期的园艺培育，目前栽培的品种有数十个，花色有白、黄、红、蓝等不同花色。早在2000多年前，古埃及就已栽培睡莲，并视之为太阳的象征。睡莲花色艳丽，花姿动人，在一池碧水中宛如冰肌脱俗的少女，被赞誉为"水中女神"。

·产地及习性

原产北非和亚洲东部。喜强光、通风良好的水湿环境，较耐寒，对土质要求不严，但喜富含有机质的壤土。

·形态特征

多年生水生草本。根状茎粗短；叶丛生，较小，浮于水面，具细长柄，圆形或卵状椭圆形，近革质，无毛，上面浓绿，幼叶有褐色斑纹，下面暗紫色；花单生于细长的花柄顶端，漂浮于水，白色。花期7～8月。

·繁殖及栽培管理

播种繁殖。花后用布袋将花朵包上，这样果实成熟种子便会落入袋内。将种子收集后装在盛水的瓶中，密封，投入池水中贮藏。第二年春捞起，将种子倾入盛水的三角瓶，置于25～30℃的温箱内催芽，每天换水，约2周种子发芽，待芽苗长出幼根移栽小盆，再将小盆投入缸中，水深以淹没幼叶1cm为度。4月份当气温升至15℃以上时，移至露天管理。随着新叶增大，换盆2～3次，最后定植时缸的口径不应小于35cm。有的植株当年可着花，多数次年才能开花。

花浮于水面，原生种白色，栽培品种花色丰富

叶背暗紫色

叶柄、花柄细长

叶浮于水面，叶脉辐射状

别名：子午莲、水芹花、水浮黄	科属：睡莲科睡莲属
用途：一般用于园林水面绿化，也可盆栽或作切花。	

王莲 > 花语：洁净、纯真

Victoria cruziana Orbign.

王莲实际是王莲属植物的统称，包括原生种克鲁兹王莲、亚马逊王莲（*V.amazonica*）以及它们之间的杂交种长木王莲（*V.' Longwood Hybrid'*）。

产地及习性

原产南美洲。喜高温、高湿，耐寒力极差，不耐干燥和低温，喜肥沃深厚、空气湿润、阳光充足的生长环境。

形态特征

多年生水生花卉。叶片大，叶形随生长变化大，长出第11片叶时，叶圆形，叶缘直立，像圆盘浮在水面，叶面光滑，绿色略带微红，有皱褶，背面紫红色；叶柄、叶背有粗刺；长出第12片叶时开花。花浮于水面，第一天傍晚开放，花白色，芳香；第二天上午闭合，傍晚重新开放，粉红色；第三天上午呈红色，沉入水中。花期夏秋季。

繁殖及栽培管理

播种繁殖。栽植水池需30～40m²，池深需80～100cm；池中设种植槽或台，并设排水管和暖气管，以保证池水清洁和水温正常；种子贮存在水中，以防丧失发芽率，播后待锥形叶根长出后栽植。幼苗生长快，每3～4天即可长出1片新叶。管理简单，夏季气温高注意通风、遮阴，直至秋末；幼苗期极需光照，冬季甚至还需用灯光补充照明。

叶背

第一天傍晚开白色花

第二天傍晚开粉色花

叶缘直立

叶盘状，叶面皱缩

第三天上午开红色花，枯萎

别名：克鲁兹王莲	科属：睡莲科王莲属
用途：王莲花大叶奇，十分壮观，通常用于公园等较大面积的美化布置。	

荇菜

Nymphoides peltatum(Gmel.)
O.Kuntze

· 产地及习性 原产中国，现分布广泛。喜阳光，耐寒、耐热，宜肥沃的土壤或浅水、不流动的水域。

· 形态特征 多年生草本。枝条有2型，长枝匍匐于水底，短枝从长枝的节处长出；叶卵形，正面绿色，背面紫色，边缘具紫黑色斑块，基部深裂成心形；花大，花冠5裂，黄色。

· 繁殖及栽培管理 分株和扦插繁殖。春季3月，将生长较密的株丛分割成小株丛另植；扦插繁殖，春季天气暖和，把茎分成段，每段2~4节，插入泥土中，容易成活。管理较粗放，以普通塘泥作基质，不宜太肥，否则枝叶茂盛，开花反而稀少。如叶发黄时，可在盆中埋入少量复合肥或化肥片。平时保持充足阳光，盆中不得缺水，不然也很容易干枯。冬季盆中保持有水，放背风向阳处就能越冬。每2~3年分盆一次。

花冠5裂

叶基部深裂成心形

节处长出短枝

别名：荇菜、莲叶荇菜、驴蹄菜、水荷叶	科属：龙胆科荇菜属
用途：是非常好的水面绿化植物。	

再力花

Thalia dealbata Fraser.

　　再力花植株高大，叶片形似芭蕉叶，翠绿可爱，花茎亭亭玉立于水面，蓝紫色的小花素雅别致，是水景绿化的上品花卉，有"水上天堂鸟"的美誉。

· 产地及习性 原产美国南部和墨西哥。喜温暖水湿、阳光充足的环境，不耐寒，宜微碱性的土壤。

· 形态特征 多年生草本。茎叶挺出水面；叶基生，卵状披针形，浅灰蓝色，边缘紫色；

叶柄长，叶鞘抱茎；松散圆锥花序，花小，紫堇色。花期夏秋季。

· 繁殖及栽培管理 分株繁殖。春季，从母株上割下带1~2个芽的根茎，栽入盆内；栽前施足底肥（以花生麸、骨粉为好），栽后将盆放进水池养护，待长出新株，移植于池中生长，生长适温20~30℃。

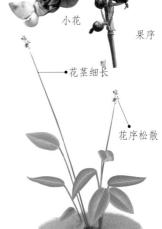

小花

果序

花茎细长

花序松散

叶基生，叶鞘抱茎

别名：水竹芋、水莲蕉、塔利亚	科属：竹芋科再力花属
用途：水竹芋有净化水质的作用，是重要的水景花卉，既可成片种植于水池或湿地，也可盆栽观赏。	

大花铁线莲

Clematis patens Morr. et Decne

紫色花

果实

· 产地及习性

原产中国华北、东北及朝鲜、日本。适应性强，喜光照、喜凉爽、耐寒、耐旱、耐阴、忌酷热、宜排水良好、肥沃的微碱性土壤。

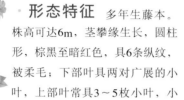

· 形态特征

多年生藤本。株高可达6m，茎攀缘生长，圆柱形，棕黑至暗红色，具6条纵纹，被柔毛；下部叶具两对广展的小叶，上部叶常具3～5枚小叶，小叶卵圆形，纸质，全缘，小叶柄常扭曲；花大，单生于枝顶，乳白色或淡黄色。花期5～7月。

· 繁殖及栽培管理

扦插繁殖。秋季，选取粗壮的枝条，在上下两节中间截取插穗，保证每节具2芽，插入泥炭和沙各半的基质中，扦插深度以节上芽露出地表为宜，地温15～18℃，生根后上3寸盆，在防冻的温床或温室越冬，春季换4～5寸盆，移出室外。管理粗放，夏季注意降温、遮阴及排水。

别名：车轮铁线莲、转子莲	科属：毛茛科铁线莲属
用途：大花铁线莲是优良的庭院花卉，而且具有净化空气的作用，多做地栽，也可盆栽观赏。	

单色蝴蝶草

Torenia concolor Lindl.

· 产地及习性

原产中国东南部。喜温暖、潮湿，不耐寒。

· 形态特征

多年生蔓性草本。茎方形，节处易发根；叶对生，三角状卵形或长卵形，边缘有粗齿；伞形花序腋生或顶生，花蓝紫色，花冠长达4cm。花期春秋季。

· 繁殖及栽培管理

扦插繁殖。在春季或秋季进行扦插，选择排水好的土壤。生长期注意遮阴，修剪老叶，促发新枝。

花蓝紫色

叶缘有粗齿

茎节处易生根

萼齿2枚，长三角形，果熟时5裂

别名：蓝猪耳、蝴蝶花、倒胞草、蚌壳草、蝴蝶草	科属：玄参科蝴蝶属
用途：一般作为地被种植或吊挂观赏。	

旱金莲

Tropaeolum majus L.

颜色不同的花

果实

萼距　　叶似荷叶

· 产地及习性 原产南美洲。喜温暖、湿润及阳光充足的环境，不耐寒，稍耐阴，忌酷热，畏涝，宜肥沃而排水良好的土壤。

· 形态特征 多年生草本，常作一二年生栽培。茎细长，蔓性生长，长可达1.5m，光滑无毛；叶互生，圆形或近肾形，形似荷叶而小，盾状着生，边缘具波状钝角；花单生叶腋，有黄、红、橙、紫、乳白或杂色，萼距长约2.5cm。花期2～5月。

· 繁殖及栽培管理 播种繁殖。可春播或秋播，播种时先要将种子用43℃左右的温水浸泡1周，点播，覆土1cm左右，浇透水并保持湿润，发芽适温18～20℃，大约7天发芽。待小苗长出2～3片真叶时摘心上盆，5月份可定植于露地。管理简单，随着植株生长，要用细竹做支架；花前每1～2周施肥1次，整个生长期要保持充足的水分和空气湿度，盆栽需室温越冬，最低温度不低于10℃。一般盆栽2～3年植株就要更新。

别名：旱荷、金莲花、旱莲花、金钱莲、寒金莲、大红雀	科属：金莲花科金莲花属
用途：旱金莲叶肥花美，可盆栽供室内观赏，也可作地被植物或切花。	

金不换

Stephania dielsiana Y. C. Wu

块根常露出地表，褐色

· 产地及习性 原产中国湖南、广东、广西、贵州等省区。喜温暖、湿润及半阴环境，不择土壤，以肥沃、排水良好的砂质土壤为佳。

· 形态特征 多年生藤本。块根近圆形或不规则块状，常露于地面，外皮褐色，粗糙，有许多疣状小乳突；茎常带紫红色，枝、叶折断有红色液汁流出；叶互生，阔三角状卵形，纸质，先端有小突尖，基部平截或近圆形，叶柄于近基部处盾状着生；雌雄异株，雄花序复伞形，雌花序头状。花期5～7月。

· 繁殖及栽培管理 播种繁殖。露地栽培选择疏松、肥沃及有阴凉的地块，一般不用施肥；盆栽基质选择腐叶土或山泥，生长期保持土壤湿润，注意遮阴，冬季修剪促进发枝。

先端有小突尖

枝、叶含红色汁液

别名：血散薯、一滴血、山乌龟、独脚乌桕	科属：防己科千金藤属
用途：一般用于公园、庭院篱笆、栅栏及隐蔽处的山石点缀材料，也可盆栽观赏。	

嘉兰 >花语：荣光

Gloriosa superba L.

嘉兰是津巴布韦的国花，花朵绽放时，犹如燃烧的火焰，艳丽而高雅，同时花瓣向后反卷，显得独特而雅致。

·产地及习性

原产中国云南南部、海南省及亚洲热带和非洲。喜温暖、湿润、半阴，耐寒力差，畏霜冻，宜疏松肥沃、保水性强的土壤。

花瓣上部红色，下部黄色

花瓣边缘皱波状

雄蕊

顶端卷曲

茎蔓生，柔软

·形态特征

多年生蔓性草本。根状茎横走，淡黄褐色，地上茎细柔，蔓生，长可达3m；叶互生、对生或3枚轮生，卵形至卵状披针形，顶端卷须状，无柄；花单生或数朵着生于顶端组成疏散的伞房花序，两性，大而下垂，花被片上部红色，下部黄色。花期夏季。单花期10天，整株花期近2个月。

·繁殖及栽培管理

播种繁殖。种子采收后即播种，或者贮藏到第二年早春盆播，生长适温22～24℃，夏季进入生长旺季，10月份开始形成小块茎，处于休眠状态，经2～3年培育后开花。栽培时，要设立支架，以免枝卧倒；植后搭棚，棚中保持阴度；经常喷雾，提高空气湿度。全株尤其是根端汁液有毒，需小心。

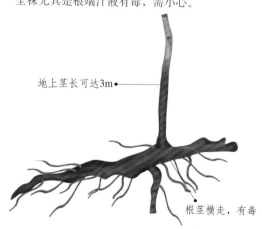

地上茎长可达3m

根茎横走，有毒

别名：变色兰	科属：百合科嘉兰属
用途：嘉兰花容奇特，色彩艳丽，可作绿化种植，也可盆栽观赏，或用作切花。	

蔓花生

Arachis duranensis Krapov.
et W. C. Greg.

· 产地及习性 原产亚洲热带及南美洲。喜高温、高湿、阳光充足的环境，耐阴、耐旱，对土壤要求不严，但以沙质壤土为佳。

· 形态特征 多年生宿根草本。植株矮小，茎蔓性，匍匐生长；复叶互生，小叶两对，呈倒卵形，全缘；花腋生，花冠蝶形，金黄色。花期春季至秋季。

· 繁殖及栽培管理 扦插繁殖。在春、夏或秋季，选择雨季或阴天，将健壮的中上部茎段剪3～4个茎节插于沙床，10天左右可生根，移栽。管理粗放，每1～2个月施肥1次，经常修剪老化的茎叶，尤其是春季。

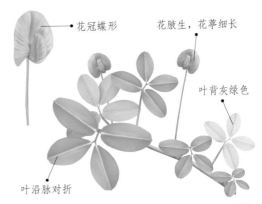

花冠蝶形

花腋生，花葶细长

叶背灰绿色

叶沿脉对折

别名：长啄花生	科属：豆科落花生属
用途：蔓花生的根系发达，是优良地被植物，可种植于园林绿地、公路、坡地等，防止水土流失。	

毛萼口红花

Aeschynanthus lobbianus Jack

· 产地及习性 原产印度和东南亚等国家。喜明亮、湿润的环境，耐热，不耐寒，宜排水良好、略带酸性的土壤。

· 形态特征 多年生藤本植物。茎细弱，丛生，长达60～90cm；叶对生，长卵形，全缘，叶面浓绿色，叶背浅绿色，叶片边缘紫色；花序多腋生或顶生，花萼筒状，黑紫色，花冠筒状，红色至红橙色，从花萼中伸出，上部裂片，似张开的嘴唇。花期5～7月。

花冠筒状

花萼黑紫色

· 繁殖及栽培管理 扦插繁殖。全年可进行，剪顶部枝条作插穗，长10～15cm，插入湿润的沙中，外罩塑料袋置于光下，生长适温夜间18～22℃，白天20～25℃，约1个月生根，去袋，1～2周后移栽。管理简单，生长期保持土壤湿润，夏季注意庇荫，冬季控制浇水，半个月追薄肥1次；花后修剪植株。

别名：大红芒毛苣苔、洛布氏芒毛苣苔、口脂藤	科属：苦苣苔科口红花属
用途：一般作为室内盆栽悬吊观赏。	

茑萝

Quamoclit pennata(Desr.)Boj.

果实　　　　　　　种子

茎长而柔软

花似一颗
五角星

叶羽状全裂

· 产地及习性

原产南美洲。喜温暖，忌寒冷，怕霜冻，耐干旱，不择土壤，但以肥沃疏松的土壤为佳。

· 形态特征

一年生草质藤本。茎纤细，长而柔软；叶互生，羽状全裂；花腋生，单朵或数朵，花深红色，花冠高脚碟状，似一颗红五角星。花期7～9月。

· 繁殖及栽培管理

播种繁殖。春季4月，先将种子用温水浸泡2天，待胚根生出后露地直播。地栽苗几乎不需管理，只要注意保持土壤湿润、适当施肥、搭架供苗攀援即可。

别名：密萝松	科属：旋花科番薯属
用途：茑萝纤细秀丽，是庭院花架、花篱的优良植物，也可盆栽陈设于室内。	

牵牛

种子

Pharbitis nil(L.)Choisy.

· 产地及习性

原产热带美洲，中国栽培历史悠久。生性强健，喜温暖光照，不耐寒，耐半阴、耐干旱，不怕高温酷暑，择土不严，但以肥沃、排水良好的土壤为佳，忌积水。

· 形态特征

一年生缠绕草本。植株高可达3m，全株具粗毛；叶互生，宽卵形或近圆形，常为3裂，中裂片大，有时呈戟形；花1～3朵腋生，花冠喇叭状，端5浅裂，边缘呈波浪状褶皱，花色多为白、粉、紫、蓝等色。花期7～9月。

· 繁殖及栽培管理

播种繁殖。每年3月，将苗床翻土、施肥，再将种子点种，深度约2cm，10～15天可发芽、出苗，生长适温25℃。生长快，注意设支架牵引；幼苗期摘心，促进分枝；春季进入生长期，每月应追肥1～2次；夏季注意浇水。

★ 注意：牵牛和圆叶牵牛（*P.purpurea*）均有较强的入侵性，在野生环境中慎用。

裂叶牵牛　　　　　　　圆叶牵牛

别名：朝颜、碗公花、裂叶牵牛、喇叭花	科属：旋花科牵牛属
用途：牵牛可用于棚架绿化，也可盆栽观赏。	

球兰

Hoya carnosa(L.f.)R. Br

- **产地及习性** 分布于中国的云南、广西、广东、福建和台湾等省区。喜温暖、耐干燥。

- **形态特征** 攀援灌木，附生于树上或石上；茎节上生气根；叶对生，肉质，卵圆形至卵圆状长圆形，长3.5~12cm，宽3~4.5cm，顶端钝，基部圆形；聚伞花序，着花约30朵；花白色，直径2cm；花冠辐状，花冠筒短；副花冠星状，中脊隆起。花期4~6月。

- **繁殖及栽培管理** 常用扦插和压条繁殖。扦插繁殖为夏末取半成熟枝或花后取顶端枝，清洗晾干后插入沙床，插后20~30天生根。压条繁殖为春末夏初将充实茎蔓在茎节间处稍加刻伤，用水苔在刻伤处包上，外用薄膜包上，扎紧，待生根后剪断上盆。

伞形花序，花30~50朵

别名：马骝解、狗舌藤、铁脚板等	科属：萝藦科球兰属
用途：可以用来作为室内装饰植物，全株可药用，治肺炎等。	

西番莲

Passionfora coerulea L.

人们常常将西番莲与鸡蛋果混为一谈，二者的区别在于西番莲的叶掌状5深裂，裂片全缘；而鸡蛋果的叶3深裂，裂叶具细齿。另外，西番莲花大而奇特，主要用于观赏；鸡蛋果则是一种芳香水果，有"果汁之王"的美誉。

- **产地及习性** 原产巴西。喜温暖、湿润，不耐寒，要求肥沃、排水良好的土壤，忌积水。

- **形态特征** 多年生攀援性草本。茎长7~10m，有纵棱，绿色；老茎圆柱状，灰色；掌状叶5裂，有卷须，基部有腺体；花腋生，花朵结构复杂，花被片10枚，花瓣5枚，蓝紫色。花期6~9月。

- **繁殖及栽培管理** 播种繁殖。秋季将成熟果实摘下，搓洗果瓤，取出种子放在通风阴凉处晾干，装入布袋或用干沙贮藏，等第二年春季气温达20℃左右时播种。在热带，可直播或移植于向阳的庭院棚架旁，让其攀援；在寒带，只能温室栽培，且温室要在10℃以上。管理简单，生长期要求肥水充足、修剪密集的枝条。

果实

别名：转心莲、西洋鞠、转枝莲、洋酸茄花叶	科属：西番莲科西番莲属
用途：是优良的垂直绿化植物，也可盆栽观赏。	

香豌豆

Lathyrus odoratus L.

荚果

花背面图

· 产地及习性

原产地中海西西里及南欧。喜冬暖夏凉，喜日照充足，耐半阴，忌干热，宜疏松肥沃、排水良好的沙壤土，不耐积水。

· 形态特征

一二年蔓生草本。全株被白色粗毛；茎攀缘、有翅；叶互生，羽状复叶，基部一对小叶正常，卵圆形，顶部小叶变为三叉状卷须，托叶半箭头形；总状花序腋生，具长梗，着花2～5朵，花冠蝶形，花色丰富，有白色、粉红色、紫色等，具芳香。花期5～6月。

· 繁殖及栽培管理

播种繁殖。可在春季或秋季进行，最好选早花品种，在9月上旬直播，每穴2粒，穴距30cm左右，发芽适温20℃。出苗后间苗，留1株壮苗。待小苗主蔓高15～20cm时摘心，每株留2～3个主枝即可，并随时剪去卷须，利于通风。

花色丰富
托叶
叶柄基部一对小叶
卷须

别名：花豌豆、腐香豌豆、豌豆花	科属：豆科香豌豆属
用途：香豌豆花型独特，可作冬春切花材料，也可盆栽供室内陈设欣赏，或为地被绿化植物。	

月光花 ＞花语：永远的爱

Calonyction aculeatum (L.) House

月光花总是在夕阳西下的7点准时开放，因此只有在夜间才能欣赏到它的美丽容颜。

· 产地及习性

原产美洲热带。喜阳光充足和温暖的环境，畏寒、畏霜，对土壤要求不严。

· 形态特征

一年生草质攀援藤本。茎具乳汁；叶互生，卵状心形，全缘或稍有角或分裂；聚伞花序腋生，着花1～7朵，花冠高脚碟状，白色，具芳香。花期7～10月。花夜里开放，第二天清晨闭合。

植株缠绕生长

种子
花冠高脚碟状
叶卵状三角形
茎具乳汁

· 繁殖及栽培管理

播种繁殖。秋季采种，第二年春季露地直播，幼苗长出3～5片真叶时定植，定植株距不可过密。

别名：嫦娥奔月、夜光花、夕颜、报时花	科属：旋花科月光花属
用途：适合布置夜花园，也可垂直绿化。	

爱之蔓 > 花语：心心相印

Ceropigia woodii Schltr.

在细长下垂的蔓茎上，一对对心形叶片成串吊着，犹如项链中象征爱情的心形坠子，因此被称为"爱之蔓"。

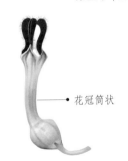

花冠筒状

叶背淡紫红色

壶状花，长约2.5cm，花后会结出羊角状的果实

沿叶脉处及叶缘有白纹

茎细长下垂，节间长

叶对生，心形，银灰色

- **产地及习性** 原产南非及津巴布韦。喜温暖、湿润及半阴的环境，耐寒，忌强光直射，宜排水良好的砂砾土，忌湿涝。

- **形态特征** 多年生肉质草本。茎蔓性线状，细长而下垂，节间常生深褐色的球状小块茎，接触地面可长出根；叶对生、心形、肉质、银灰色，叶脉内凹，沿叶脉处及叶缘有白纹，叶背淡紫红色；聚伞花序，着花2～3朵，花冠筒状，淡紫色。花期7～9月。

- **繁殖及栽培管理** 扦插繁殖。春季叶插或枝插，一般取一对叶子，最好带一点茎节，自然晾干1周，然后扦插在栽培基质中，一次性浇透水，也可用塑料薄膜覆盖来提高湿度，约3周就会长出新芽，然后去薄膜，让其自然生长，成活率高。生长期放半阴处，保持较高的空气温度，保持空气流通；每天浇水1～2次，并常对叶面喷水，并适当追肥；冬季减少浇水，充分接受日照，越冬温度10℃以上。

别名：心心相映、一串心、吊灯花、心蔓、鸽蔓花	科属：萝藦科吊灯花属
用途：茎蔓随风飘摆，对对心叶绰约动人，是优良的室内观叶植物，也可悬挂或攀援支架上观赏。	

白花紫露草

Tradescantia spp

白花紫露草是白花紫露草属植物的统称。园艺栽培品种有斑叶白花紫露草，这种花叶面有白色或黄色斑纹；另外，还有三色白花紫露草和绿叶白花紫露草。这种花卉有洁白温馨的小花，而铺散的分枝给人一种亲切、慈爱之感，在家庭栽培中很受欢迎。

·产地及习性
原产南美洲。喜温暖、潮湿及阳光充足的环境，好半阴，对土要求不严。

花丝散开，有柔毛

叶长约4cm，叶面有白色条纹

叶先端尖

枝匍匐，带红色晕，有乳汁

·形态特征
多年生草本。茎匍匐状，绿色带紫红色晕，节处膨大，贴地的茎节生根，多汁液；叶互生，长椭圆形或卵状长椭圆形，具叶鞘，叶鞘端有毛，叶面有时具银色条纹；伞形花序腋生，下包2片宽披针形总苞，长超过花梗，花小，数朵，白色，花丝有毛。花期夏秋季。

·繁殖及栽培管理
扦插繁殖，极易成活。管理简单，平时只需保持土壤湿润和较高的环境湿度，烈日直射，就能良好生长。干旱则生长受抑制，叶片干枯缺乏生机，过阴、过湿则茎易长，斑叶品种则斑纹不明显。初冬露地栽培的，遇霜即死，但地下根系第二年仍可萌发。盆栽的应移入室内，室温保持在5℃以上，盆土不可太干。

花白色，花瓣3枚，开展

别名：细竹草、蛇竹菜、尖叶竹草、竹鸽菜、竹菜、白竹菜、白花水竹草	科属：鸭跖草科紫露草属
用途：北方一般盆栽室内观赏，在华南等温暖地区也可布置花坛或地被种植用。	

白鹤芋 > 花语：事业有成、一帆风顺

Spathiphyllum floribundum N. E. Br.

　　白鹤芋叶片翠绿，佛焰苞洁白，清新幽雅，给人一种纯洁平静、祥和安泰的美感，被视为"清白之花"。我们平常所说的白鹤芋还包括了匙状白鹤芋（*S.cochlearispathun*）、佩带尼白鹤芋等几个种和若干个栽培品种，它们在株高、叶形和佛焰苞的颜色、形态上有一些差异。

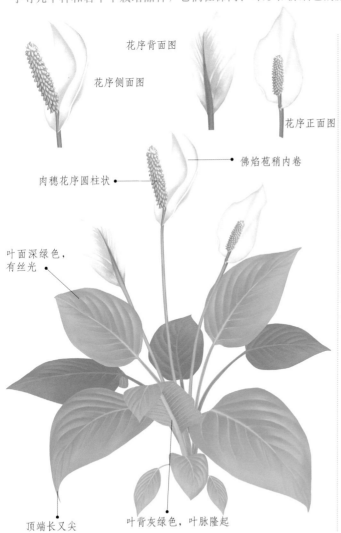

花序背面图

花序侧面图

花序正面图

佛焰苞稍内卷

肉穗花序圆柱状

叶面深绿色，有丝光

顶端长又尖

叶背灰绿色，叶脉隆起

产地及习性
原产哥伦比亚。喜高温、多湿和半阴的环境，忌强光暴晒，不耐寒，以肥沃、含腐殖质丰富的壤土为佳。

形态特征
多年生草本。具短根茎；叶长椭圆状披针形，革质，叶面深绿色有丝光，中部稍浅，端尖长；花葶直立，高出叶丛，佛焰苞直立向上，稍卷，白色，肉穗花序圆柱状，白色。花期5～8月。

繁殖及栽培管理
分株或播种繁殖。分株繁殖，在春季5～6月，将整株从盆内托出，从株丛基部将根茎切开，每丛至少有3～4枚叶片，分栽后放半阴处恢复。播种繁殖，需随采随播，发芽适温30℃，10～15天可发芽、出苗。栽培介质以富含腐殖质的壤土为佳，生长期要充分补水、施肥，一般10天左右施肥1次，发叶期经常往叶面喷水，增加空气湿度。夏季遮阴，冬季适当光照。

别名：苞叶芋、白掌、一帆风顺、异柄白鹤芋、银苞芋	科属：天南星科鹤芋属
用途：白鹤芋挺拔秀美，清新悦目，非常适合盆栽点缀客厅、书房，也可置于室外进行装饰，还可作切花。	

捕蝇草

Dionaea muscipula Ellis.

捕蝇草叶顶端的捕虫夹，能分泌出蜜汁，每当有小虫闯入时，它就会以极快的速度将其夹住，并慢慢"吃"掉，真是非常奇妙！

捕虫夹酷似贝壳

· 产地及习性 原产北美洲。喜高温、温暖的环境，夏季喜凉爽，冬季畏霜冻。

· 形态特征 多年生草本。根短，不发达；茎

连接叶柄，但并不明显，会发育出鳞茎；叶基生，莲座状，叶缘长有刺毛；中央长出来的扁平部分是叶柄，因为像叶子被称为"假叶"；叶柄的末端有一个捕虫夹，这是会捕捉昆虫的叶子的部分，正面分布许多红色或橙色的无柄腺，可分泌黏液；伞形花序顶生，花白色。花期5～6月。

· 繁殖及栽培管理 叶插法繁殖。在春末到夏初，将捕虫夹、叶柄(像叶片的部分)和叶柄基部白色的部分从植株上一起剥下，再将这些插入以泥炭土为主的干净基质中，保持高湿度，并给予适当光照，耐心等待，数个星期后便可冒出新芽。如果栽培后叶柄基部变黑、腐烂，则不会再发芽，需重新栽培。等小苗长出来后移植。

别名：矮巨人捕蝇草	科属：茅膏菜科捕蝇草属
用途：是很受欢迎的食虫植物，一般盆栽观赏。	

吊竹梅

Zebrina pendula Schnizl.

· 产地及习性 原产南美洲墨西哥。喜温暖、湿润及半阴的环境，耐寒、耐干燥，对土壤要求不严。

· 形态特征 多年生草本。全株稍肉质，茎细弱而下垂，多分枝，匍匐状生长，接触地面后节上易生根，被粗毛；叶

互生，长圆形，叶面银白色，中部及边缘为紫色，叶背紫色；具短叶柄，柄基部抱茎；花数朵聚生于2片紫色叶状苞片内，紫红色。花期5～9月。

叶背紫色

· 繁殖及栽培管理 扦插繁殖，成活率极高。夏季遮阴，冬季防寒。

叶面银白色，中部及边缘为紫色

别名：吊竹兰、斑叶鸭跖草、白花吊竹草	科属：鸭跖草科吊竹梅属
用途：吊竹梅是优良的观叶植物，主要盆栽、吊盆观赏，暖地也可布置于花坛、花境等。	

吊兰 > 花语：无奈而又给人希望

Chlorophytum comosum(Thunb.)Bak.

吊兰姿态优美，叶片细长柔软，由盆沿向下舒展散垂，犹如展翅跳跃的仙鹤，故古有"折鹤兰"之称。现在，许多家庭中都有吊兰的身影。

花白色

· 产地及习性
原产非洲南部，现世界各地广为栽培。喜温暖、湿润，不耐寒、不耐热，喜半阴，怕强光，宜疏松肥沃的砂质土壤。

· 形态特征
多年生草本。根状茎短，具簇生的圆柱形肉质须根；叶基生，窄线形，较坚硬，基部抱茎；花葶自叶腋抽出，花后变成匍匐枝，顶部萌发带气生根的新植株；总状花序单一或分根，花白色。花期5～7月。

· 繁殖及栽培管理
分株或播种繁殖。春季翻盆时，将老株挖出，去除腐根烂叶，分割成小株，每株至少要保留3个茎，分别栽培。播种繁殖在每年3月，播后覆土不宜过厚，一般为0.5cm，在气温15℃情况下，约2周可发芽、出苗，待苗棵成形后移栽培养。管理精细。春季移出室外，置于半阴处；夏、秋季注意避光直射；生长期追肥，生长旺季每月可施肥2～3次，同时保持盆土湿润；冬季控制浇水，越冬温度5℃以上。

叶先端外拱

叶窄线形，质坚硬

根茎极短

花葶长，花白色

花葶顶部萌发新植株

须根圆柱形，簇生

别名：桂兰、葡萄兰、钓兰、浙鹤兰、倒吊兰、土洋参	科属：百合科吊兰属
用途：吊兰具有吸收有毒气体、净化空气的作用，因此多盆栽悬挂屋中。全草可入药。	

翡翠椒草

Peperomia magnoliifolia A. Dietr.

- **产地及习性** 原产中南美洲。喜温暖和阳光，耐半阴，忌阳光直射。

- **形态特征** 多年生藤本。茎直立，自由分枝，稍下垂，淡绿色带紫红色斑纹；叶互生，倒卵形或圆形，肉质坚硬，两面有光泽，叶柄短；穗状花序，花绿白色。

- **繁殖及栽培管理** 扦插繁殖和分株繁殖。扦插宜在春季5~6月进行，叶插或枝插均

可；分株在春季换盆时进行，每2~3年分株1次。一般管理。夏季遮光，避免强光直射；经常向叶面喷水，但不可过湿；冬季不必遮光。生长期每半月施肥1次。

叶肉质，光滑无毛

穗状花序

叶互生

别名：玉兰叶豆瓣绿、豆瓣绿	科属：胡椒科草胡椒属
用途：一般吊盆栽培，也可置室内观赏。	

凤尾蕨

Pteris multifida Poir.

- **产地及习性** 原产中国、日本和朝鲜。喜温暖、阴湿，耐寒，稍耐旱，怕积水，喜肥沃、排水良好的钙质土壤。

- **形态特征** 多年生草本。植株细弱，高30~70cm，茎短而直立；叶簇生，纸质，分不育叶和孢子叶两型；不育叶一回羽裂，羽片通常4~6对，叶缘有细锯齿，仅基部一对有柄；孢子叶一回羽裂，下部羽片常2~3叉，除基部一对有柄，其他基部下延，全缘；孢子囊群线形，沿羽片边缘着生。

叶正面

叶背灰绿色

叶背面生线形孢子囊群

叶缘有细锯齿

- **繁殖及栽培管理** 分株繁殖和孢子繁殖。分株全年都可进行，极易成活，只要注意遮阴、保湿即可。孢子繁殖应在孢子成熟后，用信封收集起来，然后撒在由腐叶土和碎砖混合的基质上，置于阴湿处，很快就会发芽、出苗。生长适温15~25℃，越冬温度不低于8℃。

别名：井栏草、小叶凤尾草、凤尾草、乌脚鸡	科属：凤尾蕨科凤尾蕨属
用途：凤尾蕨全丛嫩绿，既可成片绿化种植，也可盆栽摆设室内观赏。	

广东万年青

Aglaonema modestum Schott ex Engl.

● 果实成熟时红色

产地及习性

原产印度、马来西亚和中国，菲律宾有少量分布。喜温暖、湿润的环境，耐阴，忌阳光直射，不耐寒。

肉穗花序生于佛焰苞 ●

节部有环痕 ●

形态特征

多年生常绿草本。株高60～70cm，茎直立、粗壮，不分枝；节间明显，节部有一圈很像竹节的环痕，并有残存的黄褐色叶鞘；叶互生，每节1叶，长卵形，具长柄，叶柄基部抱茎；肉穗花序，花小，佛焰苞淡绿色。

繁殖及栽培管理

扦插繁殖。在夏季高温多雨时期，取粗壮嫩枝，剪成10～15cm长的插穗，每个插穗不少于4节，保留先端2枚叶，基部修平，晾干后插入沙床，温度保持在25℃，同时保证较高的空气湿度，15～20天可生根。生长期每日早、晚向叶面喷水，每半个月施肥1次，冬季减少浇水量，提高室内温度。

别名：大叶万年青、井干草、亮丝草、粤万年青	科属：天南星科广东万年青属
用途：一般盆栽室内观赏，也可作切花。	

龟背竹

Monstera deliciosa Liebm.

肉穗花序

产地及习性

原产墨西哥热带雨林。性喜温暖、湿润的环境，忌阳光直射，不耐寒，耐阴，畏干旱。

叶子很像龟壳，可以净化空气 ●

形态特征

多年生常绿藤本。茎粗壮，长达7～8m，生有长而下垂的褐色气生根，可攀附它物生长；叶互生，厚革质，幼叶心脏形，无穿孔，长大后呈矩圆形，具不规则羽状深裂，侧脉间有椭圆形穿孔，极像龟背；具长叶柄，柄有叶痕，叶痕处有黄白色苞片；肉穗花序，佛焰苞白色，花淡黄色。花期8～9月。

花序生下部 ●

繁殖及栽培管理

扦插繁殖。春季4～5月和秋季9～10月最适宜扦插，从茎节先端剪取健壮的当年生侧枝，每段带2～3个茎节，剪去基部的叶片，保留上端的小叶，去除气生根，扦插于腐叶土或水苔的介质沙床中，温度保持在25～27℃，同时保持较高的空气湿度，插后1个月左右开始生根，待生根后即可移入盆中。夏季置室外半阴处，保持土壤和空气湿度；生长期每半个月施稀薄饼肥水1次；植株多分枝，经常修剪；随着植株生长，设立支架供其攀援；北方温室越冬，温度在5℃以上。

别名：蓬莱蕉、铁丝兰、龟背蕉、电线莲	科属：天南星科龟背竹属
用途：龟背竹株形优美，叶色浓绿，惹人喜爱，适宜盆栽室内观赏。在南方，也可进行室外种植。	

海芋

Alocasia macrorrhiza(L.)Schott

叶边缘波状，主脉明显

地下茎俗称狼毒，不可生食

全株有大毒

条；叶大，阔箭形，聚生茎顶，边缘微波状，主脉宽而显著；叶柄长，有宽大叶梢；肉穗花序，佛焰苞黄绿色；假种皮红色。花期4～7月。

成熟的果序　　肉穗花序

- **产地及习性** 原产南美洲。喜高温、潮湿，耐阴，不宜强风吹，不宜强光照，适合大盆栽培。

- **形态特征** 多年生草本。植株高达1.5m，匍匐根状茎圆柱形，有节，常生不定芽

- **繁殖及栽培管理** 播种繁殖。初春，将种子露地条播或点播，播种要均匀，压紧后覆细土一层，用细眼喷壶喷水，再覆盖遮阳网。出苗前，保持土壤湿润，但不能过湿，早晚要将遮阳网掀开数分钟，使之通风透气，白天再盖好。一旦种子发出幼苗，立即除去遮阳网，当长出3～4片真叶时即可定植。

别名：野芋、天芋、天荷、观音莲、羞天草	科属：天南星科海芋属
用途：海芋是优良的观叶植物，一般盆栽室内观赏。	

旱伞草

Cyperus alternifolius L.

→ 退化的叶

叶聚生于茎顶，扩散成伞状

→ 茎杆三棱形

- **产地及习性** 原产西印度群岛和马达加斯加。喜温暖湿润、通风透光的环境，耐阴、耐旱、耐水湿，忌曝晒，畏寒，择土不严。

- **形态特征** 多年生草本。株高60～120cm，地下根茎短而粗壮，杆直立，三棱形，无分枝；叶退化成鞘状，棕色，聚生于茎顶，扩散成伞状；小花序穗状，花淡紫色。花期7月。

- **繁殖及栽培管理** 播种繁殖和分株繁殖。播种，将成熟时种子采摘后，放阴凉处风干后收藏，第二年春季3～4月室内盆播，室温20℃时，将种子撒入有培养土的盆内，压平、覆薄土，浸足水后，盖上玻璃，保持盆土湿润，大约10天即可发芽，苗高5cm时移入小盆。分株繁殖在春季换盆时进行，数苗一丛分开栽植即可。一般管理。

别名：伞草、旱伞草、水棕竹、风车草、水竹	科属：莎草科莎草属
用途：旱伞草株丛繁茂，既可绿化水面，点缀岩石园，又可盆栽观赏。茎杆可用于造纸。	

合果芋

Syngonium podophyllum Schott

佛焰苞

叶脉及其周围呈黄白色

叶箭形，老叶3裂

形态特征

多年生草本。茎蔓生，节处易长气生根，攀附他物生长；叶互生，幼时箭形，深绿色，老叶时常3裂似鸡爪；花佛焰苞状，里面白色或玫红色，背面绿色。花期秋季。

产地及习性

原产中南美热带雨林中。适应性强，喜高温、多湿的环境，耐阴，以疏松肥沃、排水良好的微酸性土壤为佳。

繁殖及栽培管理

扦插繁殖。在3~10月均可进行，剪取茎先端部2~3节或茎中段2~3节作为插穗，插入河沙、蛭石或苔藓的基质中，温度保持在22~26℃，10~15天可生根。也可将插穗直接插于栽培的盆土中。生长期经常浇水或向叶面喷雾；每月用石海绵擦去叶面灰尘1次；每半个月施液肥1次；冬季有短暂休眠期，浇水减少，但盆土不可太湿，越冬温度在10℃以上。

别名：	长柄合果芋、紫梗芋、剪叶芋、丝素藤、白蝴蝶、箭叶	科属：	天南星科合果芋属
用途：	合果芋具有净化空气的作用，主要作室内观叶盆栽，可悬垂、吊挂及水养，又可作壁挂装饰。		

红脉网纹草

Fittonia verschaffeltii(Lemaire)Van Houtte

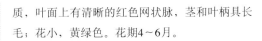

花序   叶

产地及习性

原产秘鲁及南美的热带雨林中。喜高温、高湿及半阴的环境，不耐寒，忌强光直射，喜疏松肥沃、排水良好的石灰质土壤。

质，叶面上有清晰的红色网状脉，茎和叶柄具长毛；花小，黄绿色。花期4~6月。

形态特征

叶卵形，网脉明显

多年生草本。植株矮小，高20~25cm；茎直立，多分枝，分枝斜生；叶对生，卵形，薄纸

繁殖及栽培管理

扦插繁殖。春季6~7月，剪取枝梢或带根的蔓生枝条，长约10cm，插入以砾石或沙为主的砂床中，保持较高湿度，1~2周可生根。管理简单，生长中要摘心促进分枝，浇水以"宁湿勿干"为原则，忌积水，也不能向叶面喷水。冬季移入室内，温度不低于15℃，用于浇的水温度不能太低。

别名：	费通花	科属：	爵床科网纹草属
用途：	红网纹草叶片清新美观，特别适合盆栽观赏，也可作悬吊植物栽培。		

红线竹芋

Maranta leuconeura E.Morren Fascinator

- **产地及习性** 原产南美巴西。喜明亮散射光，较耐寒，宜松软的腐叶土。

- **形态特征** 多年生草本。植株低矮，10cm左右，有匍匐走茎；叶椭圆形，黑绿色，天鹅绒状，主脉浮出叶面，红色线状，主脉周围有一条黄绿色带，两边具褐紫色宽带，叶缘淡绿色带，构成一幅美丽的图案，是主要观赏部位。

- **繁殖及栽培管理** 分株繁殖。春季换盆时，将过密的植株挖出，切开整齐、健壮的幼株上盆栽植即可。生长适温15～25℃，生长期正常浇水，不要过干或过湿即可，还需向叶面喷水，并保证良好的通风条件。夏季适当遮阴，冬季适当接受光照，越冬温度10℃以上。

叶脉红色

主脉周围有一条黄绿色带

黄绿色带两边具褐紫色带

叶背黄绿色

别名：红纹竹芋、鱼骨草、红叶葛郁金	科属：竹芋科竹芋属
用途：红线竹芋植株低矮，绚丽夺目，是很受欢迎的室内盆栽欣赏植物。	

花叶冷水花

Pilea cadierei Gagnep.

花淡黄色

叶面有银白色斑块

基出主脉3条

叶上部有齿

茎含有汁液，多分枝

- **产地及习性** 原产越南中部山区。喜温暖、湿润，好阴、耐肥、耐湿，宜排水良好的砂质壤土。

- **形态特征** 多年生草本或半灌木。株高15～40cm，具匍匐根茎，肉质，多分枝，节上生气生根；茎、叶光滑，多汁；叶对生，倒卵形，有光泽，基出3条主脉，叶在侧脉间呈波浪状起伏，凸起处有银白色斑块，叶缘上部具浅齿，下部全缘；花雌雄异株。花期9～11月。

- **繁殖及栽培管理** 扦插繁殖。春季5月，选取一年生优良枝条，按3节一段剪开，保留顶端2片叶并剪掉1/3，自基部一节的下方约0.5cm处削平，插入苗床，入土深不超过2cm，放置在隐蔽处养护，约20天即可生根，40天后分苗上盆，生长适温15～25℃。栽培中需良好的光照，但忌强光。夏季保持盆土湿润，每天应给叶面喷雾和淋水。摘心促进分枝，使株形圆整。

别名：白斑叶冷水花、金边山羊血、大冷水花、白雪草	科属：荨麻科冷水花属
用途：花叶冷水花是耐阴性极强的室内观叶植物，一般盆栽室内，也可布置室内花园。在暖地区也可作地被植物。	

花叶万年青

Dieffenbachia picta (Lodd.)Schtt

- **产地及习性** 原产南美巴西。喜温暖、湿润和半阴的环境，不耐寒，怕干旱，忌强光曝晒，要求疏松肥沃、排水好的土壤。

- **形态特征** 多年生草本。茎高1m，粗壮，茎基匍匐状，少分枝，表面灰色；叶着生在茎的上端，大而光亮，长椭圆形，全缘，两面暗绿色，有多数白色或淡黄色不规则的斑块；佛焰苞宿存，很少开花。

- **繁殖及栽培管理** 扦插繁殖。春季或夏季，剪取10～15cm长的嫩枝，每个嫩枝至少2～3节，插入黄沙或珍珠岩介质中，在20℃的温度下，约1个月生根、出芽。生长期半个月施肥1次，可常年在室内半阴处栽培，忌阳光直射，经常向地面洒水，保持较高的空气湿度。

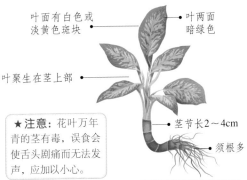

叶面有白色或淡黄色斑块 —— 叶两面暗绿色

叶聚生在茎上部 ——

—— 茎节长2～4cm

—— 须根多

> ★**注意**：花叶万年青的茎有毒，误食会使舌头剧痛而无法发声，应加以小心。

别名：黛粉叶	科属：天南星科花叶万年青属
用途：花叶万年青耐阴性极强，最适宜盆栽室内观赏。	

花叶艳山姜

Alpinia zerumbet(Pers.)Burtt et Smith 'Variegata'

花边缘黄色 ·

种子

花序

- **产地及习性** 原产中国和印度。喜阳光、高温、多湿的环境，不耐寒，畏霜雪，耐阴，宜肥沃而保湿性好的土壤。

- **形态特征** 多年生草本。株高1～2m；叶大型，长椭圆状披针形，革质，深绿色，叶面上有黄色条纹；圆锥花序，花漏斗状，白色，边缘黄色，顶端及基部红色。花期6～7月。

繁殖及栽培管理 分株繁殖。4～10月均可进行，挖掘带有地下块茎的植株，剪去地上茎叶，保留茎长的1/3，种植于露地或盆中，充分浇水，放半阴处养护。室内栽培要放在明亮的地方，否则叶上的黄色斑纹不明显，但不能强光直射。生长期每2个月施腐熟的堆肥1次。

—— 花序顶生

—— 叶面有黄色条纹

株高可达2m

别名：斑纹月桃、花叶良姜	科属：姜科山姜属
用途：花叶艳山姜花姿雅致，花香诱人，很适合盆栽厅堂摆设，也可在阴湿的庭院栽植。	

花叶芋

Caladium bicolor (Aiton) Vent.

- **佛焰苞舟形**

形，呈盾状着生，表面绿色，具白色或红色斑点，背面粉绿色；叶柄细长；佛焰苞舟形，里面白色，外面淡绿色，基部带紫晕；肉穗花序黄色至橙黄色，顶部褐白色。

- **产地及习性** 原产南美热带地区，在巴西和亚马逊河流域分布最广。喜高温、多湿和半阴的环境，不耐寒，忌强光直射，喜肥沃疏松和排水良好的腐叶土或泥炭土。

- **形态特征** 多年生草本。株高15～40cm，块茎扁球形、黄色，有膜质鳞叶；叶基生，箭头状卵形、卵状三角形至圆卵

- **繁殖及栽培管理** 分球繁殖。在块茎快抽芽时，用刀切割带芽块茎，待切面稍干后另行栽植。生长适温30℃，保持一定光照，但阳光不能太强烈。生长期多浇水、施肥，但也不能过量，同时经常向叶面喷水，保持较高的空气湿度。秋末叶逐渐变黄，应停止浇水。冬季取出块茎沙藏，温度不低于15℃。第二年春再种植。

别名：彩叶芋、二色芋	科属：天南星科花叶芋属
用途：花叶芋是观叶花卉的上品，主要做室内盆栽。不过在阴暗的房间，摆放1周左右就要让花叶芋接受一次充足光照，以免植株受损。	

箭羽竹芋

Calathea insignis Petersen

- **产地及习性** 原产巴西、哥斯达黎加。喜温暖、湿润和半阴的环境，忌烈日暴晒，宜疏松肥沃、排水良好的土壤。

- **形态特征** 多年生草本。株高可达100cm；叶片长椭圆形至披针形，向上呈直立式伸展，主脉两侧沿侧脉交叉分布着大大小小、卵形至椭圆形的黑绿色斑块，叶背及叶柄紫红色。

- **繁殖及栽培管理** 分株繁殖。春季翻盆换土时进行，植株脱盆后去宿土，按每丛3～5株

分栽上盆，盆土最好用腐叶土和园土各半掺在一起。生长季节保持土壤湿润，但不可积水；夏、秋高温干燥天气，每天要向叶面喷水2次；每月施薄肥1次，直到秋末，同时控制浇水。越冬温度10℃以上。

叶直立向上伸展

主脉两侧分布着黑绿色斑块

叶背紫红色

下部叶较小

别名：披针叶竹芋、花叶葛郁金	科属：竹芋科肖竹芋属
用途：一般置于厅堂门口、走廊两侧或会议室角落作为装饰。	

金花竹芋

Calathea crocata E. Merren et Joriss.

- **产地及习性** 原产巴西。喜温暖、湿润及半阴的环境，不耐寒，忌炎热，宜疏松肥沃、排水良好的土壤。

- **形态特征** 多年生草本。植株矮小，叶丛生，长椭圆形，叶缘稍有波浪形起伏，叶面灰绿至深绿色，叶背暗紫红色；花序由叶丛中抽出，花金黄色。花期6～10月。

- **繁殖及栽培管理** 分株繁殖。春季5～6月栽植，盆土不可过湿，生长适温18～24℃，保持较高空气湿度。生长旺季追肥。

叶面灰绿色至深绿色

花金黄色

叶背暗紫红色

叶波浪形起伏

别名：金花冬叶、金苞肖竹芋	科属：竹芋科肖竹芋属
用途：金花竹芋是优良的室内观叶植物，一般小盆栽植观赏。	

金钱树

Zamioculcas zamiifolia Engl.

金钱树每次新抽出的羽状复叶几乎都是2枚，一长一短、一粗一细，故又称龙凤木。

- **产地及习性** 原产非洲东部。喜暖热、半阴及温度变化小的环境，耐干旱，畏寒冷，忌强光暴晒，宜疏松肥沃、排水良好、富含有机质、呈酸性至微酸性的土壤。

- **形态特征** 多年生草本。植株地上部分无主茎，不定芽从块茎萌发形成大型复叶；小叶6～10对，厚革质，在叶轴上呈对生或近对生，排列整齐，富有立体感，全缘，每对小叶具5年以上寿命，被新叶不断更新；叶柄基部膨大，木质化。

- **繁殖及栽培管理** 分株繁殖。春季，当气温达18℃以上时，将植株脱盆，抖去宿土，去除腐根烂叶，从块茎的结合薄弱处掰开，并在创口上涂抹硫磺粉或草木灰，另行栽植，埋得不要太深，以块茎的顶端埋在土下1.5～2cm为度。生长期要求光照充足，盆土应稍湿，不宜太干或太湿，每1～2月施肥1次。

小叶对生，寿命可达5年

复叶从块茎顶端萌发

块茎卵球形

肉穗花序

别名：金币树、雪铁芋、泽米叶天南星、龙凤木	科属：天南星科雪芋属
用途：金钱树株形优美，格调高雅，充满南国情调，是非常流行的室内大型盆景植物。	

孔雀竹芋

Calathea makoyana E. Morren

- **产地及习性** 原产美洲热带及印度洋的岛屿中。喜湿润、温暖及半阴的环境，耐阴，不耐阳光直射，分生力强。

- **形态特征** 多年生草本。株形挺拔，高30～60cm，密集丛生；叶簇生基部，卵形至长椭圆形，叶面乳白色或橄榄绿，在主脉两侧和深绿色叶缘间有大小相对、交互排列的浓绿色长圆形斑块及条纹，形似孔雀尾羽，叶背紫红色，具同样的斑纹；叶柄细长，深紫红色。

- **繁殖及栽培管理** 分株繁殖。春季5～6月换盆时进行，当气温升至20℃左右时，将母株从盆内扣出，去宿土，用利刀沿根茎生长方向切割分株，每丛要有2～3个萌芽和健壮根，分切后立即上盆，浇一次透水，置阴凉处，一周后逐渐移至光线较好处，初期控制水分，待发新根后充分浇水。

叶柄细长，深紫红色

叶面有浓绿色长圆形斑块及条纹，似孔雀尾羽

叶背紫红色

别名：蓝花蕉、五色葛郁金	科属：竹芋科肖竹芋属
用途：孔雀竹芋是理想的室内绿化植物，既可单株欣赏，也可栽植为地被。	

鹿角蕨

Platycerium bifurcatum (Cav.)C. Chr.

- **产地及习性** 原产澳大利亚，中国各地温室常见栽培。喜温暖、阴湿、好散射光，忌强光直射，选土不严。

- **形态特征** 多年生附生草本。植株灰绿色，株高40cm，被柔毛；根状茎肉质，短而横卧，有淡棕色鳞片；叶大型丛生，分不育叶和能育叶。不育叶又称裸叶，圆形、纸质、叶缘波状，紧贴根茎生长，新叶绿白色，老叶棕色；能育叶又称实叶，丛生，灰绿色，密生短柔毛，分叉成窄裂片；孢子囊群生于叶背，上延至裂片顶端。

能育叶分叉成窄裂片

- **繁殖及栽培管理** 分株繁殖。四季皆可进行，以夏季6～7月为佳，从母株上选择健壮的鹿角蕨子株，用利刀沿盾状的营养叶底部轻轻切开，每一株都要带有相当的根系，并对叶片进行适当修剪，栽进盆中。耐阴，以散射光照即可，生长期每周将整株放入含有肥的水中浸泡1～2次，保持较高的空气湿度。冬季适温10℃左右。

别名：蝙蝠兰、麋角蕨、蝙蝠蕨、鹿角羊齿、二歧鹿角蕨	科属：鹿角蕨科鹿角蕨属
用途：鹿角蕨是观赏蕨中叶形最奇特的一种，在欧美十分流行，主要盆栽或吊盆观赏。	

绿萝 > 花语：守望幸福

Scindapsus aureus Engl.

　　绿萝美丽秀雅，悬挂下垂的植株犹如倾泻而下的瀑布，十分壮观。

· 产地及习性 原产所罗门群岛。喜温暖、湿润和半阴环境，稍耐寒、耐阴、耐旱力强，喜疏松肥沃、排水良好的土壤。

· 形态特征 多年生草本。茎蔓粗壮，长可达10m，茎节处有气根，节间有沟槽；叶卵状至长卵状心形，幼叶全缘，老叶边缘有不规则深裂，叶暗绿色，有的具金黄色不规则斑点或条纹。

· 繁殖及栽培管理 扦插或水插繁殖。扦插，在5～6月，剪取约10cm长的茎段，且带有气生根，插入疏松基质或直接上盆，容易生根。栽培中，盆土干透了再浇水，经常对叶面和周围空中喷雾，增加空气湿度。水插，剪取嫩壮的茎蔓20～30cm长为一段，直接插于盛清水的瓶中，每2～3天换水1次，10多天可生根成活。

叶幼时全缘，老时不规则裂

别名：魔鬼藤、石柑子、竹叶禾子	科属：天南星科绿萝属
用途：绿萝是非常优良的室内装饰植物之一，攀藤观叶花卉。	

蟆叶秋海棠

Begonia rex Putz.

· 产地及习性 原产南美洲的巴西及印度。喜温暖，不耐寒，忌强光直射，宜阴湿和湿润的土壤。

· 形态特征 多年生草本。株高约30cm，地下具平卧的根状茎，地上无茎；叶基生成簇，卵圆形，一侧偏斜，叶正面深绿色，上有银白色斑纹，叶背红色，叶脉和叶柄具毛，叶缘具波状齿；花淡红色。花期长。

· 繁殖及栽培管理 播种繁殖。秋季浅盆播种，将盆土湿润，盖上玻璃罩，放在半阴处，保持一定湿度，极易发芽。生长期每10天左右施淡肥水1次，浇水要充足，植株长大后摘心促分枝，夏季注意通风，冬季减少水量。

叶背红色

叶面银白色斑纹

株高约30cm

叶脉红色

别名：虾蟆叶秋海棠、紫叶秋海棠	科属：秋海棠科秋海棠属
用途：一般盆栽观赏，也可种植于花坛、花境等地。	

鸟巢蕨

Neottopteris nidus (L.) J. Sm.

孢子囊群图

- **产地及习性** 原产热带、亚热带地区，中国广东、广西、海南和云南等地有分布。喜高温、湿润，忌强光，不耐寒，宜疏松、排水良好及保水好的土壤。

- **形态特征** 多年生大型附生草本。株高60～120cm，根状茎短，密生鳞片；叶辐射状环生于根状茎周围，中空如鸟巢，故名；叶阔披针形，革质，两面光滑，软骨质的边干后略反卷，叶脉两面稍隆起；孢子囊群长条形，生于叶背侧脉，上侧达叶片的1/2处。

叶辐射状生长，似鸟巢

叶脉在两面稍隆起

叶缘干后略反卷

- **繁殖及栽培管理** 分株繁殖。春季4～5月，选取健壮的植株，从基部分切成2～4块，并将叶片剪短1/3，使每块带有部分叶片和根茎，然后分别上盆，置于半阴处，温度保持在20℃以上，同时保持较高的空气湿度，盆土稍湿润，忌积水，新叶会旺盛生长。夏季生长期多浇水，充分喷洒叶面，每月施稀薄肥饼水1～2次。

别名：巢蕨、山苏花、王冠蕨	科属：铁角蕨科巢蕨属
用途：鸟巢蕨株型丰满，叶色葱绿，野味浓郁，是很受欢迎的室内盆栽观叶植物。	

瓶子草

Sarracenia spp.

瓶子草的捕虫器为筒状，筒内具细毛，也可以分泌出黏液，凡是不幸落入陷阱的蚂蚁、黄蜂等昆虫，几乎都会被消化掉。

花单生，花色丰富

北美瓶子草　　红颈瓶子草

筒内壁密生倒向毛

叶圆筒状，可以捕食小型昆虫

- **产地及习性** 原产加拿大南部以及美国东海岸地区。喜温暖，好半阴，宜阳光直射、湿度较高且通风良好的开放地生长。

- **形态特征** 多年生食虫草本。无茎；叶基生，叶丛莲座状，叶圆筒状，如喇叭开后，上有盖，筒内壁密生倒向毛，昆虫一旦进入很难逃脱；花葶直立，花单生，下垂，从黄色到粉红色不等。花期4～5月。

- **繁殖及栽培管理** 播种或分株繁殖。种子需要经过一个"湿冷积层"的阶段才会发芽。盆栽用细河沙、泥炭或腐叶土及苔藓混合作为基质，将花盆放置在见底水盆，以保持盆土湿润，生长季需常向叶面喷雾，忌用碱性水浇灌。每20天浇1次液肥。夏季适当遮阴，秋季入室，保持室温2℃以上，并控制浇水量。

别名：荷包猪笼	科属：瓶子草科瓶子草属
用途：瓶子草是一种新奇的观赏植物，适宜盆栽观赏，也可作生物科普材料。	

孢子囊群图

肾蕨

Nephrolepis cordifolia(L.)Presl

- **产地及习性** 原产热带和亚热带地区、中国华南各省有野生。喜温暖、湿润和半阴，忌阳光直射，耐低温，以富含腐殖质、排水良好的肥沃土壤为宜。

- **形态特征** 多年生草本。株高30～40cm，根状茎具主轴，主轴上有向四周横向伸出的匍匐茎，根状茎和主轴上密生鳞片；叶密集丛生，披针形，羽状深裂，形似蜈蚣，无柄；孢子囊群生于侧脉上方的小脉顶端，孢子囊群盖呈肾形。

- **繁殖及栽培管理** 孢子繁殖。春季翻盆时，将成熟孢子种在水苔上，水苔保持湿润，并放在半阴处，即可发芽。生长期保持较高的空气湿度，多喷水和浇水，光照不可太弱，但不能直射，冬天停止喷水，控制浇水，越冬温度应在5℃以上。

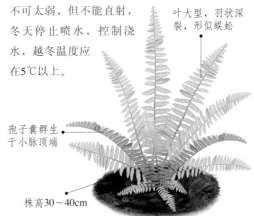

叶大型，羽状深裂，形似蜈蚣

孢子囊群生于小脉顶端

株高30～40cm

别名：蜈蚣草、圆羊齿、篦子草、石黄皮	科属：肾蕨科肾蕨属
用途：肾蕨叶色浓绿，四季常青，现广泛地摆设于客厅、办公室和卧室。	

天门冬

Asparagus cochinchinensis (Lour.) Merr.

花　　　　　果序　　　根部

- **产地及习性** 原产南非。喜温暖、湿润、半阴的环境，耐寒，喜强光，畏水涝和干旱。

- **形态特征** 多年蔓生草本。块根肉质；茎基部木质化，丛生下垂，长1～2m，分枝具棱；

果期植株图　　　　花期植株图

叶状枝通常3枚一簇着生，扁平、镰刀状；叶退化成鳞片状，基部刺状；总状花序，花白色至淡红色；浆果球形，鲜红色。花果期6～8月。

- **繁殖及栽培管理** 分株繁殖。春季换盆时，选取根头大、芽头粗的健壮母株，将每株分成3簇以上，并保证每簇有2～5个芽，且带有3个以上的小块根；切口要小，抹上石灰以防感染，晾晒1天后即可种植。一般管理，生长期保证水分充足，土壤湿润，半阴下养护。生长期多施氮、钾肥。随着植株的生长，设立支架供攀援。

别名：三百棒、丝冬、老虎尾巴根、武竹、天冬草	科属：百合科天门冬属
用途：天门冬既可观叶，又可观果，一般盆栽室内观赏，也可作切花配叶。	

铁十字秋海棠

Begonia masoniana Irmsch.

- **产地及习性** 原产中国和马来西亚。喜温暖、湿润和半阴环境，不耐干旱、不耐寒、忌强光直射。

- **形态特征** 多年生草本。根茎肉质，横卧；叶基生，卵圆形，叶正面有皱纹和刺毛，中央呈马蹄形红褐色环带，叶缘具齿；花小，黄绿色。花期春季。

- **繁殖及栽培管理** 叶插繁殖。夏初5～6月，采成熟叶片，把叶柄剪短至1cm，叶片修剪成直径6～7cm大小，然后平放在基质上，保持适当温度和湿度，约3～4周即可在伤口处长出小植株，然后分植。生长旺季充分浇水，但盆内不能积水，保持较高的空气湿度。每周施肥1次，以氮、钾肥为主。冬季保持15℃可生长，越冬温度7℃以上。

叶柄紫红色

叶中央斑块呈马蹄形，红褐色

叶面有皱纹和刺毛

别名：马蹄海棠、彩纹秋海棠、刺毛秋海棠	科属：秋海棠科秋海棠属
用途：铁十字秋海棠是秋海棠中较为名贵的品种，很适合盆栽观叶，也可在庭院、花坛等地种植。	

铁线蕨

Adiantum capillus-veneris L.

叶柄和茎紫黑色

根状茎横走，密被棕色鳞片

- **产地及习性** 原产美洲热带、亚洲及欧洲温暖地区。喜温暖、湿润和半阴环境，不耐寒，忌阳光直射，宜疏松肥沃和含石灰质的沙质壤土。

- **形态特征** 多年生草本。植株高15～40cm，根状茎横走，密被棕色披针形鳞片；叶丛生，质薄，二至四回羽状复叶，细裂，裂片斜扇形，深绿色，叶脉扇状分叉；叶柄紫黑色；孢子囊群生于叶背外缘，肾形。

孢子囊肾形

叶脉扇状分叉

- **繁殖及栽培管理** 孢子繁殖。将基质泥炭和细砂置于烘箱内高温消毒，放入浅盆，均匀撒播孢子，播后不覆土，盖以玻璃片，从盆底浸水，保持盆土湿润，置于20～25℃的半阴环境下，约1个月孢子可萌发为原叶体，待长满盆后分植。在分植前1～2天，去玻璃盖让植株透气。此外，在温暖阴湿的环境下，孢子可自行繁殖。生长期充分浇水，保持较高的空气湿度，如苗势不旺，可追氮肥1～2次，肥不能玷污叶面。

别名：铁丝草、少女的发丝、铁线草、水猪毛土	科属：铁线蕨科铁线蕨属
用途：铁线蕨喜阴，栽培容易，一般室内盆栽观赏，叶片还是良好的切叶材料。	

文竹

> 花语：永远不变

Asparagus plumosus Bak.

文竹枝叶纤细，清雅秀丽，常常在婚礼等场合中被大量摆设，来象征爱情天长地久，婚姻幸福甜蜜。

产地及习性

原产南非。喜温暖湿润和半阴环境，不耐严寒、不耐干旱、忌阳光直射，宜排水良好、富含腐殖质的砂质壤土，忌水涝。

形态特征

多年生草质藤本。根稍肉质，茎细弱，丛生；叶状枝纤细，6～12枚成束簇生，水平排列，形似羽毛；真正的叶退化成很小的鳞片，主茎上的鳞片叶很小，白色，下部有三角形刺；花小，白色，1～4朵生于短柄上。

繁殖及栽培管理

播种繁殖。当浆果变成紫黑色时采收，随熟随播，盆栽或温室地栽，播前浸种或除去种皮，播后注意湿润，温度保持20℃左右，20～30天发芽，待苗高5cm时上小盆，每盆3～5株小苗。一般管理，华北地区越冬温度8℃以上，低于3℃会被冻死；新枝抽出后充分浇水，保持土壤湿润；栽培种需设支架，适当修剪，保持良好株形；每周施肥水1次，以氮、钾为主。

叶退化成鳞片状

茎细弱、丛生

叶状枝呈三角形，水平展开羽毛

花白色

浆果成熟后紫黑色，种子1～3粒

别名：云片松、刺天冬、云竹、芦笋山草	科属：百合科天门冬属
用途：文竹是优良的室内观叶植物，也可作切花、花束、花篮等材料。	

西瓜皮椒草

Peperomia sandersii C. DC.

叶似西瓜皮

叶柄红色

- **产地及习性** 原产巴西。喜温暖、湿润及半阴环境，不耐寒，畏霜冻，忌强光直射。

- **形态特征** 多年生草本。株高20～30cm，无主茎；叶密集丛生，盾状着生，半革质、厚而光滑，具尾尖；叶浓绿色，叶脉由中央向四周呈辐射状，脉间为银白色条斑，形似西瓜皮，叶背红褐色；叶柄红色，浑圆，肉质；穗状花序，花小，白色。

- **繁殖及栽培管理** 分株繁殖。在春季或秋季，挑选基部发有新芽的植株，翻盆时取出植株，轻轻抖去土，去除腐根烂叶，用利刀切取新芽，注意保护好根系，盆栽即可。生长适温为20～28℃，超过30℃和低于15℃则生长缓慢，忌强光，经常给叶面喷雾，不能浇水太多，肥水也不宜太多。越冬温度8℃以上。

别名：西瓜皮、瓜叶椒草、西瓜皮豆瓣绿	科属：胡椒科草胡椒属
用途：西瓜皮椒草植株低矮，叶片美观，是极好的盆栽观赏花卉。	

喜林芋

Philodendron spp.

叶形似小提琴

- **产地及习性** 原产哥伦比亚，中国南方栽培广泛。喜温暖、湿润及半阴的环境，不耐寒，宜肥沃疏松、富含腐殖质的土壤。

- **形态特征** 多年生常绿草本。茎蔓性，长而下垂，具气生根，老茎灰白色，新芽红褐色；叶片薄革质，叶形奇特多变，因不同种类或品种而异，基部扩展，中部细窄，形似小提琴；花单性，佛焰苞肉质，黄色或红色，向穗花序略短于佛焰苞，直立生长。常见栽培品种有红宝石喜林芋和绿宝石喜林芋。

- **繁殖及栽培管理** 扦插繁殖。在4～9月，切取茎部3～4节，切口包以水苔，摘去下部叶，将插条插于腐叶土和河沙掺半的基质中，温度保持在20～25℃，同时保持较高的空气湿度，置于半阴处，2～3周即可生根上盆。生长期经常浇水或向叶面喷水，每半个月施液肥1次。冬季适当减少浇水，越冬温度10℃以上。

别名：喜树蕉、蔓绿绒	科属：天南星科喜林芋属
用途：喜林芋叶形奇特多变，姿态婆娑，十分耐阴，在室内、厅堂或音乐厅等场合摆设，充满诗意。	

心叶球兰

Hoya kerrii Craib.

伞形花序

· 产地及习性 原产亚洲热带。喜温暖、潮湿，好半阴，耐旱。

· 形态特征 多年生藤本植物。茎肉质，常可达2m，节上有气生根，黄灰色，附生于树上或石上；叶对生，倒心形，肉质，全缘；柄粗壮，有3～5个近轴腺体；伞形花序腋生，着花30～50朵，白色。花期春季到秋季。

· 繁殖及栽培管理 扦插繁殖。晚春时，切取长约10cm的茎端，在切口涂抹发根剂，然后插入土中，温度保持在20～25℃，8～10周可长出根，再长2周即可移植。生长缓慢，植株宜早摘心，促进分枝，并设架子让其攀援生长；浇水时水滴不能长期留在叶面上，否则叶片易腐烂。越冬温度为5℃左右。

气生根

叶缘黄色

别名：凹叶球兰	科属：萝藦科球兰属
用途：心叶球兰叶形奇特、美丽，是非常流行的室内装饰植物。	

一叶兰

Aspidistra elatior Blume.

花钟形，近贴地开放

· 产地及习性 原产中国南方各省区。喜温湿，好半阴，耐寒、耐阴，需肥沃的砂壤土栽培。

· 形态特征 多年生常绿草本。根状茎近圆柱形，具节和鳞片；叶基生，长椭圆形，革质，叶缘波状，具长而直立坚硬的叶柄；花单生，花梗短，几乎贴地开放，花被钟状，外面紫色，内面深紫色。花期4～5月。

· 繁殖及栽培管理 分株繁殖。春季翻盆时，将母株丛花盆中取出，去除部分老根、烂叶，以5～6片为一丛进行分割，分出的每一株都要带有相当的根系，并对叶片进行适当修剪，分别上盆。装盆后灌根或浇一次透水，生长适温保持在15℃左右，3～4周萌发新根。一般管理，生长期经常浇水，春季需入荫棚，冬季需入温室防寒，每月施肥1次，枯黄叶片要马上摘除。

别名：蜘蛛抱蛋、大叶万年青、竹叶盘、九龙盘、竹节伸筋	科属：百合科蜘蛛抱蛋属
用途：一叶兰叶形挺拔，极耐阴，是室内绿化装饰的优良观叶植物，也是现代插花极佳的配叶材料。	

羽衣甘蓝

Brassica oleracea L. var.
acephala f. *tricolor* Hort.

　　羽衣甘蓝在花期，整个植株形状好像牡丹，所以也被人们称为"叶牡丹。

· 产地及习性 原产西欧。喜阳光充足、凉爽的环境，极耐寒，宜疏松肥沃、排水良好的土壤，好肥。

· 形态特征 二年生草本。株高30～40cm，抽苔开花时可达1.5～2m，根系发达，叶宽大，匙形，光滑无毛，被白粉，外部叶片呈粉蓝绿色，边缘呈细波状皱褶，内部叶叶色极为丰富、亮丽，叶柄粗而有翼。最佳观赏期为冬末至次年春；总状花序顶生。花期3～4月。

· 繁殖及栽培管理 播种繁殖。在秋季8月，播于露地苗床，覆土以盖住种子为度，播后浇足水，发芽适温18～25℃，1周左右即可出苗。生长适温为20～25℃，待小苗长出4～5片真叶时移植1次，移植数次后可在11月下旬定植。生长期多施肥；如不留种，可将刚抽出的苔剪去，延长观叶期；抽苔后植株很高，应设立支架，防止倒卧。

左侧竖排：可食用的幼株

别名：叶牡丹、牡丹菜、花包菜、绿叶甘蓝	科属：十字花科甘蓝属
用途：羽衣甘蓝叶色多变，是冬季和春季重要的观叶植物，多用于布置花坛、花境，或盆栽观赏，也可作切花。	

皱叶薄荷

Mentha crispata Schrad. ex Willd.

· 产地及习性 原产欧洲。忌阳光直射，喜阴湿的土壤和环境。

营养枝

花序枝

· 形态特征 多年生草本。植株高30～60cm，茎直立，多分枝；叶卵形或卵状披针形，叶面皱波状，脉明显凹陷，背面脉带白色而明显隆起，边缘具锐裂的齿；叶柄无或近于无；轮伞花序生于茎及分枝的顶端，花淡紫色。

花紫色

· 繁殖及栽培管理 扦插繁殖。从成熟母株上剪取优良的粗壮枝条，长度约10cm，根部与第一节的2片叶之间的距离约2指宽，枝条上保留叶芽和至少4片叶；剪好枝条后，把它们捆成小捆，将根部放入盛有生根粉溶液的盆中浸泡10分钟左右，取出后插入苗床。扦插时不要伤到根（可先用小木棍插出一个小圆孔），距离稀一些，扦插后浇透水，保持土壤湿润，以后浇水根据天气情况而定。炎热天气适当遮阴。

别名：皱叶留兰香	科属：唇形科薄荷属
用途：一般盆栽室内观赏。	

猪笼草

Nepenthes mirabilis Druce

因为捕虫囊形状像猪笼，故称猪笼草。捕虫囊分泌出的蜜腺可以引诱来小虫，一旦小虫进入笼中，笼盖就会闭合，直到把小虫消化完后，才会再次打开，等待下一个猎物。

花序长可达30cm，花白天味道淡，夜晚转臭

· 产地及习性

原产印度尼西亚、马来西亚、菲律宾和中国、澳大利亚等热带地区。喜高温、高湿及多雾的环境，不耐寒，忌强光，择土不严。

· 形态特征

多年生藤本。茎木质，长可达3m，多附于其他物生长；叶互生，长披针形，中脉延长成卷须，也叫笼蔓；笼蔓顶端为食虫囊，淡绿色至红绿色、圆筒形、中空，并带有锈红色笼盖；花一般为总状花序，长达30cm，花单性，雌雄异株，无瓣片，萼片红褐色。白天味道淡，略香；晚上味道浓烈，转臭。

叶互生，长披针形

中脉延长成卷须，俗称笼蔓

· 繁殖及栽培管理

扦插繁殖。从成株上切取一段枝条，每段枝条带有2～3个芽点，2～3片叶，切口要平整，忌斜切，也可在切口涂抹少许生根剂，提高扦插的成功率；将插穗插入水苔或泥炭的栽培基质中，栽培深度不一，如果只有一个芽点，则以露出芽点为度，如果有3个芽点，最下面1个要插入土中；放置在高湿度的环境下，还可用遮阳网遮蔽，避免强光直射，一般数个月可生根、成苗。如果扦插成功，则最顶端的芽点会产生1个小突起，慢慢长成1个新芽，等新芽产生2～3片叶子后，可视需要进行移植，湿度逐渐降低。

笼蔓顶端长食虫囊

笼盖锈红色

别名：水罐植物、猴水瓶、猴子埕、猪仔笼、雷公壶	科属：猪笼草科猪笼草属
用途：猪笼草是一种新奇的观赏植物，一般温室盆栽。	

紫鹅绒

Gynura aurantiaca DC.

· 产地及习性 原产印度尼西亚等亚洲热带。喜温暖、湿润的环境，好半阴，忌阳光直射，要求漫射光，不耐寒，宜疏松肥沃、排水及通风良好的环境。

· 形态特征 多年生草本。植株直立，全株被紫红色绒毛，茎多分枝、多汁，幼时直立，长大后下垂或匍匐蔓生；叶互生，卵圆形，边缘具粗齿，叶柄有狭翅；头状花序顶生，两性的筒状花，黄色或橙黄色。花期4~5月。

· 繁殖及栽培管理 扦插繁殖。在春季或夏季，剪取长约10cm的枝条，去除茎部叶片，把茎杆剪成5~8cm长的段，每段带3个以上的节，插入水中或砂土中，温度保持在18~25℃，给插穗每天喷雾3~5次，约2~3周生根。每2周施液肥1次，成苗后1~2月施肥1次。生长期注意水肥控制，放在通风处养护。花期会释放出一种臭味，此时可将花序剪掉。

别名：紫绒三七、天鹅绒三七、橙黄土三七、红凤菊	科属：菊科三七草属
用途：一般盆栽观叶，也可与吊兰等植物配植，进行装饰。	

紫背竹芋

Stromanthe sanguinea Sond.

· 产地及习性 原产巴西，中国南方有栽培。喜温暖、潮湿和荫蔽的环境，不耐旱，耐热，稍耐寒，怕霜冻，喜疏松肥沃、湿润而排水良好的酸性土壤。

· 形态特征 多年生草本植物。株高30~100cm，直立生长；叶密集丛生，长卵形或披针形，厚革质，叶面深绿色，有光泽，中脉浅色，叶背紫红色，叶缘稍波状；短总状花序，苞片及萼片鲜红色，花瓣白色。

· 繁殖及栽培管理 分株繁殖。夏初，气温在18~25℃时，将母株分成小株，分别栽植即可。对空气湿度要求较高，尤其是长出新叶后，还要常向叶面喷水；盆土不宜过湿，冬季控制浇水。生长期追肥，并注意通风。

叶顶端尖，边缘波状

叶背紫红色

中脉白色或淡黄色

叶密集丛生

别名：红背卧花竹芋、红背肖竹芋、红背葛郁金	科属：竹芋科卧花竹芋属
用途：紫背竹芋主要盆栽作室内装饰，是优良的室内喜阴观叶植物。	

紫鸭跖草

Setcreasea purple Boom.

花瓣三角状卵形

花丝有毛

雄蕊直立向上

下面紫红色；花淡紫色或粉红色。花期夏秋。

- **产地及习性** 原产墨西哥。喜温暖、湿润，不耐寒，耐旱，忌阳光暴晒，好半阴，宜肥沃、湿润的土壤。

- **形态特征** 多年生草本。株高20～50cm，全株深紫色，被短毛；茎细长，匍匐生长，多分枝，节上常生须根；叶互生，披针形，基部抱茎而成鞘，鞘口有白色长睫毛，上面暗绿色，边缘绿紫色，

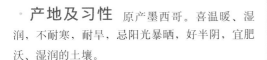

- **繁殖及栽培管理** 扦插繁殖。春季气温转暖后，将茎秆剪成5～8cm长的小段，每段带3个以上的叶节，也可用顶梢做插穗，插入营养土或河砂、泥炭土等基质中，温度保持在18～25℃，同时保持较高的空气湿度，极易生根成活。生长期保持盆土湿润，忌积水，夏季适当遮阴，越冬温度5℃以上。

叶缘和叶背紫红色

别名：紫竹梅、紫锦草、红鸭跖草	科属：鸭跖草科紫竹梅属
用途：北方一般盆栽室内观赏，在华南等温暖地区也可布置花坛或地被种植用。	

棒叶落地生根

Kalanchoe tubiflora Raym.-Hamet

花冠筒长，上部4裂

萼片矩三角形

- **产地及习性** 原产非洲马达加斯加岛。喜阳光，耐半阴，不耐寒，忌水湿，择土不严，以排水良好的砂质土壤为佳。

- **形态特征** 多年生草本。株高1m，茎直立，粉褐色；叶交互对生，圆棒状，叶面具沟槽，叶端锯齿可产生不定芽；花序顶生，粉黄色或橙红色。花期春夏季。

- **繁殖及栽培管理** 将叶端的不定芽剪下栽植，很快就会生成小植株，极易成活。注意控制水分，否则植株过高，会降低观赏性。

花序顶生

茎粉褐色

叶圆棒状，互生

根茎卷曲

别名：不死鸟	科属：景天科伽蓝菜属
用途：一般小型盆栽，供室内观赏。	

长寿花
Kalanchoe blossfeldiana Poellen.

花密集呈圆锥形

萼片长披针形

- **产地及习性** 原产非洲。性强健，喜温暖、湿润和阳光充足环境，不耐寒，耐干旱，不择土壤，以肥沃的沙壤土为好。

- **形态特征** 多年生草本。植株低矮，茎直立；叶对生，卵圆形，肉质，叶边略带红色；圆锥聚伞花序顶生，

叶卵圆形，叶缘有齿牙

花密集、猩红色或橙红色。花期1～4月。

- **繁殖及栽培管理** 扦插繁殖。四季均可进行，但以5～6月或9～10月为最好，选择稍成熟的肉质茎，剪取5～6cm长，插于营养土中，浇1次透水，用薄膜盖上，温度保持在15～20℃，插后15～18天生根，30天即可移植盆栽。生长期保持盆土湿润，但忌过湿，每月施肥2次，秋季花芽形成时，增施磷钾肥。

别名：燕子海棠、红落地生根、十字海棠	科属：景天科伽蓝菜属
用途：长寿花叶片晶莹透亮，花朵稠密艳丽，观赏效果极佳，是优良室内盆花。	

长药八宝
Hylotelephium spectabile (Bor.) H. Ohba

花盛开图　　　　花侧面　　　　花蕊

- **产地及习性** 原产中国东北、华北和日本。喜强光干燥、通风良好的环境，耐寒，耐贫瘠和干旱，宜排水良好的砂质土壤，忌积水。

叶常轮生

- **形态特征** 多年生草本。株高30～50cm，全株被白粉，呈灰绿色；

叶缘有波状齿

地下茎肥厚，地上茎簇生，粗壮而直立；叶3～4片轮生，倒卵形，边缘具波状齿，叶柄短；伞房花序密集顶生，花淡粉红色，雄蕊明显超出花冠。花期8～9月。

- **繁殖及栽培管理** 分株、扦插繁殖，也可播种繁殖。该品种极易成活。

根茎发达

别名：蝎子掌、长药景天、石头菜	科属：景天科八宝属
用途：八宝植株整齐，开放时犹如一片粉色的海，十分惹人喜爱，是布置花坛、花境和点缀草坪、岩石园的好材料，也可用作地被植物。	

大花马齿苋
Portulaca grandiflora Hook.

> 花语：沉默的爱、光明、热烈

大花马齿苋见到阳光才开放，早、晚及阴天会自动闭合，因为这种敏感而奇特的生活"习惯"，它们也被人们称为太阳花。

产地及习性
原产南美、巴西、阿根廷等地。喜欢温暖、阳光充足的环境，极耐瘠薄，喜排水良好的砂质土壤。

形态特征
一年生或多年生肉质草本。植株矮小，茎细而圆，平卧或斜生，节上有丛毛；叶互生或散生，圆柱形，长1～2.5cm，花单生或数朵簇生枝顶，基部轮生叶状苞片，花色丰富。花期7～8月。园艺品种很多，有单瓣、半重瓣、重瓣之分。

繁殖及栽培管理
主要播种繁殖。春、夏或秋季，将种子播于育苗盘中，覆土薄薄一层，发芽温度21～24℃，大约10天即可发芽、出苗。幼苗细弱，如保持较高温度，小苗很快会长的粗壮，这时可直接上盆，每盆种植2～5株，成活率高。在15℃的条件下，约20天即可开花。生长过程中，需施液肥数次。

形态、颜色各异的花

花瓣阔卵形，上部稍外翻

苞片轮生，呈叶状

叶圆柱形，长1～2.5cm

节上有丛毛

茎细而圆，平卧或斜生

植株矮小

别名：洋马齿苋、松叶牡丹、金丝杜鹃、死不了、半支莲、午时花、太阳花	科属：马齿苋科马齿苋属
用途：多用于布置花坛、岩石园；全草可入药。	

大犀角

Stapelia gigantea N.E.Br.

花骨朵

秋天，大犀角花静静绽放，味道恶臭难闻，只有苍蝇才会欢喜地飞过去授粉。因此，大犀角也被称为臭肉花。

· **产地及习性** 原产非洲南部。夏季喜高温湿润，冬季喜温暖和阳光充足，耐干旱，畏寒涝。

· **形态特征** 多年生肉质草本。株高15～20cm，茎丛生，四棱状，直立向上，黄绿色，棱背薄而突起，具细小的肉刺；叶退化；花大，淡黄色具红色斑纹，密生紫色绒毛，具臭味。花期秋季。

· **繁殖及栽培管理** 扦插繁殖。春季3～4月，选取健壮母株，剪取茎枝或从基部分割丛生茎条，放置通风处1～2天，待切口干后插于沙床，室温保持在20～25℃，约2周可生根，待根长3～4cm时移植。生长期间，水、肥不宜太多，冬季进入休眠期后，甚至可以不浇水。越冬温度应在10℃以上。

棱上有肉刺

大花很像海星，有臭味

别名：大豹皮花、臭肉花	科属：萝藦科豹皮花属
用途：一般盆栽摆设于窗台、阳台等明亮的地方。	

绯牡丹

Gymnocalycium mihanovichii Britton et Rose var.friedrichii Werderm.

· **产地及习性** 原产南美洲。喜温暖和阳光，耐干旱，不耐寒，喜含腐殖质多的肥沃、排水良好壤土。

· **形态特征** 多年生草本。植株球形，直径3～4cm，球体鲜红、深红、橙红、粉红或紫红色，具八棱，有突出的横脊；刺座小，无中刺；花细长，着生在顶部的刺座上，漏斗形，粉红色。花期春夏季。

· **繁殖及栽培管理** 嫁接繁殖。在春季或初夏，用量天尺或仙人球、叶仙人掌等作砧木，削平顶部备用；再从母株上剥取直径约1cm的子球为接穗，用消毒的锋利刀片削平；最后，将子球砧木贴在一起，球心对准砧木中心柱，用细线或细橡皮筋扎牢，松紧适宜。温度保持在25～30℃，10天左右松绑，待接口完好，说明已成活。管理简单，除夏季适当遮阴，其他季节多见阳光，浇水不可太勤快，注意通风，越冬温度8℃以上。

别名：红牡丹、红球、红灯	科属：仙人掌科裸萼球属
用途：绯牡丹光彩夺目，极为诱人，多盆栽点缀阳台、案头和书桌，使室内充满生机和活力。	

翡翠珠
Senecio rowleyanus Jacobsen

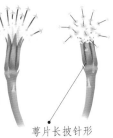

花白色

萼片长披针形

叶似珠子

· 产地及习性 原产南非干旱的亚热带地区。喜温暖、湿润和光照充足的环境，忌强光、忌水涝，抗旱，喜富含有机质的、疏松肥沃的土壤。

· 形态特征 多年生草本。全株被白粉，具地下根茎、地上茎铺散状生长，细弱，垂蔓长可达1m以上；叶对生，卵球形，肥厚多汁，极似珠子；头状花序，花白色。花期冬季。

· 繁殖及栽培管理 扦插繁殖。在春季或秋季，选腐叶土混合少量河砂作栽培基质，以8～10cm长的带叶作插穗，沿盆边一周排列斜插在土壤中，置通风透光处，浇水保持潮湿，之后每隔几天浇1次，大约1周可发根生长。适宜生长温度为12～18℃，忌高温，夏季为休眠期，应停止施肥，并控制浇水；但也不耐寒，越冬温度最好保持在10～12℃。

别名：一串珠、绿铃、一串铃、绿串株	科属：菊科千里光属
用途：翡翠珠小巧玲珑，晶莹可爱，非常适合盆栽美化室内环境。	

佛手掌
Glottiphyllum linguiforme (L.)N. E. Br.

· 产地及习性 原产南非。喜冬季温暖、夏季凉爽，耐旱，畏高温，忌暴晒、阴湿，要求排水良好的土壤。

· 形态特征 多年生草本。植株低矮，茎肉质，叉状分枝；叶细长，舌状，平滑而有光泽，常3～4对丛生，叶片紧抱近簇生于短茎上，酷似佛手，花黄色。花期5～6月。

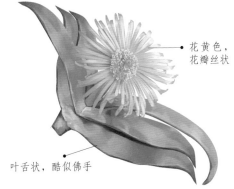

花黄色，花瓣丝状

叶舌状，酷似佛手

· 繁殖及栽培管理 分株繁殖。在春季换盆时，将老株全部掘起，用刀按照生长纹理分割为若干丛，另行栽植。生长期保证水、肥充足，但不能过多；入秋后停止施肥，少浇水；越冬温度10℃以上。

别名：舌叶花、宝绿	科属：番杏科舌叶花属
用途：一般盆栽摆设室内、客厅或书房等地观赏。	

虎尾兰

Sansevieria trifasciata Prain

虎尾兰叶片坚挺直立，很有气势，它还能吸收室内的有害气体，被誉为"天然清道夫"，是室内首选的盆栽花卉。

成熟的果实　　　花　　　花蕾

叶顶端尖

叶线状披针形，直立

总状疏散花序

淡绿色或深绿色的斑块

基部渐狭成叶柄

产地及习性 原产非洲西部。喜温暖和阳光，耐干旱、耐半阴，忌水涝，喜排水良好的砂质壤土。

形态特征 多年生草本。具匍匐根状茎，无茎；叶2～6片直立簇生，线状披针形，硬革质，基部渐狭成有槽的叶柄，叶两面具淡绿色和深绿色相间的黑色斑带，稍被白粉；花3～8朵成束，1～3束簇生在花葶上，花绿白色，有香味。花期春夏季。变种有金边虎尾兰、银脉虎尾兰。

繁殖及栽培管理 叶插繁殖。用利刀将母株从土表面割下，把叶切成约5cm长的小段，按叶生长方向插入砂土中，置于室内光线明亮处，保持盆土湿润，约1个月即可生根。但金边虎尾兰也用此方法繁殖，金边就会消失，可用分株法。生长适温20～30℃，越冬温度13℃，忌突然从阴暗处移至明亮处，宜逐步进行。生长期充分浇水，冬季控制浇水。

别名：虎皮兰、锦兰、虎耳兰	科属：舌兰科虎尾兰属
用途：虎尾兰是优良的室内观叶植物，既可盆栽观赏，也可作切叶用。	

假昙花

Rhipsalidopsis gaertneri(Regel)Moran

花顶生

花晚上开放，清晨凋谢

· 产地及习性

原产巴西。喜阴湿、耐旱、忌强光、怕涝、不耐寒，喜疏松肥沃、富含腐殖质的土壤。

· 形态特征

多年生直立草本。植株呈悬垂伞状，高约1m，主茎木质化，茎节扁平，叶状，边缘波状；花顶生，粉红色。花期4～5月。花晚上开放，有清香，清晨即凋谢。

茎节扁平，边缘波状

· 繁殖及栽培管理

扦插繁殖。切下茎节，放阴凉处干燥1天，再插于用腐叶土、河砂和少量有机肥混合配制的盆土中，盆土湿度不宜过大，约20天可生根。也可用量天尺或叶仙人掌作砧木嫁接繁殖。生长期保持盆土湿润，忌过干，每月施肥1～2次，夏季遮阴，越冬温度为15℃左右。

别名：亮红仙人指、连叶仙人掌	科属：仙人掌科假昙花属
用途：假昙花光彩夺目，清香四溢，盆栽点缀卧室、阳台和大厅等观赏。	

金琥

Echinocactus grusonii Hildm.

放射状硬刺

绵毛丛，生花

棱21～37条

· 产地及习性

原产墨西哥。性强健，喜冬季阳光充足、夏季凉爽湿润，畏寒、忌湿，宜肥沃、含石灰质的沙壤土。

· 形态特征

茎圆球形，单生或成丛，密被金黄色绵毛，有棱21～37条，十分显眼；刺座大，7～9枚硬刺呈放射状，先金黄色，后变褐色；花生于球顶部绵毛丛中，钟形，黄色，花筒被尖鳞片。花期6～10月。

· 繁殖及栽培管理

播种繁殖。在5～9月，盆播或露地直播，发芽很快，待幼苗球体有米粒或绿豆大小时，进行移栽或嫁接在砧木上催长。也可嫁接繁殖，早春时切除球顶部生长点，促其生仔球，待仔球生长到1cm大小时，进行扦插或嫁接。生长适温20～25℃，金琥喜光，但夏季高温期要适当遮阴，越冬温度8～10℃。金琥生长快，每年需换盆1次。

别名：象牙球、金琥仙人球、近桶球	科属：仙人掌科金琥属
用途：金琥花繁球壮，给人金碧辉煌之感，是城市家庭绿化十分理想的观赏植物。	

景天三七

Sedum aizoon L.

· 产地及习性 原产中国。喜阳光、耐寒、耐旱、稍耐阴，择土不严，宜排水良好的土壤。

· 形态特征 多年生草本。株高30～80cm，具根状茎，地上茎直立、不分枝；叶互生，倒披针形，中部以下边缘有锯齿，近无柄；聚伞花序，花小，花瓣5枚，黄色。花期6～8月。

萼片绿色

花瓣黄色

聚伞花序顶生

叶缘中部以下有锯齿

地上茎直立

地下根茎粗细不等

· 繁殖及栽培管理 分株、扦插繁殖为主，也可春播，120天左右即可移栽定植。种子寿命仅可保持1年。扦插时可剪取长8～15cm的枝条，去掉下部的叶片，扦插入土3～5cm深，浇透水，20～30天可移栽定植，也可按一定的密度直接扦插定植，后期管理粗放，成活率高。

别名：土三七、旱三七、血山草、见血散、费菜	科属：景天科景天属
用途： 一般用于布置花坛、花境，或地被绿化种植，也可盆栽或吊栽，还可作切花。	

量天尺

Hylocereus undatus (Haw.) Britton et Rose

· 产地及习性 原产美洲热带和亚热带地区。喜温暖、湿润和半阴环境，耐干旱，怕低温和霜冻，喜疏松肥沃、富含腐殖质的砂质壤土。

· 形态特征 附生性植物。攀援状灌木，植株矮小，茎长粗壮，有气生根，可附着物体生长，深绿色，具三棱，棱边缘有刺座；花硕大，漏斗形，白色，具芳香。花期5～9月。

· 繁殖及栽培管理 扦插繁殖。在生长季节剪取较老的茎节，插条至少15cm长，晾晒至切口干燥后，插入沙床或土中，遮阴，温度保持在25～35℃，1个月即可生根，待根长3～4cm时移栽到小盆或直接种于露地。生长期水肥要充足，冬季休眠期不浇水、不施肥，越冬温度8℃以上。生长中期需设立支架，以供攀援。

花苞

花白色

果实

棱缘有刺座

茎粗壮，有三棱

别名：霸王花、剑花、七星剑花、三角柱、三棱箭	科属：仙人掌科量天尺属
用途： 一般盆栽室内观赏，也可种植于庭院。此外，量天尺还是珍贵的嫁接砧木。	

茎分枝扁平呈令箭，中脉突起 •———

令箭荷花

Nopalxochia ackermannii(Haw.)F. M. Knuth

小花喇叭状 •———

主干细圆柱形

• **产地及习性** 原产美洲热带地区，以墨西哥最多。喜温暖湿润，忌阳光直射，耐旱、耐半阴，忌涝，要求肥沃疏松、排水良好的砂质壤土。

• **形态特征** 附生类仙人掌。植株群生，灌木状，高50～100cm，基部主干细圆，分枝扁平呈令箭状，全株鲜绿色；茎的边缘呈钝齿形，齿凹入部分有刺座，具细刺；扁平茎中脉明显突出；花

从茎节两侧的刺座中开出，花筒细长，喇叭状，花色丰富艳丽。花期5～7月。

• **繁殖及栽培管理** 扦插繁殖。春季，选择优良枝条剪成约7cm的插穗，阴干断口，插入潮湿的砂质土中，深度2～3cm，置半阴处，适温15～25℃，2～3天后喷水，10天后在插穗上盖张白纸，将其移至阳光处，20天可生根。生根2周后，移入腐叶土中栽培。生长期浇水间干间湿，适当追肥。夏季适当遮阴，冬季温度8℃以上。栽培种修整株形，并设立支架使其攀附着生。

别名：孔雀仙人掌、孔雀兰	科属：仙人掌科令箭荷花属
用途：令箭荷花娇丽轻盈，香气宜人，是深受人们欢迎的室内盆栽。	

露花

Aptenia cordifolia (L. f.)Schwantes

花瓣多层，条形，深玫瑰红色

• **产地及习性** 原产非洲南部。喜温暖环境，喜阳光，怕寒冷，喜排水良好、疏松肥沃的砂质土壤。

叶心状卵形，肉质肥厚

• **形态特征** 多年生常绿草本。植株稍肉质，无毛；枝条有棱角，伸长后呈半匍匐状；叶对生，心状卵形，肉质肥厚；花单生于枝顶端，深玫瑰红色，形似菊花。花期6～8月。

• **繁殖及栽培管理** 播种或扦插繁殖，极易成活，生长期保证水、肥供应，冬季室内越冬。

别名：花蔓草、太阳玫瑰、心叶冰花、羊角吊兰、樱花吊兰、牡丹吊兰、露草、心叶目中花	科属：番杏科露草属
用途：露花生长迅速，枝叶鲜亮青翠，花期也长，宜作垂吊花卉栽培，布置家庭阳台和室内向阳的地方。	

芦荟 > 花语：青春之源
Aloe spp.

芦荟中的"芦"意为"黑"，而"荟"是聚集的意思。芦荟的汁液原本呈黄褐色，遇到空气氧化就变成了黑色，且凝为一体，所以称作"芦荟"。芦荟是天然的美容护肤佳品，因而花语是：青春之源。

花蕾

绽放的芦荟花

花冠筒长，橙黄色

上部5裂，绿色

总状花序顶生

叶长披针形，顶端外翻

叶缘有针状刺

主根发达

氧化成黑色的芦荟汁

- **产地及习性** 原产南非、地中海地区，中国云南有野生。喜阳光，喜春夏湿润，秋冬干燥，怕寒冷，不耐阴，耐盐碱，喜排水良好、疏松肥沃的砂质土壤。

- **形态特征** 多年生草本。株高因品种而定，具短茎；叶近基生，长披针形，肥厚多汁，蓝绿色，被白粉，叶缘有针状刺，株形呈莲座状；花葶自叶丛中抽出，总状花序顶生，花橙黄色带红色斑点。花期7～8月。

- **繁殖及栽培管理** 扦插繁殖。春季3～4月，在母株上剪取茎枝作为插穗，长为10～15cm，去除基部2侧叶，放置1天后再插于培养土，4～5天后浇水，大约3周即可发根、出苗。注意，栽培土以肥沃的砂质土壤为佳，生长期保持土壤湿润，但忌积水，夏季适当遮光，每个月施肥1次。越冬温度5℃以上。

别名：卢会、讷会、象胆、奴会、劳伟	科属：百合科芦荟属
用途：一般盆栽观赏，全草可入药。目前，南方多露地规模化生产，供应食品及医药行业。	

趣蝶莲

Kalanchoe synsepala Baker

产地及习性

原产非洲马达加斯加岛。喜温暖干燥和阳光充足的环境，耐干旱、耐半阴，畏寒，忌积水，怕烈日暴晒，择土不严，以疏松肥沃的砂质土壤为佳。

匍匐枝自叶腋抽出

叶缘紫红色，有缺刻

花铃铛状，花瓣外卷

苞片似叶

形态特征

植株具短茎，叶对生，卵形、肉质，叶缘具缺刻，黄绿色，边缘紫红色，具短柄；聚伞花序自叶腋处抽出，花悬垂铃状，黄绿色。

繁殖及栽培管理

在春季或秋季，趣蝶莲植株长到一定大小时，叶腋处会抽出匍匐枝（走茎），每个匍匐枝顶部都会生出不定芽，只要将不定芽剪下，上盆栽种，只需几天不定芽就会发育成带根的小植株。生长期每月施肥1～2次，空气干燥时可向叶面喷水，休眠期严格控水，忌长期水湿，越冬温度8℃以上。

别名：双飞蝴蝶、趣蝶、趣情莲	科属：景天科伽蓝菜属
用途：趣蝶莲匍匐枝顶部的小植株犹如翩翩起舞的蝴蝶，给人清新生动的感受，是极好的吊盆悬挂栽培植物。	

生石花

Lithops spp.

生石花是一种很奇特的植物，它的形状像一块块色彩斑斓的石头，而且花朵小巧玲珑，因此被誉为"有生命的石头"。

花午后开放，傍晚闭合

叶肥厚，似卵石

产地及习性

原产非洲南部和西部。喜温暖干燥和阳光充足的环境，不耐寒，稍耐阴，忌水湿，宜疏松、排水良好的砂质壤土为佳。

形态特征

多年生多肉草本。茎短，几乎看不见；叶对生，肉质肥厚，幼时中央只有一个孔，长成后顶部扁平，酷似卵石，多为灰褐色或灰绿色；顶部还有半透明的"窗"，可透过光线；花由顶部中间的缝隙长出，黄色或白色，一株通常只开1朵花，午后开放，傍晚闭合。

繁殖及栽培管理

播种繁殖。秋季种子成熟后采收，可随即播种也可第二年5月再播，种子细小，室内盆播，播后覆土薄薄一层，以"浸盆法"湿润土壤，温度保持在22～24℃，播后约2周发芽、出苗，待苗5～6cm高时移植。夏季高温期减少浇水，生长期盆土稍湿润，冬季严格控制水分，越冬温度10℃以上。生石花主根较长，盆栽要用较深的盆。

别名：石头花、曲玉、元宝	科属：番杏科生石花属
用途：生石花是优秀的小盆栽，目前在国内外都很受欢迎，多盆栽室内观赏。	

昙花 > *花语：刹那的美丽、瞬间的永恒*

Epiphyllum oxypetalum(DC.)Haw.

　　昙花是一种非常美丽珍贵的花卉，开花时香气四溢，光彩夺目，十分壮观。可惜，开花的时间只有四五个小时。因此，昙花的花语是：刹那间的美丽，一瞬间的永恒。

· 产地及习性 原产墨西哥至巴西的热带雨林。喜温暖，不耐寒，忌强光暴晒，宜湿润、半阴、富含腐殖质、排水好的微酸性沙壤土。

· 形态特征 灌木状，株高可达3m，主茎圆筒形，木质；分枝呈扁平叶状，多具二棱，边缘具波状圆齿；刺座生于圆齿缺刻处，幼枝有刺，老枝无刺；花漏斗形，白色，具芳香。花期夏秋季。

· 繁殖及栽培管理 扦插繁殖。春季5～6月，选择健壮、充实的变态茎，剪成10～15cm的插穗，放在通风处直至切口干燥，然后插入砂床，深度为插条的1/3，插后保持土壤湿润，在18～24℃的条件下，大约4周即可生根，待根长3～4cm时，上盆栽植。生长期充分浇水，并提高空气湿度，追肥2～3次。严寒时停止浇水，越冬温度10℃左右。

花瓣层层叠叠，气味芳香

茎分枝扁平，通常具二棱

边缘具波状圆齿

刺座，生于圆齿缺刻处

茎背灰绿色

花漏斗形，白色

茎先端有小茎节

主茎圆筒形，木质

别名：琼花、月下美人、夜会草、鬼仔花、韦陀花	科属：仙人掌科昙花属
用途：一般盆栽室内观赏，也可露地种植在庭院。	

条纹十二卷

Haworthia fasciata (Willd.) Haw.

叶背具横生的白色瘤状突起

三角状披针形

· 产地及习性

原产南非。喜温暖、干燥和阳光充足的环境，怕低温和潮湿，对土壤要求不严，以疏松肥沃的沙壤土为宜。

· 形态特征

多年生草本。植株低矮，无茎，基部抽芽；根生叶簇生呈莲座状，三角状披针形，极肥厚，深绿色，叶背具横生整齐的白色瘤状突起；总状花序，花绿白色。

叶下部膨大

· 繁殖及栽培管理

分株繁殖。春季4～5月换盆时，把母株侧旁分生的幼株剥下，栽入浅花盆，盆土基质可用腐叶土加粗沙配制。生长期土壤宜湿润，忌过湿，尤其是夏季休眠期更要控制浇水。此外，夏季要遮阴，冬季要保暖。不好肥，每年春季施薄肥1～2次即可。越冬温度10℃以上。

别名：锦鸡尾、条纹蛇尾兰、十二卷	科属：百合科蛇尾兰属
用途：条纹十二卷肥厚的叶片相嵌着带状白色星点，清新高雅，盆栽装饰桌案、茶几等。	

仙人指

Schumbergera bridgesii (Lem.)Loefgr.

营养期植物

花期植株

· 产地及习性

原产南美巴西。喜温暖、湿润，略耐阴，忌强光和雨淋，宜富含有机质及排水良好的土壤。

· 形态特征

附生类仙人掌。茎节扁平，多分枝，淡绿色，常具紫晕，边缘线波状，先端钝圆，顶部平截；花单生茎节顶部，花冠整齐，红色或紫红色。花期2月。

茎节扁平

花生于茎顶

· 繁殖及栽培管理

扦插繁殖。在早春或晚秋生长旺季，剪下叶片或茎秆（要带3～4个叶节），待伤口晾干后插入基质中，把插穗和基质稍加喷湿，基质不干不湿，很快就会萌发根系，长出新芽。生长适温15～25℃，夏季加强肥水管理，入秋后提供冷凉、干燥、短日照条件，促进花境粉花。开花期稍浇水。栽培种及时设立支架，支托下垂茎节。

花侧面

花正面

别名：仙人枝、圣烛节仙人掌	科属：仙人掌科仙人指属
用途：仙人指株形丰满，花繁色艳，花期又在春节前后，是难得的室内盆栽花卉。	

蟹爪兰

Schlumbergera truncatus (Haw.) Moran.

花正面

花侧面

产地及习性

原产南美巴西。喜温暖、湿润及半阴的环境，不耐寒，以疏松、透气、富含腐殖质的土壤为佳。

形态特征

附生性仙人掌。小灌木，株高30～50cm，多分枝，铺散下垂；茎节多分枝，扁平，倒卵形，边缘呈锐锯齿状，先端有刺座，刺座生有细毛，太冷时，边缘会出现紫红色的晕；花生茎节顶端，左右对称，花瓣反卷，淡紫红色。花期春节前后。

边缘呈锐锯齿状

繁殖及栽培管理

同仙人指。

气温低时，叶缘出现紫红色晕

茎节铺散

别名：圣诞仙人掌、蟹爪莲、仙指花	科属：仙人掌科蟹爪兰属
用途：蟹爪兰花期正逢圣诞节、元旦节，很适合盆栽室内装饰，显得热闹非凡	

星球

Astrophytum asterias Lem.

花正面图

产地及习性

原产美国和墨西哥。性强健，喜温暖干燥和阳光充足，不耐寒、耐旱、耐阴，稍耐霜冻，喜肥沃、疏松和排水良好的富含石灰质的沙壤土。

白色星状毛

形态特征

多浆植物。植株呈扁圆球形，高约6cm，具6～10条浅棱，刺座无刺，被白色星状绵毛；花生于球顶部，阔漏斗形，黄色，花心红色。花期5～9月。

繁殖及栽培管理

播种和嫁接繁殖。播种，常春季室内盆播，播后3～5天即可发芽，实生苗3～4年开花。为加速球体生长，可将小苗嫁接到量天尺上，2～3年即可开花。也可嫁接繁殖，方法同金琥。播前，盆底多垫瓦片，利于排水。生长期要求充足阳光和水分。每月施肥1次。冬季温度不低于5℃，并保持盆土干燥。成年植株每2～3年换盆1次。

花心红色

植株簇生

别名：兜、星兜、星冠	科属：仙人掌科星球属
用途：星球外形奇特，极像僧帽，适于盆栽室内观赏。	

Xylophytas

木本篇

八仙花

Hydrangea macrophylla (Thunb.) Seringe

· 产地及习性
原产中国，日本和朝鲜也有分布。喜温暖、湿润和半阴环境，不耐寒，以疏松肥沃和排水良好的砂质壤土为好。

· 形态特征
落叶灌木，常栽培后成灌木状。株高1～4m，干暗褐色，条状剥裂；小枝及芽粗壮，光滑，皮孔明显；叶对生，纸质或近革质，倒卵形或阔椭圆形，边缘具粗齿；叶柄粗壮；伞房状聚伞花序近球形，顶生，具总梗，多数不孕或培育后全为不孕花，花色多变。花期6～8月。

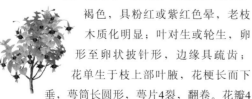

· 繁殖及栽培管理
常用分株、扦插繁殖。分株在早春萌芽前进行，将生根的枝条与母株分离，直接盆栽，浇水不宜过多，半阴处养护，待萌发新芽后转入正常养护。扦插在梅雨季节进行，剪取顶端嫩枝，长20cm左右，去除下部叶片，插入苗床，温度在13～18℃的条件下，大约2周即可生根。种植前施足基肥，生长期每半个月追肥1次，平常保持土壤湿润。枝条太密剪去残枝，花后去残花，越冬温度5℃以上。

别名：绣球、斗球、草绣球、紫绣球、紫阳花	科属：虎耳草科八仙花属
用途：八仙花花球大而美丽，既适合露地栽植，也适合盆栽观赏。	

倒挂金钟

Fuchsia hybrida Hort.ex Sieb.et Voss.

· 产地及习性
原产秘鲁、阿根廷、墨西哥等美洲国家。喜凉爽湿润、通风良好的环境，稍耐寒，宜富含腐殖质、排水良好的肥沃沙壤土。

· 形态特征
半灌木或小灌木，为栽培杂种。株高30～150cm，茎光滑、细长，褐色，具粉红或紫红色晕，老枝木质化明显；叶对生或轮生，卵形至卵状披针形，边缘具疏齿；花单生于枝上部叶腋，花梗长而下垂，萼筒长圆形，萼片4裂，翻卷。花瓣4枚，常抱合状或略开展，花色丰富。花期4～7月。

萼筒长圆形
萼片
花瓣

叶对生或轮生
花梗长而下垂
茎褐色

· 繁殖及栽培管理
扦插繁殖，除休眠期均可进行。剪取优良顶梢5～8cm作为插穗，温度15～20℃，插后约3周可生根，再过1个月可分栽上盆。小苗上盆恢复生长后，可第一次摘心，待分枝长出3～4节后第二次摘心，每株保留5～7个分枝，去除侧芽。摘心后约20天开花。夏季高温休眠期减少浇水，保持凉爽环境。生长期和初秋加强水肥。冬季温度保持在10～15℃。

别名：吊钟海棠、吊钟花、灯笼海棠	科属：柳叶菜科倒挂金钟属
用途：倒挂金钟开花时，垂花朵朵，婀娜多姿，适宜盆栽室内观赏。	

花白色，花瓣开展，花蕊合拢

成熟的浆果

冬珊瑚
Solanum pseudo-capsccicum L.

腋生的小花

叶缘波状齿

· **产地及习性** 原产南美洲，中国华东、华南地区有逸生。喜温暖向阳，半耐寒，宜疏松肥沃、排水良好、富含磷肥的土壤。

· **形态特征** 小灌木，常作盆栽。株高60～120cm，茎半木质化，小枝幼时被绒毛，后渐脱落；叶互生，狭矩形至倒披针形，花单生或成蝎尾状花序腋生，花白色；浆果球形，橙红色或黄色。花期夏秋季。

· **繁殖及栽培管理** 播种繁殖。春季3～4月，盆播，将种子均匀撒在上面，覆上一层薄土，以"浸盆法"湿润土壤，发芽迅速而整齐。播种苗需移植一次，待真叶长出5～6片时定植。管理简单。栽植于阳光充足和通风良好的地方；出苗后，及时间苗；定植后除作切花栽培外都应摘心；施肥不可过多；霜降前移入冷室内，越冬温度8℃以上。

别名：珊瑚樱、吉庆果、珊瑚豆、玉珊瑚、红珊瑚、野辣茄	科属：茄科茄属
用途：冬珊瑚花期在春节期间，多中小盆栽摆设在厅堂、窗台上，增加喜庆气氛。	

鸟尾花
Crossandra infundibuliformis Nees

· **产地及习性** 原产印度、斯里兰卡。喜温暖，耐阴，对光照要求不严，对土壤要求不严，以排水良好的砂质土壤为佳。

· **形态特征** 常绿小灌木。株高15～40cm；叶对生，阔披针形、全缘或波状，浓绿富有光泽；穗状花序腋生，花密集，橙红色及黄色。花期春末至初冬。

· **繁殖及栽培管理** 扦插繁殖。在春季或秋季进行，一般3～4周即可生根成活。生长期每半个月施肥1次，花谢后剪除残枝。

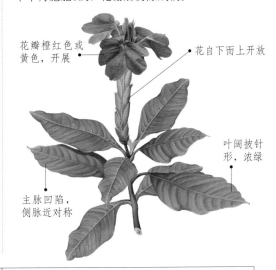
花瓣橙红色或黄色，开展
花自下而上开放
叶阔披针形，浓绿
主脉凹陷，侧脉近对称

别名：十字爵床、半边黄	科属：爵床科十字爵床属
用途：鸟尾花是一种优美的低矮型花卉，一般盆栽观赏或布置花坛。	

炮仗竹

Russelia equisetiformis Schlecht. et Cham.

　　一朵朵红色小花挂在纤细的枝条上，犹如一串串鞭炮，充满喜庆，故被称为炮仗竹。

花冠长筒状

聚伞花序分枝

· 产地及习性　原产墨西哥和中美洲，中国在广东和福建有露地栽培。喜温暖湿润和半阴环境，畏寒，怕水湿，需排水良好的土壤。

· 形态特征　直立灌木。株高约1m，茎枝纤细，具纵棱，节处轮生；叶小，对生或轮生，卵圆形，多数退化成披针形的小鳞片；圆锥形二歧聚伞花序，花冠长筒状，鲜红色。花期春夏季。

· 繁殖及栽培管理　分株繁殖。春季翻盆时进行，将母株倒出，分为3～4棵小株，分别进行适当修剪，然后栽植盆中即可，极易成活。中国南方可露地栽培，选向阳、干燥之处种植。生长期每半月施肥1次，保持土壤湿润，不可过干；冬季控制浇水，越冬温度8℃以上。

别名：爆竹花、吉祥草	科属：玄参科炮仗竹属
用途：一般种植于花坛、树坛边、园林小径等地，也可盆栽室内观赏。	

珊瑚花

Jacobinia carnea(Lindl.)Bremek.

· 产地及习性　原产巴西。喜温暖、湿润和阳光充足的环境，耐阴，怕强光曝晒，宜疏松肥沃、富含腐殖质、排水通畅的砂质壤土。

· 形态特征　多年生草本或半灌木。株高30～50cm，茎四棱状；叶对生，长圆状卵形，叶面皱而粗糙；穗状花序通常顶生，花冠二唇形，紫红色或粉红色。花期6～8月。

· 繁殖及栽培管理　扦插繁殖。在春末至早秋，选取当年生的优良枝条，剪成5～15cm长的小段，剪口要平整且距节约1cm，同时每段至少带3个以上的叶节，然后插入施过基肥的营养土中。待生根、发芽，小苗长至15cm时及时摘心，促进多分枝。生长期每半月施肥1次，保持盆土湿润，干旱季节还要增加空气湿度。夏季适当遮阴，每年早春修剪1次，花谢后及时剪去残枝。

小花二唇形

叶对生，长圆状卵形

别名：巴西羽花、红樱花	科属：爵床科珊瑚花属
用途：珊瑚花是常见的盆栽观赏花卉，温暖地区夏季可露地栽植。	

天竺葵

Pelargonium hortorum L. H. Bailey.

伞形花序，花色丰富

叶缘波状裂

全株有鱼腥味

叶内有马蹄形纹

· **产地及习性** 原产非洲南部。喜温暖、湿润和阳光充足环境，耐寒性差，稍耐旱，怕水湿和高温，宜肥沃、疏松和排水良好的砂质壤土。

· **形态特征** 亚灌木。株高30～60cm，全株被细毛和腺毛，具鱼腥味；茎肉质、粗壮，内含汁液；叶互生，圆形至肾形，叶缘内通常有马蹄形纹；伞形花序顶生，总花梗长，花色有红色、桃红色、橙红色、玫瑰色、白色或混合色。花期5～6月。

· **繁殖及栽培管理** 播种繁殖。春、秋季均可进行，但以春季盆播为佳，种子不大，播后覆土不宜深，适温20～25℃，7～10天即可发芽。经过移植，种入10cm盆中，第二年春天即可开花。生长期适当追肥，少浇水。花期避免直射光，花后或秋后修剪疏枝，修剪后1周内不能浇水施肥，以免切口腐烂。

别名：洋绣球、石腊红、日烂红、洋葵	科属：牻牛儿苗科天竺葵属
用途：天竺葵适应性强，花色鲜艳，花期长，适用于室内摆放、花坛布置等。	

五星花

Pentas lanceolata (Forsk.) K. Schum.

小花聚集呈伞形，形似五星

全株图

· **产地及习性** 原产中东和非洲。喜阳光、温暖和湿润环境，不耐寒、不耐阴，宜疏松肥沃、排水良好的土壤。

· **形态特征** 亚灌木。植株矮小，全株无毛；叶对生，卵形或披针状矩圆形，基部渐狭成短柄；花序伞房状，着花20余朵，花冠5裂，呈五星状，花色丰富。花期秋至冬。

叶腋生小枝

· **繁殖及栽培管理** 扦插繁殖。在春季或夏季，选择没有开花的枝条，长7cm左右，除去下部叶，切口在节下，插于粗砂土中，用塑料薄膜覆盖保温、保湿，置于散射光下，大约20天即可生根。管理粗放。生长期要肥水充足，并定期修剪。花后有近1个月的短期休眠，此时控制水分，以盆土湿润为宜。植株生长2～3年后，长势衰退，应更换新苗。

别名：埃及众星花、繁星花、游龙草、缕红草、锦屏风	科属：茜草科五星花属
用途：五星花是热带地区的重要园林植物，北方多盆栽室内观赏，南方暖地可露地种植于花坛、花境、岩石园等地，还可作盆景。	

虾蟆花

Acanthus mollis L.

总状花序

叶羽状裂

• 产地及习性
原产欧洲南部、非洲北部和亚洲西南部。喜温暖、湿润及光照充足的环境，忌高温、高湿，宜肥沃、排水良好的砂质壤土。

• 形态特征
常绿直立亚灌木。植株丛生，高50～90cm；叶对生，羽状分裂或浅裂；花序穗状、顶生，花多数，白至褐红色，花冠二唇形，形似鸭嘴。花期春季。

• 繁殖及栽培管理
播种或分株繁殖。生长期每月施肥1～2次，保持土壤湿润，但不能过湿；花后及时剪去残枝。

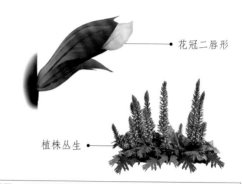

花冠二唇形

植株丛生

别名：鸭嘴花	科属：爵床科老鼠簕属
用途：可作为盆栽或在温暖地区露地栽植。	

虾衣花

Callispidia guttata(Brandegee)Bremek.

• 产地及习性
原产墨西哥，中国多温室栽培。喜温暖、湿润环境，耐阴，忌暴晒，宜疏松肥沃、透水透气性良好的砂质壤土。

苞片颜色丰富

花白色

• 形态特征
常绿亚灌木。株高1～2m，全株被毛；茎圆形、细弱，多分枝，嫩茎节基红紫色；叶卵形、端尖，基部楔形，全缘；叶柄细长；穗状花序顶生，具棕色、红色、黄绿色、黄色的宿存苞片，花白色。花期冬春季节。

• 繁殖及栽培管理
扦插繁殖。春季5～6月，选取优良的成熟枝或健壮的嫩枝，剪成约8cm长的小段作为插穗，每一个插穗要有2～3个节，将基部1节插入素沙土中，在室温20℃的条件下，10天左右可生根。生根后，及时移栽上盆，遮阴养护，待新叶长出后，移到阳光充足的地方。次年可开花。管理简单，经常保持盆土湿润，每月施肥1次，花谢后停止浇水，同时剪除老枝。冬季温度最好在5～10℃。

别名：虾夷花、虾衣草、狐尾木、麒麟吐珠	科属：爵床科麒麟吐珠属
用途：虾衣花的花很像龙虾、狐尾，看起来十分有趣，而且常年开花，很适宜盆栽室内观赏，也可用于布置花坛。	

薰衣草 >花语：等待爱情

Lavandula spp.

中国目前有紫色薰衣草、蓝色薰衣草和白色薰衣草三种，其中白色薰衣草高贵优雅，非常少见。全世界最著名的薰衣草观赏地是法国的普罗旺斯。薰衣草是葡萄牙的国花。

· 产地及习性 原产地中海沿岸、大西洋群岛及南亚。喜阳光、耐热、耐瘠薄、耐旱、极耐寒、抗盐碱，宜排水良好、微碱性或中性的砂质土壤。

· 形态特征 多年生草本亚灌木或小矮灌木。植株丛生，多分枝，株高依品种而定，有的单株可达1m高；叶对生，狭而长，椭圆形披尖叶，叶缘反卷；穗状花序顶生，花色蓝、深紫、粉红、白色等，常见为紫蓝色，具香味。花期6～8月。

· 繁殖及栽培管理 种子繁殖。温暖地区可在3～6月或9～11月进行，寒冷地区4～6月，播前平整土地，浇透水，种子用温水浸泡12小时，播后覆土0.5cm，保持苗床湿润，温度18～24℃，14～21天发芽。

别名：香水植物、灵香草、香草、爱情草	科属：唇形科薰衣草属
用途：多用于盆栽或布置园林。目前，许多地方规模化种植薰衣草，用来提炼精油、制作饰品，也可泡茶饮用。	

珠兰

Chlorantus spicatus Mak.

· 产地及习性 原产中国。喜高温、阴湿的环境，不耐寒，忌强光曝晒，宜通风透气、排水良好的土壤。

· 形态特征 常绿半灌木。植株高30～70cm，老株基部木质化，茎干丛生，节明显，节上具分枝；枝光滑，青绿色，柔弱而质脆；叶对生，椭圆形，边缘有钝齿，齿尖有腺体；穗状花序通常顶生，花黄绿色，具香味。花期8～10月。

· 繁殖及栽培管理 常用分株、扦插繁殖。分株多在春季翻盆时进行；扦插在春季，剪取二年生成熟枝条，长5～7cm，插后30天左右生根。管理简便，注意遮阴，防止日光照射，通风要好，生长期每半个月施肥1次，花后适当修剪，越冬温度10℃以上。

穗状花序，向上生长

叶面皱缩，中脉黄色

叶缘有齿，齿间有腺体

别名：珍珠兰、金粟兰、鱼子兰、茶兰、鸡爪兰	科属：金粟兰科金粟兰属
用途：珠兰碧绿柔嫩，香似兰花，很适合盆栽点缀窗台、阳台观赏，暖地可丛植于坡地和林下。	

白鹃梅

Exochorda racemosa(Lindl.) Rehd.

产地及习性 原产中国浙江、江苏、江西、湖北等地。喜光，耐旱，稍耐阴，抗寒，对土壤要求不严。

形态特征 落叶灌木。株高3~5m，小枝圆柱形，无毛，微有棱角；单叶互生，长椭圆形至长圆状倒卵形，全缘，两面无毛，叶背面灰白色；具短柄；总状花序顶生小枝上，着花6~10朵，白色。花期8~9月。

果实

繁殖及栽培管理 播种繁育和扦插繁殖。播种在9月采种，密封贮藏至第二年春3月播种，大约3周可发芽，苗高4~5m时分次间苗。移栽宜在晚秋落叶后或早春萌芽出叶前进行，中小苗可裸移栽，大苗需带土球移栽。扦插可在早春萌芽前进行，选取二年生的健壮枝条，齐节剪下约15cm长段，每段至少有3个叶节，上下剪口都要平整，插入苗床2/3，压实，充分浇水1次，极易生根。夏、秋保持土壤湿润，施肥2~3次进行，花后修剪。

别名：白绢梅、金瓜果、茧子花	科属：蔷薇科白鹃梅属
用途：白鹃梅姿态秀美，叶片光洁，花开时清丽动人，是优良的观赏树木，主要种植于草坪、路旁、林缘及岩石园，老树古桩是制作树桩盆景的材料。	

翅荚决明

Cassia alata L.

产地及习性 原产美洲热带地区。适应性强，喜光和温暖，耐半阴、耐贫瘠，不耐寒，宜栽植于通风良好之地。

形态特征 多年生常绿灌木。株高1~3m；叶互生，偶数羽状复叶，小叶6~12对，倒卵状长圆形或长椭圆形；总状花序顶生或腋生，具长梗，花冠黄色，荚果具翅。花期冬季到第二年春。

花序　成熟种子　荚果有翅　小花正面

繁殖及栽培管理 播种繁殖。适宜栽植于光照充足的环境，土壤以疏松、排水良好的为佳。生长期保持盆土湿润，每年施肥2~3次，花谢后修剪株形。

羽状复叶，小叶6~12对

托叶

别名：蜡烛花	科属：豆科决明属
用途：翅荚决明花鲜艳金黄，很符合秋季硕果累累的氛围，具有较高的观赏价值，多丛植、片植在花坛、庭院、林缘或路旁等地，进行绿化。	

臭牡丹

Clerodendrum bungei

伞房状花序

腋芽

叶揉搓有异味

花冠高脚碟状

花萼钟状

宽卵形或卵形、肥厚，揉搓有强烈异味，背面有柔毛，边缘有粗锯齿；聚伞花序密集成伞房状，花萼钟状，花冠高脚碟状，淡红色或红色、紫色，有臭味。花期5~8月。

产地及习性

原产中国。适应性强，喜阳光充足和湿润环境，耐寒、耐旱、较耐阴，宜肥沃、疏松、富含腐殖质的土壤。

形态特征

落叶小灌木。叶对生，

繁殖及栽培管理

分株繁殖，也可根插和播种繁殖。分株宜在春季萌芽前，挖取地上萌蘖株另行栽植即可。根插宜在梅雨季节，将横走的根蘖切下插于沙土中，半个月揭开生根。播种在春季，播后15~20天发芽。栽培容易，管理简单。生长期保持土壤湿润，每月施肥1次，随时修剪过多的萌蘖苗。冬季将干枯的地上部割除，减少病虫危害。

别名：矮桐子、大红袍、臭八宝	科属：马鞭草科大青属
用途：臭牡丹叶色浓绿，花朵喜人，是观花、观叶的优良植物，很适合绿化庭院、花园、小区、坡地及草坪，也可作地被植物。根、茎、叶可入药。	

垂茉莉

Clerodendrum wallichii Merr.

果成熟时，花萼由鲜红色变为紫红色，衬托着果实，因此垂茉莉也被称为"黑叶龙吐珠"。

白色花

产地及习性

原产东南亚地区，主要分布于中国、印度、缅甸及越南等地。喜光照充足的环境，稍耐寒，畏水涝，对土壤要求不严。

形态特征

常绿灌木。株高2~4m，小枝锐四棱形，有翅；叶长圆状披针形或披针形，革质，无毛，侧脉7~8对，全缘，具短叶柄；聚伞花序排列成圆锥状，下垂，花稀疏，小苞片线形，花萼鲜红色或紫红色；花冠白色，雄蕊、花柱伸出花冠，花丝在花后旋卷；

核果球形，初时黄绿色，熟后紫黑色，常有二槽纹，宿存萼鲜红色。花果期10月~次年4月。

繁殖及栽培管理

扦插繁殖和压条繁殖。在春、夏季节进行，成活率高，管理粗放。

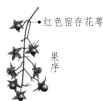

红色宿存花萼

果序

叶先端长尖

花序下垂

别名：黑叶龙吐珠	科属：马鞭草科大青属
用途：垂茉莉花洁白素雅，盛开时芳香扑鼻，很适合庭院、公园种植或大型盆栽；木材可用于制造家具和工艺品。	

大花曼陀罗

Datura arborea L.

花正面图　花侧面图

果实

· 产地及习性 原产美洲热带，中国引种栽培。适应性强，喜温暖和光照，不耐寒，耐贫瘠，以土层深厚、排水良好的土壤生长最佳。

· 形态特征 常绿灌木或小乔木。株高可达5m，茎粗壮，上部分枝多；叶卵形、披针形或椭圆形，全缘，微波状或具不规则的锯齿，两面被柔毛；花大，单生叶腋，喇叭状，下垂，白色，具芳香。花期7～9月。

· 繁殖及栽培管理 播种繁殖。秋末果实成熟后，取出种子，干燥贮藏，春季3月播于苗床，覆土约为种子直径的2倍，保持苗床湿润，待发芽出苗后，适当遮阴，并随着幼苗的生长逐渐移入光照处养护，同时加强肥水管理。大约经过1年的培育可定植。管理粗放。

★**注意：**叶和花有毒，栽培中要极为小心。

别名：木本曼陀罗	科属：茄科曼陀罗属
用途： 大花曼陀罗花形美观，香味浓烈，常种植于庭院观赏，也可作林缘、池畔或路旁作背景材料；全株可入药。	

大花茄

Solanum wrightii Benth.

· 产地及习性 原产南美巴西和玻利维亚，中国广东有栽培。喜高温，耐热、耐旱，不耐寒，不择土壤，但以排水良好、疏松肥沃的砂质壤土为最佳。

· 形态特征 常绿大灌木或小乔木，株高3～5m，茎直立，小枝和叶柄具刚毛、皮刺；叶互生，羽状深裂；聚伞花序二歧侧生，花梗与萼密被刚毛，花冠浅钟状，5裂，初为蓝紫色，后渐近白色。花期几乎全年。

· 繁殖及栽培管理 播种和扦插繁殖。一般露地栽培，定植时种植穴内施适量有机肥，生长期内，保持土壤湿润，每月施肥1次。

果序

花由蓝紫色变为白色　花钟形，刚开时蓝紫色

叶羽状深裂

别名：木番茄	科属：茄科茄属
用途： 一般种植于公园、小区、林缘或路旁，也可大型盆栽观赏。	

大叶醉鱼草

Buddleia davidii Franch.

由于花和叶含有一种生物碱，对鱼有麻醉作用，因而渔民们常常采摘这种植物的花、叶来麻醉鱼，因此得名醉鱼草。

· 产地及习性 原产中国长江流域。喜阳光充足和温暖的气候，耐寒性强，耐旱，稍耐半阴，忌水涝，宜排水良好、湿润肥沃的土壤。

· 形态特征 落叶灌木。株高3～5m，枝条开展，小枝四棱形；单叶对生，椭圆状披针形，叶背面密被白色棉毛和星状毛，边缘具细齿；花多而密集，多数小聚伞花序集成穗状圆锥花序，花冠筒细而直立，淡紫色或白色，喉部橙黄色，具芳香。花期6～9月。

· 繁殖及栽培管理 播种繁殖，亦可扦插繁殖。播种宜在春季，因种子细小，适合高床撒播，播后注意保湿、遮阴，待苗高10cm左右时分栽。扦插在春季进行，可用嫩枝或根扦插。一般管理。定植时应带宿土，最好不要裸根。生长期施肥2～3次，经常修剪株形，尤其是休眠期。

别名：紫花醉鱼草、大蒙花、酒药花	科属：马钱科醉鱼草属
用途：大叶醉鱼草花朵繁茂，多种植于花坛、花境、园林或草坪；也可作切花。	

棣棠

Kerria japonica (L.)DC.

栽培的棣棠重瓣品种

· 产地及习性 原产中国和日本。喜温暖、湿润和半阴环境，不耐寒，较耐湿，对土壤要求不严，但以肥沃、疏松的沙壤土最佳。

· 形态特征 落叶小灌木。株高1～2m；小枝绿色，无毛，具纵棱；单叶互生，卵形至卵状披针形，边缘具重锯齿，背面或沿叶脉、脉间有短柔毛；花单生侧枝顶端，花瓣5枚，栽培品种有重瓣者，黄色。花期4～5月。

· 繁殖及栽培管理 分株、扦插和播种繁殖。分株和扦插用于重瓣品种繁殖，分株宜在春季萌芽前进行，扦插则最好在梅雨季剪取嫩枝进行。播种适用于大量繁殖单瓣品种时进行，播后20天发芽、出苗。移栽最好在春季2～3月进行，植株需带宿土，定植后2～3年更新一次。管理粗放。定植时如施足有机肥，生长期一般不用施肥，夏季和干燥的秋季保持土壤湿润，休眠期对植株进行适当修剪。

别名：蜂棠花、黄榆梅、金碗、地藏王花、清明花	科属：蔷薇科棣棠花属
用途：棣棠开花时满树金黄，显得雍容华贵，很适合种植于公园、林缘、草坪、路旁或庭院等地；花枝可瓶插。	

吊灯花

Hibiscus schizopetalus Hook. f.

- **产地及习性** 原产非洲东部。喜光、温暖至高温的气候，不耐寒、不耐阴，耐干旱，宜肥沃、排水良好的土壤。

花瓣反卷，燧裂

花蕊

- **形态特征** 常绿灌木。株高2～3m，全株无毛，枝条纤细，呈拱形而下垂；叶互生，卵形或卵状椭圆形，叶缘有齿缺，叶脉明显；单花着生于叶腋，花梗细长，花大而下垂，花冠红色至橙红色，花瓣反卷，燧裂。温室栽培花期冬季至第二年春季，南方露地栽培花期4～7月。

- **繁殖及栽培管理** 扦插繁殖。在春季或夏季，选取幼枝或老枝2～3节，带2枚叶片，并将叶剪去1/3，基部用利刀削成马蹄形，插入素沙土的栽培基质中。保持插床温度在20℃以上，同时保持基质的湿润和空气湿度，适当遮阴，大约1个月即可生根。发根后的幼苗移栽入花盆，初期遮阴，待幼苗开始进入生长旺季，换肥土，并放在强光下养护。

别名：裂瓣朱槿、吊灯扶桑、吊篮花、拱手花篮	科属：锦葵科木槿属
用途：吊灯花花形美丽，北方多盆栽观赏，南方暖地可地植布置庭院、花园等。	

杜虹花

Callicarpa formosana Rolfe.

由于杜虹花全株上下密披黄褐色星状毛，因此被称为"毛将军"；又因为果实成熟时呈紫色，且像小珠子一串串挂在树上，因此又有"紫珠"之称。

成熟的果实

叶对生，卵状椭圆形

花序腋生

叶脉凹陷

- **产地及习性** 原产中国，日本和东南亚有少量分布。性强健，喜光照充足、高温及多湿的环境，不耐寒、不耐阴，对土壤要求不严，但以肥沃的砂质土壤为佳。

- **形态特征** 常绿灌木。株高可达4m，全株密披黄褐色星状毛，分枝多；叶对生，卵状椭圆形，纸质；聚伞花序腋生，花细小，具短柄，花冠管状，粉红色、紫红色、淡紫色或紫色，具稀少的细腺点，花丝为花冠的2倍长。花期3～7月。

- **繁殖及栽培管理** 播种繁殖。习性强健，管理粗放。生长期需定期施肥，有机肥和复合肥交替使用，保持土壤湿润，忌过干。经常修剪植株。

别名：杜红花、台湾紫珠、紫珠、紫珠草、粗糠树、毛将军	科属：马鞭草科紫珠属
用途：一般盆栽观赏，也可种植于公园、小区或庭院；果枝为高级花材；也可入药。	

杜鹃花 >花语：永远属于你

Rhododendron simsii Planch.

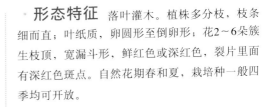

● 重瓣杜鹃花

杜鹃花，是中国十大名花之一。在全世界，中国是杜鹃花种类最丰富、野生数量最多的国家，江西、安徽、贵州都将杜鹃作为省花。杜鹃花的花语是：永远属于你。据说，当看到满山的杜鹃花盛开时，就意味着爱神的降临！

· 产地及习性 原产中国。喜凉爽、湿润气候，耐干旱，怕热，要求富含腐殖质、疏松的酸性土壤。

单瓣杜鹃花

果实

花瓣上有斑块

叶脉凹陷，叶面稍皱缩

枝条细而直 ●

· 形态特征 落叶灌木。植株多分枝，枝条细而直；叶纸质，卵圆形至倒卵形；花2～6朵簇生枝顶，宽漏斗形，鲜红色或深红色，裂片里面有深红色斑点。自然花期春和夏，栽培种一般四季均可开放。

· 繁殖及栽培管理 常用播种繁殖。秋季果荚呈黄褐色时采收，放在阴凉处，待自然裂开后收集种子；第二年春天，宜排水良好的粗粒土铺底，上放腐叶土作为栽培基质，可用浅盆或木箱；种子均匀撒下，薄薄覆土一层，保持盆土湿润，盖上薄膜或玻璃板，置于阴处，在温度15～20℃的条件下，20天左右发芽、出苗。出苗后将遮盖物去除，注意通风，干燥时淋湿土壤，浇灌可能会冲倒幼苗。待小苗长出2～3片真叶时进行第一次移植，当小苗长至2～3cm高时再移植于3寸小盆，一般3株一盆。一般栽培3～4年开花。生长期注意摘心，促进分枝，花后多修剪。

盆栽杜鹃

地栽杜鹃

别名：映山红	科属：杜鹃花科杜鹃花属
用途：杜鹃花除盆栽观赏外，还可种植于庭院、林缘、道路、坡地、草坪等地进行绿化或装饰。	

丁香 >花语：光辉

Syringa oblata Lindl.

据说，中国从宋代开始就已广泛栽培丁香了，那时人们将丁香成片种植在假山园中，称为"丁香嶂"，国外栽培丁香的历史比中国晚了400多年。丁香的花语是：光辉。相传，只要谁能找到一朵5瓣丁香花，就会一生幸福哦！

果

花萼筒状

花冠漏斗状，4裂

小枝紫红色

叶脉叉状分枝

叶卵圆形至肾形

株高2~8m

- **产地及习性** 丁香原产中国华北。适应性强，喜阳光、较耐半阴、耐寒、耐旱、耐瘠薄，宜排水良好、疏松的中性土壤，忌涝。

- **形态特征** 落叶灌木或小乔木。植株高2~8m，冬芽球形，被小鳞片；小枝近圆柱形；单叶对生，卵圆形至肾形，全缘，具短柄；花两性，侧生的圆锥花序，花冠漏斗状，4裂，花紫色，栽培变种有白色或白色重瓣类型。花期春季。

- **繁殖及栽培管理** 播种和扦插繁殖。播种，在春或秋季均可，但以春3~4月为最好，播前将种子在5℃左右的沙土藏1~2个月，这样播后大约2周即可发芽、出苗，待小苗长出4~5对真叶时进行间苗或分盆移栽，株距15×30cm。扦插在花谢后1个月内进行，选取当年生的半木质化健壮枝条，长约15cm，芽2~3对，插入有塑料膜覆盖的沙床中，约1个月即可生根。管理简单。春季萌动前，如天气干旱，要及时补水，如果土质肥厚，则不用施肥，忌过于隐蔽。秋后修剪株形，以防开花不良。

别名：百结、情客、紫丁香、华地紫丁香	科属：木犀科丁香属
用途：丁香属植物开放时芳菲满目，清香远溢，主要应用于园林种植观赏，也可丛植在园圃、路边、草坪或庭院，或者盆栽观赏。叶可入药。	

非洲芙蓉

Dombeya wallichii

产地及习性

原产非洲马达加斯加岛，现世界各地广泛种植。性喜阳光，忌干旱，不耐寒，对土壤要求不严。

→ 叶面粗糙

形态特征

常绿大灌木。株高2~7m，树冠圆形，树枝棕色，枝、叶被柔毛；叶互生，心形，叶面粗糙，掌状脉7~9条，叶缘具钝锯齿，叶柄短，具托叶；花从叶腋间伸出，悬吊着一个花苞，有花20余朵，桃红色。花期冬春两季。

繁殖及栽培管理

非洲芙蓉适宜岭南无霜地区栽培，北方则需要温室培育，以扦插繁殖为主。一般在秋季进行，易成活，管理简单，病虫害少，平时注意保持光照即可。

花从叶腋间伸出 →

别名：吊芙蓉、粉红球、热带绣球花、百铃花、绯红绣球花	科属：梧桐科非洲芙蓉属
用途：非洲芙蓉花色鲜艳，香气淡雅，极具观赏性，适合庭院、公园、校园等丛植及片植。	

凤尾兰

Yucca gloriosa L.

花钟形 →

产地及习性

原产北美洲。喜温暖、湿润和阳光充足环境，耐寒、耐阴、耐旱、较耐湿，对土壤要求不严。

形态特征

常绿灌木。株高可达1~3m，茎分枝很少；叶密生成莲座状，剑形，坚硬，边缘光滑，老叶边缘有时具疏丝；大型圆锥花序，花钟形，下垂，乳白色，带光晕。花期6~10月。

繁殖及栽培管理

分株繁殖。春季2~3月，植株基部的根蘖芽露出地面时，切取蘖芽，每个芽上最好能带一些肉根，分栽前先挖坑，再施基肥，最后把蘖芽埋入坑中，覆土稍盖顶部即可。管理粗放，一般定植前施有机肥1次，成活后再施全素肥料1~2次，对光照、水分、温度要求不严。

大型圆锥花序 →

别名：菠萝花、厚叶丝兰、凤尾丝兰、丝兰	科属：龙舌科丝兰属
用途：凤尾兰常年浓绿，开花时花色洁白，幽香宜人，是良好的庭园观赏树木，一般种植于花坛中、建筑前、路旁、池畔等地，也是很好的切花材料。此外，叶纤维可作缆绳。	

扶桑

Hibiscus rosa-sinensis L.

扶桑花的外表热情豪放，却有一个独特的花心，这是由多数小蕊连结起来，包在大蕊外面所形成的，结构相当细致，就如同热情外表下的纤细之心。

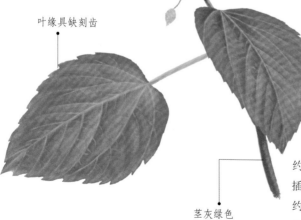

花形、花色因品种而异

叶缘具缺刻齿

茎灰绿色

·产地及习性 原产中国南部。喜温暖、湿润的气候，怕寒霜，不耐阴，在肥沃、疏松的微酸性土壤中生长最好。

·形态特征 常绿灌木。室外栽植株高可达6m，盆栽常高1～3m，茎直立而多分枝；叶互生，阔卵形至狭卵形，具3主脉，先端尖，叶缘有粗锯齿或缺刻，基部近全缘，形似桑叶；花大，单生于上部叶腋间，单瓣者漏斗形、常为玫瑰红色，重瓣者非漏斗形，呈红、黄、粉、白等色。花期全年，夏秋最盛。

·繁殖及栽培管理 扦插和嫁接繁殖。春季，先将通气性和排水性较好的粗砂水洗，并用沸水消毒后作为扦插基质，插条最好用侧枝中段，剪成15cm左右的小段，包括5～7节，也可用一年生的半木质化枝条或二年生的健壮枝条，注意插穗下部叶要齐基剪去，上部叶酌情剪去1/3，基部用利刀削平，及时扦插，入土深度约为插穗的一半长。插后立即洒一次透水，保持插床湿润，气温18～25℃，大约3周生根。生长约45天后，可移入小盆，每盆3株。冬季温度不低于5℃。

别名：佛槿、朱槿、佛桑、大红花、花上花、吊兰牡丹	科属：锦葵科木槿属
用途：扶桑四季开放，是著名的观赏花卉，高大型植株适合绿化道路、花坛及草坪、林缘等，中小型植株适合盆栽观赏。	

枸骨

Ilex cornuta Lindl.

- **产地及习性** 原产中国。喜阳光，耐阴、耐寒，以排水良好、肥沃的酸性土壤生长最佳。

- **形态特征** 常绿小乔木或灌木。植株高可达8m，树皮灰白色，平滑；枝开展而密生，树冠呈阔圆形，小枝粗壮，当年生具纵脊，无毛；叶矩圆状四方形，硬革质，先端有3枚硬刺，两侧间有2个相同的锐刺，表面深绿色，叶背淡绿色；聚伞花序丛生于二年生小枝叶腋，雌雄异株，花黄绿色；核果球形，熟时鲜红色。花期4～5月，果期10～11月。

- **繁殖及栽培管理** 扦插和播种繁殖。扦插通常用嫩枝在梅雨季进行；播种一般在10月采果实，去果皮，经低温沙藏第二年春播，保持土壤湿润，适当遮阴，出苗率高。培育2～3年后出圃定植，大苗移植需带土球。生长旺季保持土壤湿润，忌积水；春季每半个月施肥1次，夏季可不施肥，秋季每月施肥1次，冬季施肥1次；修剪株形，尤其是枝条过密时；一般栽培2～3年在春季换盆1次。

别名：鸟不宿、猫儿刺、老虎刺	科属：冬青科冬青属
用途：枸骨叶形奇特，红果累累，经冬不凋，是良好的观叶、观果树种，既可绿化种植于庭院、花坛、路旁、草坪等地，还可作绿篱或切花；叶、果实和根可入药。	

海桐

Pittosporum tobira (Thunb.) Ait.

- **产地及习性** 原产中国，朝鲜和日本也有分布。适应性较强，喜温暖、湿润和光照充足的海洋性气候，耐寒、耐阴、耐盐碱，择土不严，以偏碱性或中性土壤为佳。

- **形态特征** 常绿小乔木或灌木。株高可达3m，树冠球形；单叶互生，偶有枝顶近轮生，狭倒卵形，革质，全缘，边缘略反卷；具短叶柄；伞形花序顶生，花瓣5枚，白色或带黄绿色，具芳香；种子红色。花期5月，果期9～10月。

- **繁殖及栽培管理** 播种繁殖。秋季10月，待蒴果由青转黄时，采摘，摊放数日，果皮开裂后敲打出种子，因种子表皮有黏液，需用草木灰搓擦掉胶质，随即播种。播后盖草防冻，第二年春即可发芽、出苗。如苗太密，要及时间苗。平时注意保持树形，干旱期适当浇水，冬季施1次基肥。海桐开花期常有蝇类群集，注意防治。

别名：海桐花	科属：海桐科海桐花属
用途：海桐是著名的观叶、观果植物，同时还可吸收二氧化硫等有害气体，因此成为流行的室内盆栽花卉。	

海仙花

Weigela coraeensis Thunb.

产地及习性

原产中国华东地区。喜光，稍耐阴，忌酷热，宜肥沃、排水良好的壤土。

形态特征

落叶灌木。株高可达3m，小枝粗壮，无毛或近有毛；叶宽椭圆形或倒卵形，先端尾尖，叶面深绿色，叶背淡绿色，脉间稍有毛；花数朵组成聚伞花序，腋生，花冠漏斗状钟形，淡红色，后渐转深。花期5～8月。

花冠漏斗状钟形

繁殖及栽培管理

分株、扦插或压条繁殖。对栽培基质要求不严，一般土壤均能生长。生长期结合浇水施肥2～3次。花谢后剪除花枝，并随时修剪枯枝败叶。

叶面深绿色

别名：锦带花、五色海棠、五宝花	科属：忍冬科锦带花属
用途：一般丛植于庭院、公园和湖畔，也可在林缘、路边或花丛作花篱，或点缀于假山、坡地，还可盆栽欣赏。	

海州常山

Clerodendrum trichotomum Thunb.

产地及习性

原产中国华东、华中至东北地区，朝鲜、日本、菲律宾也有分布。喜温暖及阳光充足的环境，耐旱，耐盐碱，对土壤要求不严。

形态特征

落叶灌木或小乔木。株高可达8m，嫩枝棕色，具短柔毛；单叶对生，卵圆形，全缘或有波状齿，背面有柔毛；聚伞花序着生顶部或叶腋，有红色叉生总梗，花冠细长筒状，顶端五裂，白色或粉红色；核果球形，蓝紫色。花期8～9月，果期10月。

聚伞花序生枝顶端

繁殖及栽培管理

播种繁殖，也可扦插或分株繁殖。播种苗3～5年方可开花，分株当年便可开花。选择土壤深厚、光照条件好的环境培育。定植时施入少量有机肥，并保持土壤湿润及空气湿度。生长旺季每月施肥1次，干旱时补充水分。另外，还可通过剪去主干或打顶，促进侧枝萌发；花蕾未形成前，修剪株形。秋季不要施肥，可增加植株抗寒性能，利于越冬。

别名：臭梧桐、泡花桐、八角梧桐、追骨风、后庭花	科属：马鞭草科大青属
用途：海州常山花形奇特，果实亮丽，是极好的观花、观果植物，民间有"掌上明珠"之称，常用于布置林园。	

含笑

Michelia figo (Lour.) Spreng.

· 产地及习性 原产中国广东、福建等地的亚热带地区。喜温湿，不耐寒霜，忌烈日暴晒，适半阴，怕积水，宜排水良好、肥沃的微酸性壤土。

· 形态特征 常绿灌木或小乔木。株高2～5m，分枝多而紧密组成圆形树冠，小枝、嫩叶及花梗密被褐色绒毛；单叶互生，椭圆形，光亮，厚革质；花单生叶腋、花直立，花瓣6枚，乳黄色或乳白色，有如香蕉的浓烈气味。花期4～6月。

· 繁殖及栽培管理 扦插繁殖。在6月花谢后进行，用泥炭土或排水性好的砂质壤土作栽培基质，剪取当年生的新梢8～10cm长作为插穗，保留2～3片叶，插入后将土压实，充分浇水，且搭棚遮阴保温。第二年春3～4月进行移植，植株带土球。管理简单。保持土壤湿润，生长期施肥3～5次，结合浇水进行。盆栽的需每年翻盆换土1次，同时注意通风透光。秋末霜前移入温室，在10℃左右温度下越冬。

别名：香蕉花、含笑梅、笑梅	科属：木兰科含笑属
用途：含笑叶绿花香，是优良的园林花木，既可用于绿化庭院、公园、学校、草坪或工厂、矿区，也可盆栽室内观赏。	

红瑞木

Cornus alba L.

· 产地及习性 原产中国，朝鲜、俄罗斯有少量分布。性强健，喜光、耐寒、耐旱、耐修剪，宜土层深厚、肥沃疏松的土壤。

· 形态特征 落叶灌木。枝干直立丛生，老干暗红色，枝桠血红色；叶对生，椭圆形，叶面绿色，叶背粉绿色；聚伞花序顶生，花乳白色；果实长圆形，乳白或蓝白色。花期5～6月。

· 繁殖及栽培管理 扦插或播种繁殖。春季2月，剪取一年生优良嫩枝作插穗，经过短暂沙藏，3月插入土中，极易生根。生根后每月追化肥1次，雨季则要注意排水。播种，种子最好沙藏后春播。春季移植，移植时每穴施腐熟堆肥。管理粗放。定植后前两年每年施肥1次，以后可不再追肥。

叶对生，椭圆形

别名：凉子木、红梗木	科属：山茱萸科梾木属
用途：红瑞木秋叶鲜红，叶落后枝干红艳，是少有的观茎树种，既可丛植绿化，也可配植点缀，还可作切花。	

虎刺梅

Euphorbia milii Desmoul.ex Boiss.

没有杜鹃花那样灿烂，不像水仙那样纯洁，更比不上牡丹的富贵，可是虎刺梅偏强而勇敢，在寒冷的冬季依然傲然绽放，点缀着冷冷清清的世界。

● 产地及习性

原产非洲马达加斯加岛。喜温暖、湿润和阳光充足环境，耐高温、不耐寒，忌水涝，以疏松、排水良好的腐叶土为佳。

聚伞花序2个

苞片鲜红色

叶生于嫩枝

茎直立，生硬刺

● 形态特征

攀援性小灌木。株高1～2m，茎直立、具纵棱，其上生硬刺，排成5行；嫩茎粗、富韧性；叶生于嫩枝、倒卵形、光滑、先端圆而具小突尖；聚伞花序2个，生于枝顶，总苞基部的2枚苞片鲜红色，总苞绿色，具4枚腺体。花期6～7月。

● 繁殖及栽培管理

扦插繁殖。整个生长期都能扦插，但以春季5～6月进行最好，选取成熟枝条，以顶端枝为佳，剪成8cm左右的小段作插穗，放阴凉处，待切口浆汁凝固后扦插，保持土壤湿润而不过湿，约1个月可生根，生根后单株或3株种在稍深的盆中。幼苗每年翻盆1次，大株2～3年翻盆1次。注意，土壤水分要适中，过湿或过干都不好，休眠期土壤要干燥。每月施肥1次，直到冬季。冬季室温15℃以上才开花。

株高1～2m

别名：铁海棠、虎刺、麒麟花	科属：大戟科大戟属
用途：虎刺梅花形雅致，色彩鲜艳，是深受欢迎的盆栽植物，多摆设在公共场合。	

虎舌红

Ardisia mamillata Hance

· **产地及习性** 原产中国，主要分布于云南、四川、贵州、广东和广西等地。喜温暖、半阴环境，耐热，畏寒、畏暴晒。

· **形态特征** 多年生矮小灌木。植株低矮，具匍匐的木质根茎，幼枝密被锈色卷曲长柔毛；叶互生，倒卵形至长圆状倒披针形，坚纸质，两面被紫红色糙伏毛和黑色腺点，背面尤密，侧脉6～8对，边缘具不明显疏圆齿，叶柄短或近无；伞形花序，花约10朵，粉红色；果球形，黄豆大，疏生红色毛，成熟时鲜红色。花期夏季，果期11月～次年1月。

· **繁殖及栽培管理** 播种和扦插繁殖。播种，种子成熟后采收，冬季用湿砂贮藏，春季3～5月播种，选择肥沃的腐叶土、泥炭、河砂作基质，播后1～2个月发芽、出苗，待小苗长出2片真叶即可移栽上盆。管理简单，夏季需充足水分，冬季需干燥；夏秋季是生长期，勤施肥，冬春季是休眠期，少施肥；夏季忌强光直射，冬季日常温度最好保持在12～20℃，注意防寒。

别名：红毛毡、老虎脷、红毡、红毛针、毛地红、毛凉伞	科属：紫金牛科紫金牛属
用途：虎舌红的叶子紫红色，长满了绒毛，在光照下特别耀眼；红色果簇生枝头，全年轮番挂果，因此既能观叶又能赏果，常盆栽观赏，也可种植于林下或山石旁。	

花木蓝

Indigofera kirilowii Maxim. ex Palibin

荚果圆筒形 ●

· **产地及习性** 原产中国、朝鲜、日本。为强阳性树种，喜光，抗寒，耐干燥瘠薄，适应性强。

· **形态特征** 落叶小灌木。株高30～100cm，幼枝灰绿色，被白色丁字毛，老枝灰褐色，无毛，略有棱角；奇数羽状复叶，互生，小叶7～11枚，阔卵形或椭圆形，叶面绿色，叶背粉绿色，两面散生白色丁字毛；叶柄短，密生毛；托叶披针形，早落；总状花序腋生，花冠碟形，淡紫红色；荚果圆筒形，棕褐色，内果皮有紫色斑点；种子10余粒，赤褐色。花期6～7月，果期8～9月。

· **繁殖及栽培管理** 以播种繁育为主。

别名：吉氏木蓝、花槐蓝、山蓝、多花木蓝	科属：豆科木蓝属
用途：花木蓝枝叶茂密，花朵艳丽，花期较长，具有一定的观赏价值，常用于园林绿化和点缀。	

黄蝉

Allemanda neriifolia Hook.

花冠基部膨大呈漏斗状

·产地及习性
原产南美巴西。喜高温、多湿和阳光充足的环境，不耐寒，宜肥沃、排水良好的土壤。

·形态特征
常绿直立或半直立灌木。株高1～2m，具乳汁；叶3～5枚轮生，椭圆形或矩圆形，全缘，背面中脉隆起，被柔毛；聚伞花序顶生，花冠基部膨大呈漏斗状，鲜黄色，中心有红褐色条纹斑。花期5～8月。

·繁殖及栽培管理
扦插繁殖。在春季或夏季，选取一年生优良枝条，扦插于砂土苗床中，在20℃的温度下，约20天生根。小苗高10cm左右时，摘心，培养枝条，枝条达5～6个分枝后，移植上盆。生长期保持土壤湿润，每月追肥1次，需水量中等。冬季控制水肥，并修建株形。

别名：硬枝黄蝉	科属：夹竹桃科黄蝉属
用途：黄蝉既可观花，又可观叶，不过因为有毒，不适合家庭种植，适宜园林种植，而且黄蝉具有抗贫瘠、抗污染的特性，是很好的绿化工厂、矿区的植物。	

黄刺玫

Rosa xanthina Lindl.

花和果

·产地及习性
原产中国东北和华北地区。性强健，喜阳光，耐寒，稍耐阴，对土壤要求不严，以疏松、肥沃土地为佳。

·形态特征
落叶灌木。株高2～3m，小枝褐色或褐红色，无毛，散生皮刺；奇数羽状复叶，小叶通常7～13枚，近圆形，稀椭圆形，边缘有圆钝锯齿，嫩叶时叶背被稀疏柔毛；托叶小，先端开裂，基部与叶柄连生，边缘有腺，近全缘；花单生于叶腋，单瓣或重瓣，花黄色。果球形，红褐色。花期5～6月，果期7～9月。

·繁殖及栽培管理
分株繁殖。春季3～4月，将整个株丛全部挖出，用刀顺着生长纹理分成小丛植株，每株至少带1～2个枝条和部分根系，然后另行栽植即可，移植时植株带土球。生性强健，管理粗放，几乎不用施肥。花谢后剪去花枝，落叶后修剪植株。

奇数羽状复叶

小枝褐色或褐红色

别名：刺玫花、黄刺莓、硬皮刺玫、刺玫花	科属：蔷薇科蔷薇属
用途：黄刺玫开花时鲜艳夺目，一般丛植庭院、花坛、花境等地观赏。	

黄花夹竹桃

Thevetia peruviana (Pers.)K. Schum.

· 产地及习性 原产美洲热带。喜阳光充足、高温和多湿的气候，耐半阴，不耐寒，较耐旱，忌涝，排水良好的砂质土壤。

· 形态特征 常绿灌木或小乔木。株高2～5m，直立，有乳汁；叶互生或簇生，线形或狭披针形，有光泽，叶缘稍翻转，无柄；花单生或数朵聚生于枝梢叶腋，漏斗状，具长柄，花黄色。花期夏秋季。

· 繁殖及栽培管理 扦插繁殖和播种繁殖。扦插，春季剪取一二年生的健壮枝条，长8～10cm，除去下部叶片，扦插于砂土中，稍遮阴，大约4周即可生根，移植1次，第二年定植。播种，种熟后随采随播，发芽后施薄肥，促进生长，待苗高10cm时移植，同时要摘心，促进分枝，第二年即可定植。管理粗放，春季修剪整形，新枝萌发后，每月追肥1次。

别名：黄花状元竹、酒杯花	科属：夹竹桃科黄花夹竹桃属
用途：黄花夹竹桃花大、色艳，一般丛栽或列植于公园、庭园绿化观赏，也可作切花。	

黄钟花

Stenolobium stans (L.)Seem.

· 产地及习性 原产南美洲。喜阳光充足、温暖及湿润的气候，耐高湿、高温，择土不严，以疏松、肥沃的砂质土壤为最佳。

· 形态特征 常绿灌木。株高1～2m；奇数羽状复叶，小叶3～7枚，对生，椭圆状披针形，上面光滑无毛，下面被极细的柔毛，边缘被粗锯齿；顶生小叶具短柄，侧生小叶近无柄；总状花序组成顶生的圆锥花序，花喇叭状，黄色。花期春、夏、秋季。

叶椭圆状披针形

· 繁殖及栽培管理 播种和扦插繁殖。栽培容易，成活率高。生长季节保持土壤湿润，施有机肥或全素肥3～5次，结合浇水进行；花后剪去花枝。

花苞

细长的蒴果

别名：金钟花	科属：紫葳科黄钟花属
用途：黄钟花花色艳丽，花期很长，主要种植于园林、公园、庭院或坡地，也可大型盆栽观赏。	

灰莉

Fagraea ceilanica Thunb.

· 产地及习性

原产中国及东南亚。适应性强，喜阳光充足、温暖及湿润的环境，耐寒力强，对土壤要求不严。

· 形态特征

常绿乔木或灌木。植株有时呈攀缘状生长；叶对生，椭圆形或倒卵状椭圆形，稍肉质；花单生或为二岐聚伞花序，顶生，花冠漏斗状，白色，具芳香。花期4～8月。

· 繁殖及栽培管理

扦插或播种繁殖，成活率高。管理粗放。生长期保持土壤湿润，结合浇水每月施肥1次，耐修剪。

未成熟的蒴果

别名：非洲茉莉、华灰莉	科属：马钱科灰莉属
用途：灰莉花花朵洁白，叶色翠绿，花叶俱美，适合种植于公园、林缘、草坪、小区等公共场所，也可盆栽摆设室内观赏。	

火棘

Pyracantha fortuneana(Maxim.)Li

成熟果实

小花白色

叶缘有齿

· 产地及习性

原产中国。喜强光，耐贫瘠、耐寒，稍耐阴，对土壤要求不严，宜疏松肥沃的壤土。

· 形态特征

常绿灌木或小乔木，侧枝短刺状。单叶互生，倒卵形，先端钝圆或微凹，边缘有钝锯齿；复伞房花序，着花10～22朵，花小，白色，果近球形，深红色。花期4～5月，果期9～11月。

· 繁殖及栽培管理

播种繁殖。春季3月，将细小种子和细沙搅拌一起，均匀地撒播在冬前准备好的苗床上，覆细土薄薄一层，厚度以不见种子为宜，然后在苗床上覆盖稻草，浇一次透水，大约10天左右发芽、出苗。出苗后去稻草，并视苗床湿度进行水分管理。生长期内施复合肥2～3次。随时修剪，调整株形。成活后一般管理。黄河以南露地种植，华北需盆栽，塑料棚或低温温室越冬。

别名：救兵粮、救命粮、火把果、赤阳子	科属：蔷薇科火棘属
用途：火棘是一种极好的春季看花、冬季观果植物，既可作盆景和插花材料，也可种植于园林、草地边、路旁或景区，还可制作绿篱。	

鸡麻

Rhodotypos scandens(Thunb.)Makino.

花正面

花侧面

核果4枚

产地及习性 原产中国，分布较广。喜光、耐半阴、耐寒、怕涝，宜疏松肥沃、排水良好的深厚砂质土壤或坡地。

形态特征 落叶小灌木。株高可达3m，枝细长开展，幼枝绿色，老枝紫褐色；单叶对生，卵形或卵状椭圆形，边缘具尖锐重锯齿，叶脉下凹，叶面皱；

花单生于当年小枝顶端，花瓣和花萼片均为4片，白色。核果倒卵形，亮黑色。花期4～5月，果期7～8月。

株高可达3m

繁殖及栽培管理 播种或扦插繁殖。播种在春、秋季，当年苗高20～40cm，实生苗培育第3年开花。扦插最好在夏季进行，大约2周发根，极易成活。

别名：白棣棠	科属：蔷薇科鸡麻属
用途：鸡麻花洁白素雅，叶清秀美丽，很适合布置草坪、庭院、坡地、林缘、路旁以及山石旁；果或根可入药。	

檵木

Loropetalum chinense (R. Br.) Oliver

产地及习性 原产中国，多分布于长江流域以南地区。喜温暖、湿润及向阳的环境，耐半阴，较耐寒、耐旱，宜肥沃及排水良好的微酸性土壤。

形态特征 常绿灌木，稀为小乔木。株高可达12m，树皮灰色，小枝纤细，密被锈色星状毛；叶互生，卵状椭圆形，两面均被星状毛；头

状花序顶生，花数朵，花瓣4枚，黄白色，栽培变种为红色，带状线形。花期3～4月。

繁殖及栽培管理 播种繁殖。秋季10月种子成熟后采收，11月即可播种，也可将种子密封保存，第二年春天播种。小苗最好在春季萌芽前定植，带宿土，大苗带土球。成活后施全素肥料，入秋后适量增加有机肥，提高越冬性。耐修剪，可根据造型修剪。

树皮灰色

叶互生

别名：檵花、桎木	科属：金缕梅科檵木属
用途：檵木树枝优美，光彩夺目，可盆栽观赏，也可片植或丛植于公园、坡地和路旁等。	

夹竹桃

Nerium oleander L.

● 产地及习性
原产印度、伊朗和阿富汗，中国栽培历史悠久。喜光照充足、温暖湿润的气候，不耐寒，畏水涝，忌湿，择土不严，但以肥沃、排水良好的中性土为佳。

● 形态特征
常绿灌木或小乔木。株高可达5m；叶通常3片轮生，偶有2片或4片对生，狭长形，叶面光亮，侧脉羽状平行而密生，边缘反卷；聚伞花序顶生，花冠深红色或白色，具芳香。花期6～9月。

● 繁殖及栽培管理
扦插繁殖。在春季或夏季，剪取一年生或二年生枝条，剪成15～20cm长的茎段作为插穗，插前将插条基部浸入清水7～10天，期间保持水新鲜，待发现浸水部位发生不定根时即可扦插。扦插时应在苗床中用竹筷打出种植穴，以免损伤不定根。也可水插，水温20℃，经常换水，生根后移栽苗床养护。移植最好在春季，中、小苗需多带宿土，大苗需带土球，定植宜选择阳光充足的地方，对水、肥要求不严。北方进入冬季后，注意清洁叶面，越冬温度5℃以上。

★ **注意**：夹竹桃全株有剧毒，不可摘、采，更不可食用。

别名：柳叶桃、半年红	科属：夹竹桃科夹竹桃属
用途：夹竹桃开放时"桃红柳绿"，从夏到秋不停歇，很适合群植于公园、绿地、路旁，也是很好的矿区抗污树，还可盆栽或作切花。	

假连翘

Duranta repens L.

核果卵形

● 产地及习性
原产南美巴西、墨西哥和亚洲印度，中国华南地区引种栽培。喜温暖湿润，耐半阴、耐水湿，不耐寒、不耐旱，好肥，对土壤要求不严。

● 形态特征
常绿灌木。茎长可达6m，下垂或平卧；叶对生，卵形，边缘在中部以上有锯齿；总状花序腋生，排成圆锥花序，花常着生在中轴一侧，花冠蓝紫色或白色；核果卵形，包在宿萼内，黄色。花期几乎全年。

● 繁殖及栽培管理
播种繁殖在冬季果色变黄后，取出种子，清洗晾干后，即播，大约20天发芽、出苗，待小苗长出2片真叶时移植。管理简单。小苗露天养护时，每半月施肥1次。春季4月换盆1次，并进行修剪。换盆后，放在阴处，待生长恢复再逐渐移至光下。加强肥水管理，促使多开花。温室越冬。

别名：番仔刺、篱笆树、洋刺、花墙刺、桐青、白解	科属：马鞭草科假连翘属
用途：假连翘不仅花十分美丽，而且橘红色或金黄色的果成串挂在树枝上，十分惹人喜爱，因此也是重要的观果植物，现在多盆栽布置厅堂，也可丛植美化庭院、坡地、林缘等。	

结香

Edgeworthia chrysantha Lindl.

40~50朵花聚生
为假头状花序

核果如蜂窝

· **产地及习性** 原产中国。喜温暖，耐半阴，不耐寒，忌积水，宜排水良好的砂质土壤。

· **形态特征** 落叶灌木。株高1~2m，常三叉分枝，小枝棕红色，粗壮柔软，可打结而不断，故得名；叶互生，长椭圆形，常簇生枝顶，全缘；40~50朵花聚生为假头状花序，黄色，具浓香；核果卵形，状如蜂窝。花期春季，果期夏季。

· **繁殖及栽培管理** 扦插繁殖。春季2~3月，选取一年生的健壮枝条，剪取中、下部分约15cm长作插穗，入土深度为插穗的2/3，压实，充分浇水，适当遮阴，保持土壤和空气湿度，但不能过湿，待梅雨季节后生根，第二年分栽。移植可在冬季或春季进行，一般裸根移植，成丛大苗最好带土球。生长期施肥2~3次，花前及花后各施肥1次。盆栽忌强光直射。

别名：打结花、打结树、黄瑞香、喜花、梦冬花	科属：瑞香科结香属
用途：结香树冠球形，枝叶美丽，适合大型盆栽庭园观赏，或种植于路旁、水边、石间等地。全株可入药；树皮可取纤维造纸；枝条柔软可编篮筐。	

金苞花

Pachystachya lutea Nees.

· **产地及习性** 原产南美秘鲁和巴西。喜高温、高湿和阳光充足的环境，较耐阴，忌强光直射，不耐寒，喜富含腐殖质的土壤。

· **形态特征** 常绿灌木。植株低矮，茎直立，多分枝；叶对生，长椭圆形，中脉明显，叶面波状；穗状花序生于茎顶，塔形，苞片鲜黄色，花形似鸭嘴，乳白色。花期从春到秋。

· **繁殖及栽培管理** 扦插繁殖。在春季或秋季进行，剪取枝条中部带一对腋芽的部分，长约5cm即可，插入土中，保持湿润，约3周即可生根、发芽。1个月后可上盆。待苗长到约8cm时摘心，促使分枝，待分枝长到约7cm长时第二次摘心，则株形均匀，开花整齐。生长适温20℃，每月施有机肥1次。夏季为生长旺季，适当遮阴，多浇水、施肥。花谢后剪去残枝。越冬温度5℃以上。

别名：黄虾花、珊瑚爵床、金包银、金苞虾衣花、水塔爵床	科属：爵床科厚穗爵床属
用途：金苞花花色鲜黄，花期长，很适合盆栽装饰会场、厅堂、居室。南方暖地可布置花坛。	

金边瑞香

Daphne odora Thunb.'Aureomarginata'

金边瑞香是瑞香中的珍品，不仅是中国的传统名花，也是非常受欢迎的世界名花。据说，瑞香最早在庐山发现，一位尼姑在磐石上午睡，梦中闻到一股香味，起来便找到了这种植物，就起名为睡香，后来人们又改为瑞香，意为花中祥瑞。

· 产地及习性 原产中国长江流域。喜凉爽、通风的环境，不耐寒，畏高温，忌积水，宜排水良好、富含腐殖质的肥沃土壤，好肥。

· 形态特征 常绿小灌木。肉质根系，小枝带紫色；叶互生，长椭圆形，革质，全缘，叶面深绿色，叶背淡绿色，叶缘金黄色；具短而粗的柄；花密生于枝顶，呈团状，花淡紫色，花

萼先端5裂，白色，基部紫红，香味浓烈。花期2～3月。

· 繁殖及栽培管理 扦插繁殖。在春、夏或秋季均可进行，剪取母株上顶部枝条，长约10cm，带踵，保留枝顶2～3片叶，并将叶片各剪掉1/3～1/2，插入沙床，插后适当遮阴，保持土壤和空气湿度，大约2个月生根、长叶。管理中，忌土壤过干或过湿，忌强光。夏季应放在通风良好的阴凉处，炎热时要喷水降温。生长季应每隔10天左右浇1次稀薄液肥。肉质根有香气，防治虫害。霜降后，移入室内向阳处，室温保持在5℃左右，控制浇水。

花密生成团

叶互生，长椭圆形

叶缘金黄色

花萼先端5裂

别名：蓬莱花、风流树	科属：瑞香科瑞香属
用途：金边瑞香的花期正值春节期间，花团锦簇，清香浓郁，常盆栽摆设观赏或作园林配置。	

金凤花

Caesalpinia pulcherrima(L.)Swartz

· 产地及习性
原产热带地区，中国南方庭院多栽培。喜高温、高湿的环境，不耐寒，稍耐阴，耐干旱，宜疏松、排水良好、富含腐殖质、微酸性的土壤。

· 形态特征
常绿灌木。株高1～3m，枝绿或粉绿色，疏生刺，叶二回羽状复叶，羽片4～8对；小叶7～11对，长椭圆形或倒卵形，先端圆，微缺，具短柄；总状花序顶生或腋生，开阔，花瓣圆形具柄，橙或黄色。花期全年。

· 繁殖及栽培管理
播种繁殖。在春、秋季进行，春播发芽率较高，先将新鲜种子用60℃热水浸泡，冷却后继续浸泡12小时，播后覆土约2cm厚，温度宜在20℃以上，保持土壤湿润，一般3～5天即可发芽、出苗。小苗生长期间，每3～4天浇水1次，并移植1次，视生长情况施薄肥2～3次。花谢后，剪除残枝，促使新枝萌发。

花正面图　　　　荚果

别名：黄金凤、蛱蝶花、黄蝴蝶、洋金凤	科属：豆科苏木属
用途：金凤花开放时，犹如一只只凤凰在飞舞，是绿化庭院、花境、公园和道路的首选材料，也可盆栽欣赏。	

金丝桃

Hypericum monogynum L.

· 产地及习性
原产中国。性强健，喜温暖、湿润和光照充足的环境，略耐阴，耐寒，忌积水，对土壤要求不严。

· 形态特征
半常绿小灌木。株高约1m，全株光滑无毛，小枝纤细且多分枝；小枝对生，圆筒状，红褐色；单叶对生，长椭圆形，具透明腺点，纸质，无柄；花单生或3～7朵聚合成伞形花序，顶生，金黄色。花期6～7月。

· 繁殖及栽培管理
扦插和播种繁殖。扦插多在梅雨季进行，选取优良嫩枝，插条最好带踵，当年可长到20cm左右，第二年可地栽，3年可长到约70cm，此时可出圃。播种在春季3月进行，因种子细小，覆土薄薄一层，播后保持土壤湿润，大约3周可发芽、出苗，苗高约7cm时分栽，第二年可开花。
管理粗放。如土质肥沃，一般不用施肥，夏、秋干旱时需补充水分。如枝条过密，可适当疏剪。

单叶对生

别名：金丝海棠、照月莲、土连翘	科属：藤黄科金丝桃属
用途：金丝桃开放时金黄夺目，观赏性极强，多种植于庭院、坡地、草地、林缘或路旁，也可用作绿篱和花境。	

金银木

Lonicera maackii (Rupr.) Maxim.

花冠二唇形

·产地及习性

原产中国、朝鲜、日本。性强健，喜阳光，耐半阴、耐旱、耐寒、耐水湿，宜湿润肥沃、土层深厚、排水良好的土壤。

·形态特征

落叶小乔木，常丛生成灌木状。植株高可达6m，小枝中空，幼时被柔毛；叶对生，卵状椭圆形至披针形，脉上被柔毛；花成对腋生，花冠二唇形，花先白色后转为黄色，具芳香，故得此名；浆果球形，红色。花期4～6月，果期8～9月。

·繁殖及栽培管理

播种繁殖。秋末果实成熟后采集，将果实捣碎，去果肉，淘洗出种子，阴干，贮藏层积沙至第二年春播，播后浇透水，用塑料膜覆盖，大约3周可发芽、出苗。出苗后，去塑料膜，及时间苗，待苗高约5cm时定植，当年苗可达40cm。第二年春天，及时移苗扩大株行距。每年追肥3～4次，经2年培育即可出圃。管理粗放，每年春天适当修剪株形。

别名：	金银忍冬	科属：	忍冬科忍冬属
用途：	金银木春天赏花，秋天观果，具有较高的观赏价值，丛植于草坪、坡地、林缘、路旁或小区周围，还可制作盆景。全株可入药；果是鸟的美食。		

锦带花

Weigela florida (Bunge.)A. DC.

·产地及习性

原产中国北部、日本和朝鲜，目前已培育出多个园艺品种。适应性强，喜光，耐阴、耐寒，忌涝，不择土壤，但以土层深厚、湿润、富含腐殖质的土壤生长最好。

·形态特征

落叶灌木。株高可达5m，枝条开展，有些树枝会弯曲到地面，小枝细弱，幼时具二列柔毛；叶对生，椭圆形或卵状椭圆形，基部圆形至楔形，边缘有锯齿，叶面脉上有毛，背面尤密；聚伞花序顶生或腋生，着花1～4朵，花冠钟形，玫瑰红色，里面较淡。花期5～6月。

·繁殖及栽培管理

扦插繁殖。在2～3月，选取一年生的成熟优良枝条，露地进行；也可在6～7月选取半木质化的嫩枝，在阴棚下进行。移栽，春季或秋季时带宿土，夏季带土球。栽后每年早春施1次腐熟堆肥，并剪去老枝。花谢后，剪除所有花序，以促进枝条生长。

花钟形

叶

别名：	五色海棠、山脂麻、海仙花、文官花	科属：	忍冬科锦带花属
用途：	锦带花叶密花艳，是北方重要的观花灌木，主要种植于林缘、路旁、公园、庭院等地，也可作盆景。		

九里香

Murraya exotica L.

· 产地及习性 原产中国和亚洲热带地区。喜温暖、湿润和光照充足的气候，不耐寒，耐阴、耐旱，对土壤要求不严。

· 形态特征 常绿灌木。株高可达4m，多分枝，嫩枝灰褐色，具纵皱纹，质坚韧；奇数羽状复叶，小叶3～9枚，互生，倒卵形或近菱形，叶面深绿色，具光泽；聚伞形花序，花白色，极芳香；浆果近球形，红色。花期7～11月，果期冬末至春初。

叶面深绿色

· 繁殖及栽培管理 播种和扦插繁殖。播种，冬季采收的种子要沙藏到第二年春播，春季采收的种子随采随播。播后保持苗床湿润，大约3周即可发芽、出苗，培育至第二年春换床分栽。扦插在3～4月或7～8月进行，选取一年生的优良枝条，长约12cm，具4～5节，剪口要平整，插后保持土壤湿润，极易生根。对土壤要求不严，如果基质肥沃，可不用施肥。北方温室越冬，温度在5℃以上，忌盆土太干。

别名：九秋香、千里香、过山香	科属：芸香科九里香属
用途： 九里香树姿优美，四季常青，开花时香气宜人，既可片植绿化，也可盆栽或制作盆景观赏，南方暖地还可作绿篱。全株可入药，花可提取芳香油。	

可爱花

Eranthemum pulchellum Andrews

花深蓝色

· 产地及习性 原产印度。喜温热及光照充足的环境，不耐寒，以疏松肥沃、排水良好的土壤生长最佳。

· 形态特征 常绿灌木。株高约120cm，全株近光滑；叶对生，椭圆形，叶脉凸出，边缘有时具圆齿；穗状花序聚成顶生或腋生的圆锥花序，花冠筒形，深蓝色。花期秋冬季。

· 繁殖及栽培管理 扦插繁殖。在3～6月，选取优良枝条作为插穗，用泥炭、山泥、腐叶土和有机肥配合为栽培土，插入后密封，保温保湿，插床底温宜22℃。生长期充分浇水，保证光照，大约3周施肥1次。花后进行修剪。温室越冬，夜间最低温度8℃以上。

叶面粗糙

别名：喜花草	科属：爵床科可爱花属
用途： 可爱花淡雅宜人，适宜盆栽室内观赏。	

空心泡
Rubus rosaefolius

成熟果实

针形或卵状披针形，先端渐尖，基部圆形，边缘有重锯齿；花白色，通常1~3朵腋生；聚合果长圆形，成熟时红色，有光泽。花期3~4月，果期5~7月。

- **产地及习性** 主要产于中国、印度、缅甸、泰国、老挝、越南、柬埔寨、日本及印度尼西亚的爪哇岛，大洋洲、非洲也有分布。喜温暖，耐阴蔽。

- **形态特征** 直立或蔓生灌木。小枝被柔毛及扁平弯刺，幼枝和叶有突起的紫褐色或黄色腺点；羽状复叶，小叶5~7枚，披

- **繁殖及栽培管理** 压条和扦插繁殖。极易成活，管理简单。在生长过程中，枝蔓顶端与土接触后而生根，常致蔓延成片。

花白色，通常1~3朵腋生

奇数羽状复叶

别名：蔷薇莓	科属：蔷薇科悬钩子属
用途：空心泡白花红果，艳丽夺目，香气淡雅，常种植于园林或庭院观赏，也可作绿篱或林缘栽植。	

阔叶十大功劳
Mahonia bealei(Fort.)Carr.

果序

花序

柄；总状花序簇生，花黄褐色，具芳香。花期冬季至第二年春季。

- **产地及习性** 原产中国。性强健，喜暖温，不耐寒，耐阴，以排水良好的砂质壤土生长最好。

- **繁殖及栽培管理** 常播种繁殖。冬季采种，水洗后阴干，冬播或沙藏来年春条播，行距约15cm，覆土约2cm厚，盖草保湿，大约1个月发芽，发芽后分次去草，并搭棚遮阴，第二年分栽。

- **形态特征** 常绿灌木。株高达4m，枝丛生直立；单数羽状复叶，呈扇形展开，小叶7~15枚，卵形，厚革质，叶面蓝绿色，叶背黄绿色，叶缘反卷，具短柄；侧生小叶卵形，无

奇数羽状复叶

小叶卵形，叶缘反卷

别名：华南十大功劳、土黄柏、刺黄芩	科属：小檗科十大功劳属
用途：阔叶十大功劳叶形奇特，常布置于庭院、岩石园、树坛、路旁等，也可作花篱或切花。根、茎、叶可入药。	

蜡梅

Chimonanthus praecox (L.) Link

- **产地及习性** 原产中国中部。喜阳光，略耐阴，较耐寒，耐旱，忌水湿，对土质要求不严，但以排水良好的轻壤土为佳，好肥。

- **形态特征** 落叶大灌木。

株高3～5m，丛生，根茎发达，呈块状，枝幼时四棱形，老时近圆柱形；单叶对生，椭圆状卵形或卵状披针形，近革质，全缘，表面绿色而粗糙，背面灰绿色而光滑；花先叶开放，单生于枝条两侧，花梗极短，内层花被较小，紫红色，中层花被较大，黄色，带蜡质，具芳香。花期冬至春。

- **繁殖及栽培管理** 分株和播种繁殖。分株在秋季落叶后至春季萌芽前进行，将腊梅掘起，抖去根土，用利刀将植株分成若干小株，每小株需要有主枝1～2根，并在主干10cm处剪截后栽种，容易成活。养护期间，保持土壤湿润，忌水湿。生长旺季每月施有机肥或复合肥1次。平常修剪株形，花后剪去残枝。

别名：然黄梅、黄梅花、香梅、香木	科属：腊梅科蜡梅属
用途：腊梅在冬季绽放，清香宜人，主要布置于公园、庭院、学校、路旁及林缘等地，也可盆栽或制作盆景观赏。花、茎、根可入药，花还可提取香精或泡饮。	

蓝蝴蝶

Clerodendrum ugandense

蓝蝴蝶盛开时，一朵朵小花犹如一只只调皮的蓝色蝴蝶在碧绿的叶间飞舞，散发出淡淡清香，十分喜人。

- **产地及习性** 原产非洲乌干达。喜温暖和光照充足的环境，不耐寒，以疏松、肥沃的砂质土壤为佳。

- **形态特征** 常绿灌木。株高50～120cm，幼枝方形，紫褐色；叶对生，倒卵形至倒披针形，先端尖或钝圆，叶缘上半段有浅锯齿，下半段全缘；圆锥花序顶生，花形似蝴蝶，花冠白色，唇瓣紫蓝色，雄蕊细长。花期春夏两季。

- **繁殖及栽培管理** 扦插繁殖。除冬季外，其他三季均可。栽培基质最好用腐叶土、塘泥、田土和少量河砂混合日配制，保证排水良好，生长适温23～32℃，冬末春初施1次长效性肥料，开花后再补充1次即可。花后剪除残枝。冬季需温暖避风越冬。

花形似蝴蝶

别名：紫蝶花、紫蝴蝶、乌干达赪桐	科属：马鞭草科大青属
用途：一般用于布置庭院或花坛、花境等，也可盆栽观赏。	

蓝雪花

Plumbago auriculata Lam.

· **产地及习性** 原产南非，现世界热带地区均有栽培。喜温暖和光照，不耐寒，畏旱，耐阴，忌暴晒，宜富含腐殖质、疏松肥沃沙壤土。

· **形态特征** 常绿小灌木。株高约1m，枝幼时直立，后半蔓性，具沟槽；叶互生、卵圆形，先端钝而有小凸点，基部楔形；穗状花序顶生和腋生，花序轴密生细柔毛，花冠高脚碟状，浅蓝色。花期6～9月。

· **繁殖及栽培管理** 扦插繁殖。春季翻盆时，用砂质壤土、腐叶土、厩肥土各一份配制为栽培基质，选取嫩枝或半成熟枝扦插，生根适温20～25℃为佳，插后3～4周生根。盆栽生长期内半月施肥1次，夏季注意遮阴，且保持盆土湿润和较高的空气湿度。秋季花谢后适当修剪，春季不可修剪。冬季减少浇水量，使盆土偏干，越冬温度7℃以上。

花瓣有一条深紫色脉

叶腋具一对小叶

单叶互生，叶缘波状

别名：蓝花丹、蓝雪丹、蓝花矾松、蓝茉莉	科属：蓝雪科蓝雪花属
用途：蓝雪花叶色翠绿，花色淡雅，在炎炎夏季给人一种清凉感，适宜盆栽点缀居室，也可布置花坛、花境等室外环境。	

连翘

Forsythia suspensa (Thunb.) Vahl

· **产地及习性** 原产中国和朝鲜。喜光照充足和温暖的环境，耐寒、耐旱、略耐阴，怕涝，对土壤要求不严，以含钙质的土壤为佳。

· **形态特征** 落叶灌木。株高可达3m，茎秆丛生、直立，枝开展呈拱形下垂；小枝褐色，稍具四棱，有凸起的皮孔，节间中空；叶对生，卵形至椭圆状卵形，边缘除基部外都有整齐的粗锯齿；花先叶开放，常单生，稀3朵腋生，

花冠4裂，金黄色；果卵球形，表面散生瘤点。花期4～5月。

· **繁殖及栽培管理** 扦插和播种繁殖。扦插在春季2～3月进行，选用提前贮藏的一二年生枝扦插或雨季用当年生嫩枝扦插，插条在节处剪下，长10cm左右，极易成活。播种在秋季10月采种后，干藏，第二年春季2～3月条播，约2周即可发芽、出苗。注意，种植前选择向阳处，每年花后剪除枯枝、弱枝叶及过密、过老枝条，同时注意根际施肥。

花序

枝叶

别名：黄花条、绶丹、黄寿丹、青翘、落翘、黄奇丹	科属：木犀科连翘属
用途：连翘花开香气淡艳，满枝金黄，是早春优良观花灌木，很适合种植在庭院的外面、公园的小溪边、池塘边及岩石林园、路旁，也可盆栽观赏。茎、叶、果实、根均可入药。	

六月雪 >花语：清纯、思恋

Serissa japonica(Thunb.)Thunb.

六月雪在天气逐渐炎热的六月开始绽放，一朵朵洁白的小花犹如雪花飘落满树，在夏日里给人一种清凉的感觉。

产地及习性

原产中国长江流域以南各省。喜温暖、湿润的环境，不耐寒，忌强光直射，萌芽力强，择土不严，但以排水良好、肥沃的砂质壤土为佳。

形态特征

常绿或半常绿矮生小灌木。植株低矮，分枝多而稠密；叶对生，常成簇生于小枝顶部，形状变化大；具短柄；花多簇生于枝顶，漏斗状，白色略带红晕，花萼绿色，上有裂齿，质地坚硬。花期6～10月。

繁殖及栽培管理

扦插繁殖。早春2～3月宜用休眠枝扦插，夏季6～7月宜用嫩枝扦插，插后搭棚遮阴，保持土壤湿润，极易成活。移植四季均可进行，但以春季为最佳。露栽最好选肥沃、排水好的生长环境，盆栽则可用泥塘土或腐叶土作介质，上盆后先置半阴处，复活后移至露地养护，每半个月施肥1次。

花常簇生枝顶

花漏斗状，白色略带红色

叶对生，常簇生

分枝多而稠密

植株低矮

别名：满天星、碎叶冬青、白马骨	科属：茜草科白马骨属
用途：一般用于布置花坛、花境、园林或庭院篱笆处，还可盆栽制作盆景；全株可入药。	

龙船花

Ixora chinensis Lam.

密集的花序

龙船花的4枚花瓣平展成"十"字状。在中国古代，十字图案是避邪驱魔、去病瘟的咒符，因此每年端午期间，人们将龙船花插在船头，寓意平安吉祥。

· 产地及习性 原产中国南方。喜温暖湿润和光照充足的环境，畏寒，耐半阴，宜疏松肥沃、富含腐殖质的土壤。

· 形态特征 常绿小灌木。老茎黑色有裂纹，嫩茎平滑无毛；

叶对生，倒卵形至矩圆状披针形，革质；具极短的叶柄；聚伞形花序顶生，花序红色或橙黄色；浆果近球形，紫红色。花期6~11月。

种子

· 繁殖及栽培管理 扦插或播种繁殖。扦插在生长季都可进行，尤以6~7月为佳，剪取一年生优良枝条具2~3节，插于砂质苗床，遮阴保温，约2个月生根、出苗。待苗高20cm左右时摘心，促进分枝。天气干燥时，要注意喷水增湿，一年施肥2~3次即可。冬季移入温室越冬，室温不低于0℃，约1周浇水1次，使土壤稍湿。

别名：英丹、仙丹花、百日红、山丹、英丹花、水绣球	科属：茜草科龙船花属
用途：龙船花株形美观，花色艳丽，很适合盆栽观赏，在南方暖地也可露地栽植于庭院、花坛、风景区等地。	

龙牙花

Erythrina corallodendron L.

· 产地及习性 原产美洲热带，中国北京、广州、云南有栽培。喜高温、多湿和阳光充足的环境，不耐寒，稍耐阴，宜排水良好、肥沃的沙壤土。

· 形态特征 灌木或小乔木。株高可达4m，枝上有刺；三出羽状复叶，顶生小叶比侧生小叶大，菱形或卵状菱形，全缘，无毛；稀疏总状花序顶生，花大，萼钟状，红色；荚果带状，种子深红色，具黑斑。花期6~7月。

· 繁殖及栽培管理 繁殖栽培同刺桐。

花大，红色

总状花序，小花稀疏

荚果

侧生叶小

三出羽状复叶

顶生小叶

别名：珊瑚树、美洲刺桐、象牙红	科属：豆科刺桐属
用途：龙牙花盛开时，深红色的花序好似一串红色月牙，艳丽夺目，很适合盆栽观赏，也可种植于公园、庭院、路旁、花坛、花境等地。	

麻叶绣线菊

Spiraea cantoniensis Lour.

花正面　　　　　　花背面

产地及习性

原产中国华中及东南沿海一带。喜光照及湿润的环境，耐阴、耐旱、耐寒，以肥沃疏松、排水好的微碱性土壤最佳，忌涝。

形态特征

落叶灌木。植株通常高1.5m，小枝细弱，呈拱形弯曲，外皮暗红褐色，有时呈剥落状；叶片菱状披针形，光滑，叶缘中部具齿；半球状伞形花序，着花10～30朵，花小，白色。花期4～5月。

繁殖及栽培管理

播种、分株和扦插繁殖。播种可春播或秋播。分株在2～3月进行，结合移植，从母株分离出萌蘖芽，适当修短后栽植即可。扦插与分株同一时期，选取一年生健壮枝条，剪取中下部约10cm长，插入土中1/2，掀实，浇1次透水，保持土壤湿润，5月适当遮阴，直到发根、长叶。移植时带土球，提高成活率。生长期每月施复合肥1次。花后修剪，疏松枝条。

别名：麻叶绣球、麻球	科属：蔷薇科绣线菊属
用途：麻叶绣线菊盛开时，枝条被细小的白花紧紧覆盖，形似一条条拱形玉带，洁白可爱，多用于布置草坪、路边、斜坡、池畔、花坛、庭院或小区周围。	

米兰

Aglaia odorata Lour.

产地及习性

原产中国及东南亚，现广泛种植于世界热带各地。喜温暖、湿润和阳光充足的环境，不耐寒，稍耐阴，以疏松、肥沃的微酸性土壤为最佳。

形态特征

常绿灌木或小乔木。株高可达7m，多分枝，幼枝顶部具星状锈色鳞片，后脱落；奇数羽状复叶，小叶3～5枚，对生，倒卵形至长椭圆形，全缘，亮绿色，叶轴有窄翅；圆锥花序腋生，花黄色，极香。花期夏季。

繁殖及栽培管理

扦插繁殖。在夏季6～8月，以河砂或排水性好的沙黄土作栽培基质，并用塑料膜覆盖插床，选取一年生或二年生健壮枝条，插入后一般50～60天生根。另外，也可在春梢萌芽前叶插。幼苗生长期慢，喜阴，换床分栽或上盆的小苗要注意遮阴，忌暴晒。待幼苗长出新根和新叶时，可每2周施肥1次，控制水量。生长旺季供水要足，空气湿度大，入秋后减少。冬季室温11℃左右可开花。

成熟的果实

花黄色，香味扑鼻

别名：树兰、米仔兰、树兰、鱼子兰	科属：楝科米仔兰属
用途：米兰开放时香气袭人，一般盆栽摆设室内观赏，南方暖地可庭院栽植，是极好的风景树。	

玫瑰

> 花语：美丽、爱情

Rosa rugosa Thunb.

据史书记载，山东省平阴县从汉朝开始就已种植玫瑰，迄今约有2000多年的历史，唐代时主要制作香袋、香囊，明代用花制酱、酿酒、窨茶，到清朝开始大规模生产，因而号称"玫瑰之乡"。那里的玫瑰花大瓣厚色艳，香味浓郁，盛誉远播。

花心黄色

• **产地及习性** 原产中国。喜阳光、耐旱、耐涝、耐寒、择土不严，但以背风向阳、排水良好的砂质土壤生长最佳。

• **形态特征** 直立灌木，茎丛生，枝干多刺；奇数羽状复叶互生，小叶5～9片，椭圆形或倒卵形，边缘有尖锐齿，叶面无毛、深绿色、叶脉下陷、多皱，叶背面具柔毛和腺体；托叶大部和叶柄合生，边缘有腺点，叶柄基部的刺常成对

着生；花单生或数朵簇生，紫红色，具芳香；果实扁球形，红色。花期4～5月，果期9～10月。

• **繁殖及栽培管理** 播种、扦插和分株繁殖都可。盆栽植株从春季到秋末，每10天左右浇肥水1次，1～2天浇清水1次，热天1天浇水1次。开花期及时摘花，摘得次数越多，花开得次数也越多；如果不摘，一年只开1次花。经常分株，可使植株生长旺盛。

花单生或数朵簇生，芳香

叶缘有尖锐齿

叶面无毛

叶脉凹陷

枝干有刺

别名：刺玫花、徘徊花、刺客、穿心玫瑰	科属：蔷薇科蔷薇属
用途：玫瑰是园林美化和城市绿化的理想花卉，不仅适合作花篱、花境，布置花坛、庭院等，还可盆栽观赏，也是极好的切花材料。另外，花朵还可提炼出香精玫瑰油，花蕾和花瓣晒干还能入药。	

茉莉 > 花语：清纯、质朴

Jasminum sambac (L.) Aiton

· **产地及习性** 原产中国、印度、阿拉伯、伊朗。喜温暖湿润的半阴环境，畏寒霜，不耐旱、忌涝，以腐殖质的微酸性砂质土壤为佳。

· **形态特征** 常绿小灌木。植株低矮，小枝细长有棱角，略呈藤本状，绿色具柔毛；老枝灰色；单叶对生，宽卵形或椭圆形，具光泽，宽卵形或椭圆形，叶脉明显，叶面微皱；具短柄；初夏由叶腋抽出新梢，顶生或腋生聚伞花序，着花3～9朵，花冠白色，极芳香。花期6～10月。

· **繁殖及栽培管理** 多用扦插繁殖。在4～10月，选取成熟的一年生枝条，剪成至少带有2个节的插穗，除去下部叶片，插在泥沙各半混杂的栽培基中，插后盖塑料薄膜，保持较高空气湿度，约1～2个月生根、出苗。也可生长期用嫩枝扦插。盛夏充分浇水，适当遮阴，保持空气湿度。生长期每周施薄稀饼肥1次。春季换盆时，经常摘心，可促进分枝。冬季休眠期，控制水量，越冬温度不低于5℃。

叶对生

叶面微皱

叶脉凹陷

别名：香魂	科属：木樨科素馨属
用途：茉莉花多盆栽点缀室内，也可露地栽植或作切花。花、叶、根均可入药。	

木芙蓉

Hibiscus mutabilis L.

· **产地及习性** 原产中国，尤以四川成都栽培为佳，故有"蓉城"之名。喜温暖湿润的环境，畏寒，不耐旱，耐水湿，择土不严，但在肥沃湿润、排水良好的砂质土壤中生长最好。

· **形态特征** 落叶灌木或小乔木。株高1～3m，枝上密被星状毛；叶大，广卵形，掌状3～7裂，基部心形，两面有星状绒毛，叶缘具钝齿；具细长的叶柄；花单生或2～3朵聚生上部枝叶腋，花初开白色或粉红色，后转为深红色，单瓣或重瓣。花期9～10月。

· **繁殖及栽培管理** 扦插或播种繁殖。扦插最好在春季2～3月进行，选择一年生或二年生的健壮枝条，剪成长10～15cm的小段，入土深度为插条的2/3，插后保持床土湿润，1个月后即可生根。播种宜在春季，因种子细小，苗床土要细，播撒要稀，覆土要薄，播后保持苗床湿润，1个月左右即可发芽、出苗。栽种容易。春季萌芽期肥水充足，生长期需施磷肥。如果花蕾多，应适当摘除。发枝力强，经常修剪。越冬温度5℃以上。

别名：芙蓉花、拒霜花、木莲、地芙蓉	科属：锦葵科木槿属
用途：木芙蓉晚秋绽放，开花旺盛，花色、花型变化丰富，是一种很好的观花树种，多种植于庭院、坡地、林园或水滨等地，也可盆栽观赏。	

木槿

Hibiscus syriacus L.

花心成棒状

木槿花早上开放，晚上凋谢，单朵花期只有一天，因此也称朝开暮落花。木槿在韩国叫"无穷花"，是韩国的国花，象征大韩民族的顽强和坚韧。

产地及习性

原产中国，印度、叙利亚有少量分布。性强健，喜湿润、肥沃及光照充足的环境、耐寒、耐半阴、较耐瘠薄，对土壤要求不严，好水湿。

形态特征

落叶灌木或小乔木。株高3～4m，小枝密被黄色星状绒毛；叶菱形至三角状卵形，具深浅不同3裂或不裂，边缘具齿缺，具短柄，托叶线形，疏被柔毛；花单生于枝端叶腋间，钟形，单瓣或重瓣，花色有紫、粉红、白色等。花期7～10月。每花开放仅1天。

繁殖及栽培管理

扦插繁殖。生长季节均可进行扦插，发芽前，剪取枝条20～25cm长，插于沙床，约30天即可生根，成活率极高。管理粗放，在春季萌发前施肥1次，开花前再施肥1次即可。光照适量，注意修剪。

别名：无穷花、沙漠玫瑰、朝开暮落花	科属：锦葵科木槿属
用途：木槿开花时娇艳夺目，十分壮观，既可种植园林中作花篱、绿篱，也可丛植或单植点缀庭院，同时也是适合栽种于矿区的"抗污染"树。	

木薯

Manihot esculenta Crantz .(M. utilissima Pohl)

蒴果有6条狭波状翅

产地及习性

原产美洲热带，全世界热带地区广为栽培。喜光照，较耐阴，不耐寒，以疏松肥沃、排水良好的微酸性土壤为佳。

形态特征

多年生常绿灌木。株高2～5m，块根圆柱状、肉质，茎直立，木质，茎、叶

块根圆柱状

柄、托叶及总花梗为紫红色；叶互生，掌状3～7深裂或全裂，纸质，裂片披针形，全缘；圆锥花序腋生，花萼钟状，花盘有5个腺点；蒴果，有6条狭波状翅。花果期4～10月。

繁殖及栽培管理

播种和扦插繁殖。盆栽基质以腐叶土、塘泥、河砂配制成的疏松肥沃的营养土为佳，露地栽培可粗放管理。注意，冬季控制浇水，保持盆土湿润即可；每月施磷、钾肥1次。

别名：木番薯、树薯、木薯、臭薯、葛薯	科属：大戟科木薯属
用途：木薯株形整齐，红绿相间，常丛植或单植于公园进行点缀，也可种植于庭院、小区，或盆栽摆设观赏。	

牡丹 > 花语：富贵、华贵

Paeonia suffruticosa Andr.

　　牡丹是中国的特产名花，花姿美、花色艳、花品多，号称"国色天香"，位居中国十大名花的亚军，长期以来被当做富贵吉祥、繁荣兴旺的象征。其中，洛阳的牡丹极负盛名！

· 产地及习性 原产中国西部秦岭和大巴山一带山区。喜温暖、凉爽、较耐寒、耐阴，不耐湿热，宜疏松肥沃、透气性好的壤土或沙壤土，忌涝。

· 形态特征 落叶小灌木。茎通常高1～3m，茎枝粗壮、质脆，枝多挺生；叶片宽大、互生，二回三出羽状复叶，平滑无毛或有短柔毛，具长柄；顶生小叶卵形，先端3～5裂，基部全缘；侧生小叶长卵圆形，叶面具白粉；花单生枝顶，基部被花盘包裹，花色有黄、白、红、粉、紫、绿等色。花期春季。

· 繁殖及栽培管理 播种繁殖和扦插繁殖。播种，牡丹种子在8月成熟，采收后在当月播种，第二年春发芽。播后浇水并覆草，入冬前再浇水1次即可。实生苗经过2年的培育，移植1次，这样培育3～4年才可陆续开花。扦插在北方运用不多，选择母株根际萌发的短枝（土芽枝）为插条，长15cm左右，用丁酸水溶液进行速蘸处理后插入苗床，深度为插条的1/2，插后浇透水，以后大约每2周浇水1次，保持床面湿润，并进行遮阴，直到第二年9月分栽。成活率可达80%以上。牡丹有"春发芽，夏打盹，秋发根，冬休眠"的生长规律。要适时施肥浇水，去除多余萌芽，增强通风和透光。

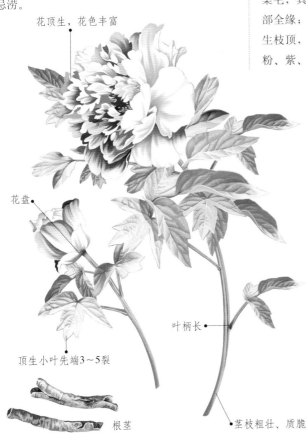

花顶生，花色丰富

花盘

顶生小叶先端3～5裂

叶柄长

根茎

茎枝粗壮、质脆

别名：鼠姑、鹿韭、白茸、木芍药、百雨金、洛阳花、富贵花	科属：毛茛科芍药科
用途：牡丹有"花中之王"的美称，是非常珍贵的园林花卉，多种植在各个风景区，也是非常受欢迎的盆栽植物，还可作切花。根可入药，花瓣可蒸酒、美容、饮用等。	

糯米条

Abelia chinensis R. Br.

· 产地及习性
原产中国，墨西哥有少量分布。喜光、耐阴、耐旱，稍耐寒，怕强光暴晒，对土壤要求不严，但以肥沃的砂质壤土为宜。

· 形态特征
落叶丛生灌木。株高可达2m，枝开展，嫩枝红褐色，被微毛，老枝树皮纵裂；叶对生，有时3枚轮生，卵形至椭圆状卵形，边缘有稀疏圆锯齿，叶背脉间或基部密生白色柔毛；圆锥状聚伞花序顶生或腋生，花白色或粉红

色，具芳香。花期5～9月。

↑叶对生

· 繁殖及栽培管理
播种或扦插繁殖。播种，秋后果实成熟，采种密封沙藏，第二年春3月条播，覆细土约1cm厚，盖草保温，约2周发芽、出苗，搭棚遮阴，保持苗床湿润，培育一年后移植。扦插可分为春插和夏插，春插在2～3月进行，选取优良休眠枝作插穗，入夏时遮阴；夏插在6～7月进行，插后即遮阴。在落叶后或萌芽前移植，植株带宿土，提高成活率。成活后主要施氮肥，开花前主要施磷、钾肥。秋季注意补充水分。冬季休眠期调整修剪，以保持树形和枝条的更新。

别名：茶条树、小榆蜡叶、小垛鸡、山柳树、白花树	科属：忍冬科六道木属
用途：糯米条树姿优美，小花可爱清香，是极佳的庭院观赏花卉，既可种植于庭院、公园路旁、池畔、草坪、林缘等地，也可丛植作花篱观赏。	

欧洲荚蒾

Viburnum opulus L.

· 产地及习性
原产欧洲、北非和亚洲北部，中国在华北等地有栽培。喜阳光，也耐阴，宜土层深厚、肥沃疏松的土壤。

花密集呈球形 ●

· 形态特征
落叶灌木。株高可达4m，枝开展，树冠呈半球形；叶对生，常3裂，裂片有不规裂粗齿，叶柄近

端处有盘状腺体，夏季叶绿色，秋季叶渐变红；聚伞花序，花白色，有大型白色不孕边花；果球形，亮红色。花期5月，果期9～10月。

· 繁殖及栽培管理
扦插、分株繁殖。夏季用嫩枝扦插，春秋两季用硬枝扦插，成活率均较高；分枝繁殖可在春夏季节进行，因其根系较发达，移植容易成活。管理简单，平时注意浇水。

↑叶对生，常3裂

别名：欧洲琼花、欧洲绣球	科属：忍冬科荚蒾属
用途：欧洲荚蒾是一种极好的观赏植物，纯洁的小花、亮丽的果实、紫红色的秋叶，都极具观赏价值，在中国属新品树，前景广阔，除了观赏，茎皮纤维还可作麻及制绳索。	

蔷薇

Rosa multiflora Thunb.

花和果

产地及习性

原产中国、日本、朝鲜有少量分布。喜阳光，耐半阴，耐寒，忌水湿，择土不严，但以土层深厚、疏松肥沃、排水好的土壤为最佳。

形态特征

常绿灌木。植株通常具皮刺；叶互生，奇数羽状复叶，小叶常5~9枚，边缘有锯齿；托叶贴生或着生于叶柄上，稀无托叶；花多数集成伞房状，萼筒球形、坛形至杯形，萼片覆瓦状排列，花白色、黄色、粉红色至红色，野生型为单瓣，栽培品种多为重瓣。

繁殖及栽培管理

播种、嫩枝扦插或压条繁殖。一般来说，用作盆花的苗，应选优良的老枝条，用压条法育苗，栽培中注意修剪主芽，促进矮化；用作切花的苗，应选能形成花大色艳的品种育苗。栽培蔷薇与培养月季有许多相似之处，但它比月季管理粗放。从早春到开花期根据天气情况酌情浇水3~4次，保持土壤湿润，夏季高温干旱期可适当增加浇水量，但不能太湿，还要注意排水防涝。秋季再酌情浇2~3次水。孕蕾期施1~2次稀薄饼肥水。

别名：野蔷薇	科属：蔷薇科蔷薇属
用途：一般盆栽观赏，也可用于布置花坛、庭院或种植于路旁。	

琼花 > 花语：魅力无限

Viburnum macrocephalum Fort. f. *keteleeri*(Carr.)Rehd.

核果先红色，后变为黑色

产地及习性

原产中国，主要分布在浙江、江苏、湖北、湖南和安徽。喜光，略耐阴，较耐寒，忌强光直射，宜疏松、肥沃、排水良好的微酸性土壤。

形态特征

半常绿灌木。枝广展，树冠呈球形；叶对生，卵形或椭圆形，边缘有细齿；大型聚伞花序，花序周围常为8朵不孕花，中间为密集的可孕花，白色；核果椭圆形，先红后黑。花期4月，果期10~11月。

繁殖及栽培管理

以播种繁殖为主。果实在11月成熟，采后堆放，将籽洗净，贮藏于低温沙中，第二年春播，覆土略厚，上面盖草，当年6月有一部分发芽、出苗，这时去草遮阴，约培育4~5年后，可在早春萌动前移栽美化庭园。移植成活后，注意肥水管理，开花后及时剪去花枝，之后补肥1次。

白色不孕花

密集的可孕花

叶对生，边缘有细齿

别名：木绣球、聚八仙花、蝴蝶花、牛耳抱珠	科属：忍冬科荚蒾属
用途：琼花树姿优美，观赏性极佳，很适合种植于公园、林缘、庭院或坡地，也可与其他植物点缀配植。	

日本绣线菊

Spiraea japonica L. f.

花房生于当年生新枝顶端

密集的花

叶背灰蓝色

- **产地及习性** 原产日本。性强健，喜光照，略耐阴、耐寒、耐旱。

- **形态特征** 落叶灌木。植株低矮，枝干光滑，或幼时具细毛；叶卵形或卵状椭圆形，先端尖，叶缘有缺刻状重锯齿，叶背灰蓝色，叶脉常有短柔毛；复伞房花序生于当年生新梢顶端，花淡粉红色至深粉红色，偶有白色者。花期6～7月。

叶卵形或卵状椭圆形

叶缘有缺刻状重锯齿

- **繁殖及栽培管理** 同麻叶绣线球。

别名：粉花绣线菊、蚂蟥梢、火烧尖	科属：蔷薇科绣线菊属
用途：一般用于布置花坛、花境、草坪及道路，也可作基础种植。	

乳茄

Solanum mammosum L.

青紫色花

生或数朵聚生呈伞房状，花冠5裂，青紫色；浆果圆锥形，黄色或橙色，基部有乳头状突起。果期秋季。

- **产地及习性** 原产美洲热带地区。喜温暖、湿润和阳光充足环境，不耐寒，怕水涝和干旱，宜肥沃、疏松和排水良好的砂质壤土。

叶缘有不规则短裂片

- **繁殖及栽培管理** 播种繁殖。春季盆播，在20～25℃的条件下，播后约2周可发芽、出苗，成活率高。管理简单。生长期每半月施肥1次，开花前增施2～3次磷、钾肥；花期注意浇水和遮阴，避免高温干燥。越冬温度不低于12℃。

浆果圆锥形，基部有乳头状突起

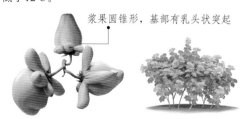

- **形态特征** 小灌木，常作盆栽。植株低矮，通常高约1m，有蜡黄色的皮刺，被短柔毛；叶对生，阔卵形，具不规则短钝裂片；花单

别名：黄金果、五指茄	科属：茄科茄属
用途：乳茄果形奇特，果色鲜艳，是一种珍贵的观果植物，在切花和盆栽花卉上广泛应用，也可种植于庭院。	

软枝黄蝉

Allamanda cathartica L.

花背面

花冠漏斗形

花苞

- **产地及习性** 原产巴西及圭亚那，中国引入栽培。喜光，畏烈日，不耐寒，宜肥沃、排水良好的酸性土。

- **形态特征** 常绿藤状灌木。株高可达4m；叶3～4片轮生，长椭圆形，叶背

脉上被毛；聚伞花序腋生，花冠漏斗形，黄色。花期6～10月。

- **繁殖及栽培管理** 同黄蝉。

叶3～4片轮生，长椭圆形

别名： 黄莺、小黄蝉、泻黄蝉、软枝花蝉	科属： 夹竹桃科黄蝉属
用途： 北方一般盆栽，南方暖地可地面种植，布置庭院、花坛、花境等。	

石海椒

Reinwardtia indica Dum.

果实

花大，喇叭状

叶倒卵状椭圆形

圆形，全缘或微具小圆齿，基部渐狭细至柄；花通常单生，有时数朵簇生于叶腋与枝顶，花大，黄色。花期4～5月。

- **产地及习性** 原产中国和东南亚一些国家。喜阳光，不耐寒，宜温暖、肥沃、排水良好的砂质土壤。

- **形态特征** 常绿灌木。株高约1m，茎直立或匍匐状生长，近圆柱形；叶互生，倒卵状椭

- **繁殖及栽培管理** 播种繁殖。选取当年生的籽粒饱满的种子，先用60℃左右的热水浸种一刻钟，再用温热水催芽12～24小时，之后把种子一粒粒放在基质表面，覆土约1cm厚，以"浸盆法"湿润土壤，以免将种子冲起来，还可用塑料膜覆盖保温保湿，待发芽、出苗后去膜，及时间苗，并在每天早上和将近黄昏时接受光照，当小苗长出3～4片叶时移栽。生长期施肥2～3次，炎热季节保持土壤湿润和通风。越冬温度5℃以上。

别名： 黄亚麻、迎春柳、金雀梅	科属： 亚麻科石海椒属
用途： 一般种植于公园、路旁、草地、岩石园或庭院等地，也可作花篱或盆栽观赏；枝、叶可入药。	

石楠

Photinia serrulata Lindl.

幼叶红色

● 产地及习性

原产中国，日本、印尼有少量分布。喜温暖、湿润及阳光充足的环境，耐阴，畏寒，要求土层深厚、排水良好、湿润、肥沃的砂质土壤。

● 形态特征

常绿灌木或小乔木。株通常高4～6m，树皮灰黄褐色，块状剥落；叶互生，卵状长椭圆形，革质，边缘疏生细锯齿，近基部全缘；幼叶红色，中脉有绒毛，成熟叶绿色，无毛，有光泽；复伞房花序顶生，花小，白色；梨果球形，红色。花期4～5月，果期10月。

● 繁殖及栽培管理

播种繁殖。冬季11月采种，将果实堆放熟后，捣烂漂洗，取出籽，低温沙藏到第二年春播种，大约1周发芽、出苗。3～4月移植，小苗需多留宿土，大苗需带土球并修剪去部分枝叶。

别名：千年红、扇骨木	科属：蔷薇科石楠属
用途：石楠早春嫩叶绛红，夏季白花点点，秋末硕果累累，极富观赏价值，而且具有抗烟尘和隔音的功效，主要种植于庭院、小区、路旁或公园等地。	

双荚决明

Cassia bicapsularis L.

花蕾和花

羽状复叶

荚果

● 产地及习性

原产热带美洲。性强健，喜光和温暖，耐寒，耐干旱，对土壤要求不严。

● 形态特征

常绿灌木。植株矮小，常高1.5～3m，分枝多；羽状复叶，小叶3～5对，卵状长椭圆形或倒卵状椭圆形，光滑无毛，叶缘呈金边环绕，基部一对小叶的叶轴具棍状腺体；总状花序顶生，花冠黄色。花期秋冬季。

● 繁殖及栽培管理

以播种繁殖为主。春季，将种子均匀撒在沙床上，覆约0.5cm厚的沙，淋透水，盖上遮阳网，待幼苗长4～5cm时移入容器培育。保持盆土湿润，每个月施肥1次，冬季控水，植株老化时要修剪。也可露地栽培，管理粗放。秋季干旱期加强水分，每年施肥1～2次。

别名：双荚槐、金叶黄槐、金边黄槐、腊肠子树	科属：苏木科决明属
用途：双荚决明花色鲜艳，花期长，多种植于花坛、草坪、庭院等地，也可大型盆栽观赏。	

212

溲疏

Deutzia scabra Thunb.

副花冠圆筒形

未成熟的蒴果

· **产地及习性** 原产中国和日本、朝鲜。性强健，喜温暖、湿润和阳光充足的环境，耐寒、耐旱，稍耐阴，择土不严，宜富含腐殖质的微酸性和中性土壤。

· **形态特征** 落叶灌木。株高1～3m，小枝中空，红褐色，幼时有星状毛，老时光滑，树皮成薄片状剥落；叶对生，长卵形，叶缘有不明显小齿，两面有星状毛；圆锥花序直立，花瓣5枚，白色，略带红晕。花期5～6月。

· **繁殖及栽培管理** 播种繁殖。秋季采种，密封干藏来年春天播种，因种子细小，播后覆土以不见种子为度；播后盖草，待出苗后分次揭去草，随即搭棚遮阴，幼苗生长缓慢，需精心养护，第二年春天落叶期分栽。移栽成活后，每月施薄肥1次，冬季或早春进行修剪，花谢后残花要及时剪除。

叶缘有不明显小齿

别名：空疏、空木、卯花	科属：虎耳草科溲疏属
用途：溲疏夏季绽放白花，繁密而素雅，很适合种植在草坪、山坡、路旁及公园等地，也可作切花。	

太平花

Philadelphus pekinensis Rupr.

太平花最早庭院种植始于宋仁宗时期，据传宋仁宗赐名"太平瑞圣花"，流传至今。北京故宫御花园中的太平花，据说为明代遗物。可见栽种历史之悠久。

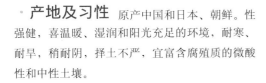

· **产地及习性** 原产中国，朝鲜也有分布。喜光，耐寒，宜肥沃、排水良好的土壤。

· **形态特征** 落叶灌木。株高可达2m，树皮栗褐色，薄片状剥落；小枝光滑无毛，常带紫褐色纹；叶对生，卵状椭圆形，先端渐尖，边缘疏生小齿，常具3主脉；具短柄，柄带紫色；花5～9朵成总状花序，花瓣4枚，乳白色，具清香。花期4～6月。

成熟蒴果

· **繁殖及栽培管理** 播种、分株和扦插繁殖。播种一般秋季10月采种，密封贮藏，第二年春季3月播种。分株在春季芽萌动前进行。扦插分为硬枝扦插和软枝扦插，软枝最好在5～6月进行，较易生根。栽植选择向阳而排水良好的地方，春季发芽之前可施以适量腐熟堆肥，可使枝繁叶茂。修剪一般选择早春和初夏，干旱期适当浇水。

别名：丰瑞花、山梅花	科属：虎耳草科山梅花属
用途：多种植在花坛、花境、林缘及路旁，进行绿化装饰。	

唐棉

Gomphocarpus fruticosus (L.) R. Br.

副花冠兜状 •

花瓣顶端突尖

刺。花期秋季到第二年春天。

- **产地及习性** 原产非洲。喜高温、多湿和光照充足的环境，不耐寒，对土壤要求不严，宜疏松肥沃的微酸性砂质土壤为佳。

- **形态特征** 常绿灌木。株高1～2m，直立，全株具白色乳汁；叶对生，线形，似柳叶，叶面浓绿色，背面淡绿色；聚伞花序，花顶生或腋生，五星状，副花冠红色兜状；菁葵果囊泡状，绿色或淡绿色，外果皮具软

- **繁殖及栽培管理** 播种或扦插繁殖。播种宜在春、秋季进行，发芽适温20～25 ℃，大约2周可发芽。扦插，剪去成熟枝条10～15cm，用清水洗去切口乳汁，大约3周可发根。栽培时，选择阳光充足、避风处栽植，如果土质肥沃，每年施肥2～3次即可，同时保持土壤湿润。生长后期设立支架，以防植株卧倒。

别名：钉头果、河豚果、棒头果、气球唐棉、气球花	科属：萝藦科钉头果属
用途：一般种植于庭院、草坪、岩石园或小桥旁，也可盆栽观赏。全株入药。	

贴梗海棠

Chaenomeles speciosa Nakai.

- **产地及习性** 原产中国，缅甸有少量分布。喜光，较耐寒，耐旱，稍耐阴，忌水湿，不择土壤，但在肥沃、深厚、排水良好的土壤中生长最旺盛。

- **形态特征** 落叶灌木。植株高可达2m，枝干丛生开展，紫褐色或黑褐色；小枝无毛，有刺；单叶互生，卵形至椭圆形，边缘具锐锯齿；托叶大，肾形；花簇生，花梗极短，花色红

色、粉红色、淡红色或白色；梨果球形，黄绿色，具芳香，干后果皮皱缩。花期3～4月。

梨果球形 •

- **繁殖及栽培管理** 分株、压条和扦插繁殖。分株，在春季或秋季均可进行，将母株完整挖起，每株留2～3个枝干，栽后3年左右可分株。压条多在早春进行，选取优良长枝，开沟后将枝横卧沟中，覆土约5cm厚，盖草保湿，约2个月生根，秋后或第二年春与母株割离。扦插和分株几乎同一时间，在生长季用嫩枝基部一段扦插，成活率较高，扦插苗2～3年可开花。移植最好在秋后落叶期及春季萌芽前进行。管理简单。只需适当浇水、除草、松土和修剪即可。

别名：铁脚海棠、铁杆海棠、木瓜花、川木瓜	科属：蔷薇科木瓜属
用途：贴梗海棠开花时绚烂耀目，是庭园中重要的观花灌木，一般种植于庭院墙边、草坪边缘、坡地、池畔等地，也可作配景材料。木材可用于雕刻，果实可入药。	

蝟实

Kolkwitzia amabilis Graebn.

果实外被刺刚毛

卵状椭圆形，两面被稀疏柔毛，近全缘或疏具浅齿；伞房花序，花繁密，花钟状，5裂，粉红至紫色，喉部黄色；果两枚合生，外被刺刚毛。花期5～6月。

树干

产地及习性

原产中国中部至西北部，为中国特有，欧洲广泛引种。喜阳光，较耐寒，耐旱，怕水涝和高温，宜温凉湿润、肥沃及排水良好的土壤。

形态特征

落叶灌木。株高可达3m，枝干丛生，幼枝被柔毛，老枝皮剥落；叶对生，卵形至

繁殖及栽培管理

播种、扦插或分株繁殖。播种在春季，湿砂层积贮藏的种子发芽率很高；扦插，春插宜用粗壮的休眠枝，夏插宜用半木质化的嫩枝，露地扦插；分株在春、秋季均可进行。苗木移栽，从秋季落叶后到次年早春萌芽前都可进行，中、小苗可裸根，但要带些泥浆，大苗需带土球。雨季注意排水，花后适当修剪。

别名：猬实	科属：忍冬科蝟实属
用途：蝟实是中国特产的著名观花植物，多丛植于草坪、路边及假山旁，也可盆栽或做切花用。	

纹瓣悬铃花

Abutilon striatum Dickson

产地及习性

原产南美。喜光照、温暖和湿润的环境，稍耐阴，不耐寒，宜肥沃湿润、排水良好的砂质土壤。

形态特征

常绿灌木。株高3～4m；叶互生，掌状3～5裂，裂片卵状渐尖形，边缘具锯齿或粗齿；花单生叶腋，花梗长而下垂，花钟形，花瓣5枚，橘黄色，有紫色条纹。花期5～10月。

繁殖及栽培管理

扦插繁殖。春季，以砂质壤土或富含腐殖质的壤土为栽培基质，选取一年生或二年生的健壮枝或当年生半木质化嫩枝作为插穗，保持土壤湿润，温度为15～28℃，发根、发叶很快。夏季2～3天浇灌1次，肥水充足则生长极快，一年内可长至1m。盆栽生长期每1个月施肥1次，以复合肥为主。

叶掌状3～5裂

花梗长而下垂

花钟形，花瓣5枚

别名：风铃花、灯笼花、宫灯花、金铃花	科属：锦葵科苘麻属
用途：一般作花篱及盆栽观赏，暖地可丛植布置花坛、花境和园林等。	

215

蚊母树

Distylium racemosum Sieb. et Zucc.

花序，无花瓣，花药红色

叶厚革质，无毛

果序

花序腋生

- **产地及习性** 原产中国东南沿海和日本。喜温暖、湿润和光照充足的环境，稍耐阴，不耐寒，对土壤要求不严，耐修剪。

- **形态特征** 常绿乔木。株高可达25m，树冠展开而略呈球形，小枝略折曲，被形状鳞毛；叶互生，椭圆形或倒卵形，厚革质，光滑，侧脉5～6对，在表面不显著，背面略隆起；总状花序腋生，无花被，花药红色。花期3～4月。

- **繁殖及栽培管理** 播种或扦插繁殖。播种，秋季采收成熟种子，可冬播或密封干藏第二年春2～3月播。扦插多在梅雨季节进行，选择生长健壮的半熟枝条，剪成10～12cm长的小段，带踵，上端留叶2～3片，插入土中2/3即可，插后遮阴，保持土壤湿润，当年11月或来年3月进行移植，植株需要带土球。

别名：中华蚊母	科属：金缕梅科蚊母树属
用途：蚊母树叶色浓绿，经冬不凋，且具有防尘及隔音的效果，是城市及工矿区绿化及观赏的优良树种。	

五色梅

Lantana camara L.

- **产地及习性** 原产南美巴西，现广泛分布热带和亚热带。适应性强，喜光、喜温暖和湿润气候，耐干旱，不耐寒，对土质要求不严，以肥沃、疏松的砂质土壤生长最好。

★**注意**：五色梅是一种入侵性很强的植物，在亚热带地区应慎用。

茎有时具刺

- **形态特征** 直立或半藤状灌木。株高1～2m，全株被短毛，有强烈臭气，茎枝四棱形，无刺或有下弯钩刺；叶对生，卵形或长圆状卵形，叶面粗糙，两面有硬毛，边缘有锯齿；花梗自叶腋抽出，头状伞形花序顶生，花密集，初开时常为黄、粉红色，接着变成橘黄或橘红色，最后呈红色，故称"五色梅"。花期6～10月。

- **繁殖及栽培管理** 扦插繁殖。春季5月份，选取一年生健壮枝条，每2节成一段，保留上部叶片并剪掉1/2，下部插入土壤，置疏荫处，经常浇水，大约1个月可生根，并发出新枝条。管理简单。春季气温转暖后，移到室外养护；夏季开花旺盛时期要注意浇水，并每隔半个月施肥1次，尤其是花后，利于新梢抽出。冬季移入室内阳光充足处越冬。

别名：马缨丹、山大丹、大红绣球、珊瑚球、龙船花	科属：马鞭草科马樱丹属
用途：五色梅花色多变，花期很长，而且具有抗污染的特性，很适合种植于公园、花坛、路旁、庭院等场所，同时也可盆栽摆设室内外。	

希茉莉

Hamelia patens Jacq.

・产地及习性
原产热带美洲。喜高温、高湿和光照充足的环境，耐阴、耐干旱，忌瘠薄，畏寒冷，喜土层深厚、肥沃的酸性土壤。

・形态特征
多年生常绿灌木。植株高2~3m，分枝多而开展，树冠呈广圆形；叶3枚轮生茎上，长披针形、纸质、叶面粗糙；幼枝、幼叶及花梗被短柔毛，淡紫红色；聚伞花序顶生，常排列成大型圆锥花序，花管状，橘红色。花期几乎全年。

花管状

嫩枝紫红色

・繁殖及栽培管理
以扦插繁殖为主。南方全年均可进行，选取成熟枝条作为插穗，长10~15cm，极易成活，生长适温15~30℃。管理粗放。随时根据需要修剪，以促发新枝。花期较长，在生长旺季可追施磷、钾复合肥3~5次。

别名：醉娇花、希美丽、希美莉、长隔木	科属：茜草科长隔木属
用途：希茉莉适应性强，管理粗放，是极佳的园林配植树种，在南方绿化中应用广泛，也可盆栽观赏。	

细叶萼距花

Cuphea hyssopifolia Kunth.

叶形多变

・产地及习性
原产南美墨西哥，现热带地区广泛栽培。喜阳光和高温，不耐寒，耐半阴，畏霜冻，宜排水良好的砂质土壤。

・形态特征
常绿小灌木。植株矮小，茎多分枝；叶形变化多，线形、线状披针形或倒披针形；花单生叶腋，花瓣6枚，紫色、淡紫色至白色。花期5~10月。

花瓣6枚

・繁殖及栽培管理
以扦插繁殖为主。在生长期内均可进行，但最好在春季或秋季，选取健壮枝条，剪成5~8cm长，要带顶芽，去掉基部的叶片，插入沙床约3cm深，1~2周即可生根成活。再过1个星期就可露地移植或盆栽。管理粗放。定植后保持土壤湿润，生长期内施复合肥3~5次。如枝条过密，可适当修剪。北方冬季室内越冬，室温保持在10℃以上。

别名：紫花满天星、神香草萼距花、细叶雪茄花	科属：千屈菜科萼距花属
用途：细叶萼距花花形奇特，花色鲜艳，是优良的绿化材料，既可种植于花坛、庭院、路旁等，也可盆栽观赏。	

木本篇

虾仔花

Woodfordia fruticosa(L.)Kurz.

- **产地及习性** 原产中国、越南、缅甸、印度及马达加斯加等地。喜湿润，对土壤要求不严。

株高可达4m，根系不发达

- **形态特征** 常绿灌木或小乔木。株高可达4m；叶对生，披针形或狭披针形，革质，叶下面具黑色小腺点；聚伞形花序腋生，花萼筒状，鲜红色，花瓣6枚，淡红色。花期1~4月。

- **繁殖及栽培管理** 播种繁殖和压条繁殖。播种一般7天可发芽、出苗，压条一般1个月发根。生性强健，对土壤要求不严，如土壤肥沃，生长期内不用施肥。

别名：五福花、虾米草	科属：千屈菜科虾仔花属
用途：一般种植于公园、植物园或一些办公场所，也可单植于庭院。	

新疆忍冬

Lonicera tatarica L.

- **产地及习性** 原产中国新疆北部，现东北和华北等地有栽培。性耐寒。

- **形态特征** 落叶灌木。株高达3m，小枝中空，老枝皮灰白色；叶卵形或卵状椭圆形，基部圆形或近心形，光滑；花成对腋生，花冠唇形，粉红色或白色；浆果红色，常合生。花期5~6月，果期7~8月。

- **繁殖及栽培管理** 播种或扦插繁殖。7~9月采集种子，去皮，洗净，按15：1的比例混于河砂中，总厚度不超过40cm，置于冷凉处，保持河砂湿润，第二年春3月解冻后筛出种子，播于苗床，盖草保温，保持土壤和空气湿度，约5月份陆续出苗。扦插在春季或秋季均可进行，较易成活。管理简单。

成熟的果实

花和果成对腋生

小枝中空

叶中脉明显，光滑

别名：鞑靼忍冬	科属：忍冬科忍冬属
用途：新疆忍冬花美叶秀，常种植于庭院、花坛、花境、公园等地观赏。花蕾和苞片可入药。	

悬铃花

Malvaiscus arboreus Cav.

产地及习性
原产南美墨西哥、秘鲁和巴西。喜高温、多湿和阳光充足的环境，耐热、耐旱，不耐寒霜，忌涝，对土壤要求不严，在肥沃疏松和排水良好的微酸性土壤中生长最好。

形态特征
常绿小灌木。株高约1m；单叶互生，叶形多变，通常为卵形或卵状矩圆形，有时边缘具浅裂，叶面具星状毛；花下垂如铃铛，不展开，花冠漏斗形，鲜红色，花瓣基部有明显的耳状体；雄蕊聚成柱状，伸出花瓣外。花期全年。

繁殖及栽培管理
扦插繁殖。春、夏和秋季均可进行，但以3～5月为最佳，选取当年生的粗壮嫩枝，剪取10～15cm长插于沙床，保持土壤湿润，一般3～4周即可生根、发叶，成活率可达80%以上，第二年定植。管理粗放。生长期每月施肥1次，直到冬季。盛夏土壤保持湿润，多见阳光，但要防烈日暴晒。冬季室内越冬，温度不低于8℃。

叶缘浅裂

花瓣呈螺旋卷"抱"在一起

别名：	南美朱槿、灯笼扶桑、大红袍、岭南扶桑	科属：	锦葵科悬铃花属
用途：	悬铃花形似风铃，美丽可爱，是不可多得的观赏佳品，既可用来绿化园林和庭院，尤其是矿区和工厂，也可盆栽观赏。		

野牡丹

Melastoma candidum D. Don

花瓣紫红色，花蕊黄色

蒴果

产地及习性
原产中国。喜温暖、湿润和光照充足的气候，稍耐旱，对土壤要求不严，但以疏松而含腐殖质的土壤为佳。

形态特征
灌木。植株低矮，茎、叶柄密被紧贴的鳞片状糙毛；叶对生，卵形或广卵形，纸质，基部狭心形，叶面有被粗毛，叶背具密而长的柔毛；花大，紫红色，常3朵聚生枝顶，花期5～10月。

繁殖及栽培管理
播种繁殖。在春季3～4月，由于种子细小，混合草木灰或细土后均匀地撒播在苗床上，覆细土约2cm，浇水，盖草保湿，气温在25℃以上时，大约20天发芽、出苗，出苗后分次揭去盖草，待苗高15cm左右移植，每穴栽3株。管理简单。隔月松土、除草1次，春、夏、秋季各追施人粪尿或复合肥1次，冬季追施堆肥或草木灰，追肥后进行培土。

别名：	猪母草、山石榴、金石榴	科属：	野牡丹科野牡丹属
用途：	野牡丹花叶俱美，可孤植、片植或丛植布置园林。		

叶子花 > 花语：热情，坚韧不拔

Bougainvillea spectabilis Wind.

　　三枚大型紫红色的叶状苞片是叶子花的主要观赏部位，因形似三角形，因而也叫三角花。不过，叶子花虽然很漂亮，人们赠送时却通常会避免将其送给他人，因为别名三角花有"三角恋"的意思。叶子花是中国厦门、深圳、惠安市等地的市花。

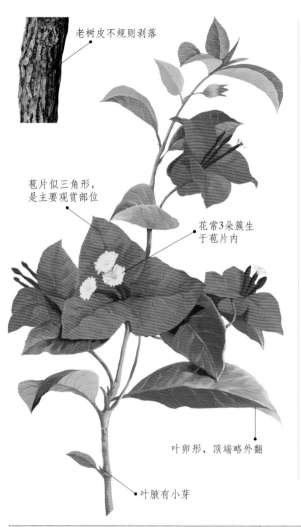

老树皮不规则剥落

苞片似三角形，是主要观赏部位

花常3朵簇生于苞片内

叶卵形，顶端略外翻

叶腋有小芽

攀援状灌木

· 产地及习性 原产南美巴西，中国各地均有栽培。性强健，喜温暖、湿润和光照充足的气候，不耐寒，耐贫瘠、耐碱、耐干旱，忌积水，宜疏松、肥沃、富含腐殖质的土壤。

· 形态特征 常绿攀援状灌木。茎具刺，茎叶密生绒毛；叶互生，卵形，全缘，被厚绒毛；花生于新梢顶，常3朵花簇生于3枚较大的苞片内，花梗苞片中脉合生；苞片叶状，椭圆形，是主要观赏部位，鲜红色、砖红色或浅紫色。花期多在春夏季。

· 繁殖及栽培管理 扦插繁殖。在6～7月花后剪取成熟的木质化枝条，长约20cm，插于砂床或喷雾插床，盖上玻璃，保持土壤湿润，温度在21～25℃的条件下，大约1个月可生根，培养二年可开花。生长期需水肥充足，5～10月每周施肥1次，花期增施磷、钾肥，花后剪去残枝或过密的枝条。

别名：九重葛、三叶梅、毛宝巾、三角花	科属：紫茉莉科叶子花属
用途：叶子花在南方暖地常种植于庭院、花坛、花境或做地被绿化，在长江流域以北则适合盆栽或作切花盆景观赏。花、叶可入药。	

一品红 >花语：普天同庆

Euphorbia pulcherrima Willd.ex Klotzsch

　　一品红是在圣诞节用来摆设的著名花卉，因此也称"圣诞花"，那鲜红的叶片充满节日的喜庆，从它身边经过，总感觉它在向我们摆手祝福。

果背面

花瓣顶端有小突尖

杯状花序

叶背灰绿色，有柔毛

茎有刺，含白色乳汁

叶互生，边缘浅裂

★**注意**：一品红全株含有毒素，栽培时要极为小心！一般不在居室养殖。

· **产地及习性** 原产墨西哥及非洲，现广泛栽培。喜温暖和阳光，不耐寒，宜排水好、肥沃湿润的壤土。

· **形态特征** 常绿灌木。株高50～300cm，茎光滑，嫩枝绿色，老枝深褐色，茎叶含白色乳汁；单叶互生，卵状椭圆形，全缘或波状浅裂，叶背有柔毛；顶端近花序叶呈苞片状，为主要观赏部位，开花时有红、黄、粉等颜色；杯状花序聚伞状排列，顶生，总苞淡绿色。花期12月～次年2月。

· **繁殖及栽培管理** 以扦插繁殖为主，包括嫩枝扦插和硬枝扦插。嫩枝扦插，当嫩枝长出6～8片叶时，剪取约7cm长、具3～4节的一段嫩梢，节下修平，去除基部大叶，投入清水中，待乳汁不外流后插入营养土。硬枝扦插，春季翻盆时，剪取健壮枝的中下段约11cm长作为插穗，待切口稍干后插入营养土，每盆1～4株，一天后才可浇水。扦插成活后，不需移植，就可以培养成花。栽培中，保持盆土湿润，忌积水，每半月施肥1次，开花期和冬季减少，短日照养护。

别名：象牙红、老来娇、圣诞花、圣诞红、猩猩木	科属：大戟科大戟属
用途：一品红的花期在圣诞、元旦期间，花色鲜艳，最适宜盆栽观赏，也可作切花，暖地区还可种植于庭院。	

迎春

Jasminum nudiflorum Lindl.

由于在百花之中开花最早，花后即迎来百花争艳的春天，因而称作迎春。迎春和梅花、水仙、山茶花统称为"雪中四友"，是中国名贵花卉之一。

产地及习性

原产中国北部、西北和西南各地。性强健，喜光，稍耐阴，略耐寒，怕涝，宜疏松肥沃和排水良好的砂质土壤，在碱性土中生长不良。

形态特征

落叶灌木。植株低矮，枝细长而柔软，幼枝四棱形，直出或呈拱形；叶对生，小叶3枚，幼枝基部有单叶，卵形至长椭圆形；花先叶开放，单生在二年生枝的叶腋，花冠5～6裂，黄色，外染红晕，具清香。花期2～4月。

花先叶开放，花冠5～6裂

繁殖及栽培管理

以扦插繁殖为主。休眠枝宜在2～3月扦插，半成熟枝在6月下旬扦插，成熟枝在9月上旬扦插，插后遮阴，保持土壤湿润，成活率高。花后施肥，每2周1次，雨季注意排水。另外，迎春花的株形很重要，花后必须重新修剪，当新枝长到一定长度时要剪短和摘心。此外，也可分株或压条繁殖。

别名：金腰带、串串金、云南迎春、大叶迎春	科属：木犀科素馨属
用途：迎春枝条披垂，花色金黄，叶丛翠绿，是早春重要的观花灌木，一般种植于湖边、溪畔、桥头、庭院或草坪、坡地等，还可盆栽制作盆景。花、叶、嫩枝均可入药。	

硬枝老鸦嘴

Thunbergia erecta (Benth.)T. Anders.

花喇叭状，喉部黄色

花冠筒长

产地及习性

原产亚洲热带至马达加斯加、非洲南部。喜高温、高湿和光照充足的环境，较耐阴，耐旱，不耐寒，宜微酸性土壤。

形态特征

常绿灌木。植株高2～3m，分枝多，枝条较柔软。幼茎四棱形；叶对生，卵形至椭圆状，纸质，叶面深绿色，背面灰绿色；具短柄；花单生于叶腋，蓝紫色，喉管部黄色。花期全年。

枝条柔软

繁殖及栽培管理

扦插繁殖。春、秋均可进行，大约3周即可生根，种植地要向阳，排水好。生长期每半月施肥1次，植株老化后修剪，利于新枝萌发。冬季越冬温度8℃以上。

别名：蓝吊钟、立鹤花、直立山牵牛	科属：爵床科山牵牛属
用途：硬枝老鸦嘴管理粗放，花期又长，而且花形奇特，很适合盆栽观赏，也可种植于庭院。	

榆叶梅

Amygdalus triloba (Lindl.)Richer.

产地及习性 原产中国，为温带树种。喜光，耐寒、耐旱、忌水涝，对土壤要求不严，以中性至微碱性，且肥沃疏松的沙壤土为佳。

形态特征 落叶灌木或小乔木。株高3～5m，枝紫褐色，粗糙；叶椭圆形至倒卵形，先端尖或3裂状，基部宽楔形，边缘具粗重锯齿；花常1～2朵腋生、粉红色，单瓣或重瓣；核果近球形，熟时红色。花期4月，果期7月。

繁殖及栽培管理 扦插繁殖。嫩枝扦插，从春末至早秋均可进行，选取当年生优良枝条，剪取健壮部分5～15cm长作为插穗，每个插穗至少要带3个叶节，同时注意上剪口要距第1个叶节约1cm、平剪，下剪口距最下面1个叶节约0.5cm、斜剪，两个剪口都要平整，插入以营养土、河砂或泥炭土为栽培基质的插床中。

别名：榆梅、小桃红、榆叶弯枝	科属：蔷薇科桃李属
用途：榆叶梅是北方春季园林中的重要观花灌木，一般种植于公园、草坪或庭院、池畔或配植于山石处，也可盆栽或作切花。	

玉叶金花

Mussaenda pubescens Ait. f.

产地及习性 原产中国东南部和西南部。喜温暖，耐半阴，宜酸性土壤。

形态特征 藤状小灌木。小枝蔓延，初时被柔毛，成长后脱落；叶对生或轮生，卵状矩圆形或椭圆状披针形，膜质或薄纸质，背面被柔毛；伞房花序稠密，花顶生，黄色，萼片变形为白色叶状。花期5～10月。

繁殖及栽培管理 扦插繁殖。春季，选取健壮而充实的一年生嫩枝，剪取8～12cm，下端剪成45°角，最好扦插在河砂或珍珠岩的栽培土中，入土深度以插穗的1/2为佳，插后浇一次透水，注意遮阴和保持空气湿度，大约2周即可生根成活。雨季移植，次年定植。每月施肥1～2次。花后修剪。其他管理粗放。

萼片叶状，白色

小花黄色

果序

叶对生或轮生

别名：野白纸扇	科属：茜草科玉叶金花属
用途：一般片植于疏林、草地或庭院，也可盆栽观赏。	

郁李

Prunus japonica Thunb.

果仁

端长尾状，基部圆形，边缘有锐重锯齿，近无柄；托叶条形，边缘具腺齿，早落；花单生或2～3朵簇生，粉红色或近白色；核果近球形，暗红色，有光泽。花期3～4月，果期5～6月。

• 产地及习性
原产中国。性强健，喜光，耐寒、耐水湿，抗旱，对土壤要求不严，但在肥沃湿润的砂质壤土中生长最好。

• 形态特征
落叶灌木。株高可达2m，枝纤细而柔软，幼枝黄褐色，干皮褐色，老枝有剥裂，无毛；叶卵形或卵状披针形，先

• 繁殖及栽培管理
播种、扦插或分株繁殖。播种，6月上旬采种，堆熟后将种子洗净阴干，秋季播种，也可将种子低温沙藏，第二年春播。扦插在春2～3月进行，选取一年生健壮枝条，剪成12～15cm长作插条，插入苗床的深度最好为插穗的2/3，掀实浇水。分株在春季结合移栽时进行。移植在落叶后到萌芽前进行，植株需带宿土。生长期每月施肥1次，经常疏剪根蘖。

别名：爵梅、寿李、栯	科属：蔷薇科李属
用途：郁李开花时灿若云霞，结果时丹实满枝，是极好的观花观果植物，常丛植于草坪、山石旁、林缘、建筑物前，或点缀于庭院路边，也可作花篱栽植。	

鸳鸯茉莉 >花语：爱我

Brunfelsia acuminata (Pohl.)Benth.

花初开蓝紫色，后变为浅蓝色、白色

未成熟的蒴果

• 产地及习性
原产美洲热带地区。喜高温、湿润和光照充足的环境，耐半阴、耐干旱、耐瘠薄，忌涝，畏寒，宜疏松肥沃的土壤。

形态特征
多年生常绿灌木。植株低矮，茎深褐色，多分枝，皮具裂；叶互生，矩圆形，全缘；花单生或数朵聚生，花冠高脚碟状，初开时蓝紫色，渐变为浅蓝色，后变白色，具芳香。花期4～10月，华南地区冬季也可开花。

• 繁殖及栽培管理
扦插繁殖。春插选取二年生枝条作插穗，秋插选取当年生枝条作插穗，扦插适温20～25℃，保持土壤湿润，同时空气也要保持较高湿度，极易生根成活。管理粗放。夏季适当遮阴，生长旺季追肥，保持盆土湿润，忌积水。花后修剪株形。冬季在长江流域及华北地区均需室内越冬，温度不低于10℃。

别名：二色茉莉	科属：茄科鸳鸯茉莉属
用途：鸳鸯茉莉是优良的冬季室内盆栽花卉，在华南暖地可露地种植，如庭院、花坛、公园、池畔等地。	

月季 ＞花语：爱情、幸福、美好

Rosa chinensis Jacq.

在姹紫嫣红的百花园中，月季以千姿百色、芳香馥郁、四季绽放，赢得了"花中皇后"之美名。它不仅是中国十大名花之一，还是北京、天津、大连、青岛等32座城市的市花，可见其受欢迎程度。

不同颜色的月季花

花瓣5枚或重瓣，花色因品红而定

叶轴红色

奇数羽状复叶，小叶3～5枚

叶背灰绿色

叶缘有锯齿

茎散生皮刺

根茎多分枝

· 产地及习性 原产中国。适应性强，喜阳光，耐寒、耐旱，畏炎热高温，忌阴湿，对土壤要求不严格，但以富含有机质、排水良好的微带酸性沙壤土最好。

· 形态特征 有刺灌木。小枝绿色，通常散生皮刺；叶互生，一般由3～5枚小叶组成奇数羽状复叶，小叶椭圆或卵圆形，叶缘有锯齿，托叶与叶柄近合生；花单生或少数丛生枝顶，花瓣5枚或重瓣，花色有红、黄、粉、白、绿、紫等色，还有复色或具条纹及斑点者；花香因品种而定，有的淡，有的浓，有的无；花期不定，有的四季开花，有的在某两个季或单季开花。

· 繁殖及栽培管理 以扦插和嫁接繁殖为主。扦插多在初夏和早秋进行，春季气温在15℃以上和冬季温室内也可进行，选取优良枝条，环状剥皮，待生出愈伤组织后再剪下枝条扦插。嫁接，北方宜在春季叶芽萌动前进行，南方则在12月～次年2月，选择适宜的砧木，如野蔷薇、粉团蔷薇、"白玉棠"等，在休眠期枝接。栽培管理要点：盆土疏松，盆径适当，干湿适中，薄肥勤施，摘花修枝，防治病虫，每年换盆。

别名：月月红、常春花、胜红、斗雪红	科属：蔷薇亚科蔷薇属
用途：月季是布置花坛、花境、庭院的优良花材，也可制作月季盆景，还可作切花、花篮、花束等。花可提取香料。根、叶、花均可入药。	

珍珠梅

Sorbaria kirilowii (Regel) Maxim.

· 产地及习性 原产中国华北，现各地都有栽培。喜阳光、耐寒、耐湿、耐旱，略耐阴，对土壤要求不严，但喜肥沃湿润的土壤。

· 形态特征 落叶灌木。植株高2～3m，枝开展，无毛或被疏柔毛，幼时嫩绿色，老时暗黄褐色或暗红褐色；冬芽卵形，紫褐色，具数枚鳞片；奇数羽状复叶，小叶13～21枚，对生，叶缘具尖锐重锯齿；大型圆锥花序顶生，花白色，具芳香。花期6～7月。

· 繁殖及栽培管理 分株和扦插繁殖。分株在早春3～4月进行，最好选择栽培3～5年以上的健壮植株，将根部周围的土挖开，用刀顺着生长纹理分离出根蘖，每株可分成4～7小株，每小株要带完整的根，并对侧根过多的株丛适当修剪，栽植后浇足水，置于稍荫蔽处，极易成活，生长快，大约1周后逐渐放在阳光下正常养护。扦插一年四季均可进行，但以3月和10月成活率最高，选择优良的当年生枝条或二年生成熟枝条，剪成15～20cm，留4～5个芽或叶片，切口剪成马蹄形，随剪随插，入土深度为插条的2/3，插后浇一次透水，以后每天喷1～2次水，经常保持土壤湿润，3周后减少喷水次数，大约1个月即可生根移栽。生长季每半月施肥1次，复合肥或有机肥均可。

花白色，具芳香

圆锥花序顶生

叶先端有小突尖

大型奇数羽状复叶

小叶13～21枚，叶缘有重锯齿

株高2～3m

别名：华北珍珠梅	科属：蔷薇科珍珠梅属
用途：珍珠梅花色洁白，树姿秀丽，是园林应用上十分受欢迎的观赏树种，适合丛植或片植在草地、庭院、坡地或林缘等，也可大型盆栽观赏。	

桢桐

Clerodendrum japonicum (Thunb.) Sweet

花冠大红色

叶背有黄
色腺点

叶有浓烈臭味

产地及习性
原产中国、印度及日本，生于低海拔林缘或灌木丛。喜温暖、湿润，耐湿、耐旱，稍耐半阴。

形态特征
常绿灌木状小藤本。株高可达5m，嫩枝稍有柔毛，枝内白色中髓坚实；叶大，宽卵形或卵形，有强烈臭味，边缘有锯齿，背面密生黄色腺点；具长柄；大型圆锥花序顶生，花冠大红色。花期5~7月。

繁殖及栽培管理
分株繁殖为主，也可扦插繁殖。性强健，管理粗放。一般土壤均能生长。生长期每月施肥1次，保持土壤湿润。春季进行修剪。

株高可达5m

别名：臭牡丹、香盏花、百日红、贞桐花、状元花	科属：马鞭草科大青属
用途：桢桐花鲜艳夺目，花期很长，既适合盆栽观赏，也可种植于花坛、花境或庭院，甚至是路旁、坡地等。	

栀子花

Gardenia jasminoides Ellis.

花苞

花大，花冠高脚碟状，白色，具芳香，也有重瓣品种。花期4~5月。

产地及习性
原产中国长江流域以南各省。喜温暖、湿润和阳光充足的环境，较耐寒、耐半阴，怕积水，宜疏松、肥沃和排水良好的酸性壤土。

繁殖及栽培管理
扦插繁殖。春插2月，秋插9月，选取嫩枝在梅雨季进行，也可在梅雨季将插条插在稻田或水里，大约1周生根，然后移栽苗床培养，极易成活。生长期保持土壤湿润，春、秋适量浇水，夏季多浇水，冬季控制水量；每半月施肥1次；夏季宜半阴，忌强光。

形态特征
常绿灌木。植株低矮，枝丛生，幼时具细毛；叶对生或三叶轮生，倒卵状长椭圆形，革质，具光泽；具短柄；花单生枝顶，

叶倒卵状长椭圆形

别名：栀子、黄栀子、白蟾花	科属：茜草科栀子属
用途：栀子花枝叶繁茂，四季常绿，芳香素雅，是美化庭院的材料，既可盆栽观赏，也可种植于林缘、溪畔、路旁、花坛或建筑周围等，还可作切花。	

皱叶荚蒾

Viburnum rhytidophyllum Hemsl.

- **产地及习性** 原产中国。喜温暖、湿润及光照充足的环境，耐半阴、耐寒、不耐涝，以土层深厚、排水良好的土壤为最佳。

- **形态特征** 落叶灌木。植株高2～4m，全株被星状柔毛；叶大、卵状长圆形或长圆状披针形，革质，基部圆形或微心形，叶面深绿色，有皱褶，边缘具小齿；聚伞花序稠密，花冠白色；核果卵形，成熟时红色。花期4～5月，果熟期7～9月。

- **繁殖及栽培管理** 播种繁殖。种子采收后随即播种，也可贮藏于层积沙中，第二年春3～4月播种。生长期保持土壤湿润，每月施肥1次，雨季注意排水和防涝。

老叶

花稠密，白色

叶面有皱褶

成熟核果

别名：山枇杷、枇杷叶荚蒾	科属：忍冬科荚蒾属
用途：皱叶荚蒾花团锦簇，果实喜庆，常被种植于庭院、小区、公园、坡地、岩石园等地。	

朱樱花

Calliandra haematocephala Hassk.

花苞聚生呈球形

花丝成放射状

　　由于花序很像古时候枪杆上的红樱，故被称为朱樱花。它的花形非常别致，不见花瓣，只有无数细丝聚拢在一起，热情而独特，远远望去，又似一个个玲珑可爱的红绣球，十分惹人喜爱。

- **产地及习性** 原产南美巴西。喜温暖、湿润和阳光充足的环境，耐热、耐旱、耐修剪，忌水湿，宜疏松、排水良好的砂质土壤，好肥。

- **形态特征** 常绿灌木或小乔木。株高1～2m，枝条扩展；二回羽状复叶，小叶6～12对，斜披针形；总状花序，花丝多数，呈放射状，深红色。花期4～10月。

- **繁殖及栽培管理** 扦插繁殖，春季进行。选择向阳地，生长期需施有机肥3～5次，保持土壤湿润。夏季炎热高温时，多补充水分。

总状花序顶生

二回羽状复叶

小叶6～12对

别名：美蕊花、红绒球、美洲合欢	科属：豆科朱樱花属
用途：朱樱花蓬松大如绒球，观赏性极佳，多栽植于道路、公园或庭院。	

紫瓶子花
Cestrum purpureum Standl.

· **产地及习性** 原产南美墨西哥，现中国南方各地普遍栽培。喜温暖、向阳和通风良好的环境，不耐寒，不择土壤，但以疏松、肥沃的壤土生长最佳，好肥。

· **形态特征** 常绿直立或近攀援状灌木。株高1～3m，枝条下垂或呈拱形弯曲，灰绿色带紫色，被绒毛；叶互生，卵状披针形，边缘波浪状，叶背被软毛；花稠密，腋生或顶生，形如瓶状，紫红色，故得此名；浆果羊角状。花期7～10月，果期4～5月。

· **繁殖及栽培管理** 扦插繁殖。在春季或秋季，选取健壮的枝条，剪取约8cm长，插于沙土中，保持土壤和空气湿润，大约1个月生根、发叶。定植时选择光照充足的生长环境，生长旺季每月施肥1次，秋季干旱时，注意补水。花后适当修剪，调整株形。寒冷地区冬季需入温室中，温度不可低于5℃。

别名：紫夜香花、瓶儿花、瓶子花	科属：茄科夜香树属
用途：紫瓶子花形态优美，香气浓郁，极富观赏性，多种植于庭院、公园、花坛、池畔等地，也可盆栽大型观赏。	

紫荆 ＞花语：繁荣、奋进
Cercis chinensis Bunge

· **产地及习性** 原产中国。喜光照、耐寒，畏水湿，宜肥沃、排水良好的酸性砂质土壤。

· **形态特征** 落叶乔木或灌木。树皮暗褐色，老时粗糙纵裂；叶互生，卵圆形，基部心形，主脉5出；花先叶开放，4～10朵簇生于老枝上，花冠假蝶形，玫瑰红色。花期4～5月。

· **繁殖及栽培管理** 以播种繁殖为主。秋季收集成熟荚果，取出种子，冬播或早春播种均

花冠假蝶形

花序枝

荚果

可。如果延迟播种，可在播前用温水浸种1天，播后30天左右发芽、出苗。小苗移栽时可裸根，大苗则要带土球。如果土质肥沃，可控制施肥量，甚至不施肥。

别名：满条红、苏芳花、紫株、乌桑、箩筐树	科属：豆科紫荆属
用途：一般栽植于庭院、公园、广场、草坪、道路绿化带等处，也可盆栽观赏或制作盆景。	

紫叶小檗

Berberis thunbergii DC. var. atropurpurea Chenault.

花正面图

成熟果序图

叶紫红色
或紫褐色

花瓣边缘有红色纹晕

枝干具刺

株高2～3m

· 产地及习性 原产中国和日本。喜温暖凉爽的气候，耐寒、耐旱，忌水涝，宜肥沃、排水良好的土壤。

· 形态特征 落叶多枝灌木。植株高2～3m，幼枝紫红色，老枝灰褐色或紫褐色，具刺；叶簇生在短枝上，菱形或倒卵形，全缘；花单生或2～5朵呈短总状花序，下垂，黄色，花瓣边缘有红色纹晕。花期4月。

· 繁殖及栽培管理 播种和扦插繁殖。播种在秋采种，将种子洗净、阴干、冬播，或沙藏至第二年春播。扦插，选取芽眼饱满的优良枝条，长10～15cm，入土深度为插穗的1/2，遮阴，极易生根。移植在落叶后至春萌芽前，植株需带宿土或泥球。生长期施肥2～3次，忌积水。

别名: 红叶小檗	科属: 小檗科小檗属
用途: 一般种植于庭院、路旁、池畔、林缘，也可作绿篱观赏。根、茎、叶均可入药。	

紫薇 > 花语：沉迷的爱、好运

Lagerstroemia indica L.

紫薇树长大后，外皮自然脱落，树干光滑，轻轻摸一下，它立即会枝摇叶动，浑身颤抖，甚至还发出微弱的"咯咯"声，这种"怕痒痒"的特性真是令人称奇。

成熟开裂的蒴果

产地及习性 原产东南亚至大洋洲，中国是主要的分布中心。喜阳光充足和温暖的环境，耐热、耐水湿、耐旱、稍耐阴，抗寒性强，宜土层深厚、排水良好、肥沃的中轻性土壤，好肥。

花边缘皱缩

雄蕊近直立

花瓣6枚，开展

叶倒卵形或长椭圆形

花蕾

中脉凹陷

小枝近四棱形，暗紫红色

形态特征 落叶灌木或小乔木。株高3～10m，树皮易脱落，树干光滑细腻，小枝略呈四棱形，常有狭翅；叶对生或近对生，椭圆形、倒卵形或长椭圆形，近无柄；圆锥花序顶生，花瓣6枚，边缘皱缩状，基部具长爪。蒴果椭圆状球形，种子有翅。花期6～9月，果期7～9月。

繁殖及栽培管理 播种和扦插繁殖。播种，在10月左右采下成熟的蒴果，果开裂后收集种子，晾干，早春条播或撒播，大约2周可发芽、出苗。小苗生长期保持土壤湿润，当10～15cm时，每半个月施薄肥1次，立秋后，施磷酸钙肥1次。管理得当，实生苗第二年可开花，培育2～3年后定植。扦插，在春季萌芽前，选取一年生或二年生优良枝条，剪成15～20cm长，上端留2～3片叶子，入土深度2/3，插后保湿，生根率可达90%以上，一年生苗高约50cm。管理简单。生长期充分浇水，每年施腐熟液肥3～5次，入冬前施1次有机肥。注意修剪株形。

株高可达10m

别名：百日红、满堂红、痒痒树、猴刺脱	科属：千屈菜科紫薇属
用途：紫薇树形优美，花色艳丽，是园林绿化的常用树种，常丛植或孤植于小区、庭院、路旁、坡地、林缘等地，也可盆栽观赏。另外，紫薇对二氧化硫等有毒气体具有抗性，是良好的环保树种，可种植于工厂、矿区。	

白兰花

Michelia alba DC.

· 产地及习性
原产印度尼西亚爪哇岛。喜光照充足、湿润和通风好的环境，畏寒，不耐阴，怕强光，忌水湿，宜疏松肥沃、富含腐殖质的微酸性砂质土壤。

· 形态特征

常绿乔木。株高10~20m，盆栽植株矮小，树皮灰白色，幼枝及芽绿色；单叶互生，长椭圆形，革质，全缘，叶面绿色，叶背淡绿色；花单生当年枝的叶腋，白色略带黄色，极香。花期6~10月。

· 繁殖及栽培管理
嫁接繁殖，一种是靠接，一种是切接。靠接在春季2~3月，选取粗约0.6cm的紫玉兰枝干作砧木，4~9月进行靠接，接后约50天嫁接部位愈合，此时将其与母株切离种植，白天注意遮阴，晚上去遮盖物，同时注意防风。切接，在春3月中旬的晴天进行，选取粗壮的一年生或二年生紫玉兰作砧木，3~4周顶芽抽发叶片，6月开始施薄肥，8月末停止，10~11月上盆，移入室内培育。一般当年苗高可达80cm，比靠接苗生长快。盆栽2年换盆1次，长大后可3~4年。

别名：黄桷兰、白缅桂、白兰、黄果兰、黄角	科属：木兰科含笑属
用途：白兰花株形直立，落落大方，是南方园林中的骨干树种，常露地栽培，北方则多盆栽，布置庭院、厅堂、会议室。白兰花可提取香精油、干燥香料，还可制白兰花茶。	

秤锤树

Sinojackia xylocarpa Hu

花白色

花蕾

成熟坚果

锤，故得名。花期4~5月，果期9~10月。

· 产地及习性

原产中国南京幕府山，浙江、湖北、山东有栽培。喜光照充足、温暖湿润的环境，耐旱，忌水湿，宜上层深厚、排水良好的砂质土壤。

· 形态特征
落叶小乔木。株高可达6m，冬芽裸露单生或2枚叠生，嫩枝密被深褐色星状毛；单叶互生，倒卵形或椭圆形边缘有硬质锯齿；聚伞花序腋生，着花3~5朵，花梗长，花白色；坚果木质，下垂熟时栗褐色，卵圆形，似秤

· 繁殖及栽培管理
播种和扦插繁殖。播种，8月采种，随采随播或低温沙藏至第二年春播。扦插宜在梅雨季进行，选取半木质化的优良嫩枝，剪成10~15cm长，插后约20天即可生根，成活率高。移植在落叶后或萌芽前进行，中、小苗需多带宿土，大苗需带土球。幼树每年施肥2~3次，成年树一般不用施肥。雨季注意排水，防止积水，干燥季节则要注意补水。

别名：秤砣树、捷克木	科属：野茉莉科秤锤树属
用途：秤锤树是一种新型的观果树种，秋后果实似秤锤挂满树，十分有趣，可种植或盆栽制作盆景观赏。	

串钱柳

Callistemon viminalis (Soland. ex Gaertn.) G. Don f.

　　串钱柳叶似柳叶，且终年不凋，花序着生在树梢，只见蕊而不见花，细长的花丝紧密排列，使花序犹如一把瓶刷子，挺立在灌丛之中，妖艳夺目，而独特的果实数量繁多，紧贴在枝条上，好像古时候的一串串铜钱，故得此名。

叶披针形或狭线形，中脉黄色

圆柱形穗状花序

花瓣小，黄色

雄蕊成丝状

成熟的蒴果似古代的铜钱

株高可达5m

花蕾期的花序

产地及习性
原产澳大利亚，现中国南方普遍栽培。喜光照，较耐阴、耐旱，不耐寒，不择土壤，以疏松、肥沃的砂质土壤为佳。

形态特征
常绿灌木或小乔木。株高可达5m，枝条柔软而下垂；单叶互生，披针形或狭线形，纸质，嫩叶墨绿色；穗状花序生于枝的近顶部，花两性，鲜红色；蒴果球形。花期春至秋季。

繁殖及栽培管理
扦插繁殖。在6～8月进行，选取当年生的半成熟枝条，长8～10cm，基部稍带前一年生的成熟枝，插后搭棚遮阴，保持土壤和空气的湿度，易生根，成活率较高。管理粗放。幼苗遇干旱天需及时补水，如土壤肥力不够，可适当施复合肥。北方宜盆栽，冬季室内越冬，室温在5℃以上。盆栽植株2～3年换盆1次。

别名：垂枝红千层、瓶刷子树、红瓶刷、金宝树	科属：桃金娘科红千层属
用途：串钱柳花色鲜红，花形奇特，是一种优良的园林观赏植物，既可种植于庭院、小区、池畔、园路，也可盆栽观赏。	

垂丝海棠

Malus halliana(Voss.)Koehne.

幼枝紫色

花梗下垂

叶缘有细齿

重瓣垂丝海棠

- **产地及习性** 原产中国，主要分布于西南地区。喜阳光，不耐阴，畏寒，忌水涝，对土壤要求不严，但以土层深厚、疏松、肥沃、排水良好略带黏质的土壤为佳。

- **形态特征** 小乔木。株高2～3m，树冠开展，幼枝紫色；叶卵形或椭圆形，边缘具细齿；伞形总状花序，着花4～7朵，花梗细长，下垂。常见的垂丝海棠有两种，

一种是重瓣垂丝海棠，花为重瓣；一种是白花垂丝海棠，花近白色，小而梗短。

果枝部分图

- **繁殖及栽培管理** 嫁接或分株繁殖，方法参考海棠、西府海棠。

别名：垂枝海棠、解语花	科属：蔷薇科苹果属
用途：一般种植于公园、池畔、路边、庭院或林缘，也可盆栽或制作桩景观赏，还可水养瓶插。	

刺桐 ＞花语：好运

Erythrina variegata L.

- **产地及习性** 原产亚洲热带地区。性强健，喜温暖、湿润及光照充足的环境，耐旱、耐湿，不耐寒，对土壤要求不严，宜肥沃、排水良好的沙壤土。

英果念珠状

- **形态特征** 落叶乔木。株高10～20m，分枝粗壮，铺展，树皮灰色，有圆锥形皮刺；羽状三出叶互生，膜质，幼嫩时有毛，顶部1枚叶较大；具长柄，托叶，茎部各有一对腺体；花先叶开放，总状花序顶生，花大、蝶形，

红色；荚果念珠状，果厚，种子暗红色。花期3月，果期9月。

- **繁殖及栽培管理** 扦插繁殖，也可播种。扦插在春季4月进行，选取一年生健壮枝条，长15～20cm，直径1cm以下的留1～2个芽，直径1cm以上的留2～3个芽，插后保持土壤湿润，极易生根成苗。扦插成活的幼苗，可在第二年春分枝定植。管理精细。春、夏要水分充足、透光、通风，幼龄树注意修剪；夏季需放半阴处养护；冬季控制水分，盆土不干即可，适温保持在4℃以上。期间，5～8月每半月施肥1次，老龄树适当截干，调整株形。

别名：山芙蓉、空桐树、海桐	科属：豆科刺桐属
用途：刺桐早春先叶开放，鲜艳夺目，适合种植于路旁、庭院、公园、办公场所等地，也可盆栽观赏。木材可制造木屐或玩具；叶、皮、根可入药；嫩叶可食。	

大花紫薇

Lagerstroemia speciosa (L.) Pers

- **产地及习性** 原产印度、菲律宾、马来西亚、越南、斯里兰卡等地，中国广东、广西、福建有栽培。性强健，喜光，较耐寒，稍耐阴，耐旱，怕涝，以疏松、排水良好的土壤为佳。

- **形态特征** 落叶乔木。株高可达12m，树皮灰色，平滑；叶革质，矩圆状椭圆形或卵状椭圆形，长10~25cm，光滑无毛；圆锥花序顶生，花大，花瓣6枚，粉色变紫色，花瓣卷皱状，具短爪。花期夏季。

- **繁殖及栽培管理** 播种、扦插繁殖，具体方法与紫薇相似。定植成活后，加强管理，保证水肥充足，入冬前施有机肥1次，增加植株的抗寒性。

花由粉色变为紫色

成熟的果序

叶长可达25cm

别名：大叶紫薇	科属：千屈菜科紫薇属
用途：大花紫薇观赏性极佳，花期长，常用作绿化带或坡地植被、隔离带，也可种植于公园、庭院、校园、小区等公共场所。	

灯台树

Cornus controversa Hemsl.

- **产地及习性** 原产中国。适应性强，喜温暖、湿润的气候，耐寒、耐旱、耐热，宜土层深厚、疏松肥沃和排水良好的土壤。

- **形态特征** 落叶乔木。植株低矮，树枝层层平展，形如登台，枝条暗紫红色，光滑；叶互生，簇生于枝梢，宽卵形至椭圆状卵形，先端突尖，全缘或为波状，叶面深绿色，叶背稍带白灰色；聚伞花序生于新枝顶端，花小，白色；核果近球形，成熟时蓝黑色。花期5~6月，果期9~10月。

- **繁殖及栽培管理** 播种繁殖。秋10月采收果实，堆放后熟，洗净阴干，随即播种，如第二年春3月播，可将种子低温层积沙藏，播后约1个月即可发芽、出苗。第一年苗高30cm，第二年可达50cm，并于秋后移栽，苗需带土球，培育3年以后可达到观赏效果。管理粗放。生长期要保持土壤湿润，2~3年施肥1次。由于自然生长树形优美，一般不需要整形修剪。

别名：女儿木、六角树、瑞木	科属：山茱萸科梾木属
用途：灯台树树姿优美奇特，叶形秀丽，花朵素雅，是园林绿化珍品，适合作庭荫树和行道树。	

盾柱木

Peltophorum pterocarpum (DC.) Baker ex K. Heyne.

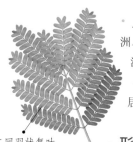

二回羽状复叶

● 产地及习性
原产亚洲、澳洲及美洲。喜温暖、湿润的环境，耐热，畏旱、畏寒，忌涝，以海岸居多。

● 形态特征
乔木。株高4～15m，幼枝、叶柄及花序被锈色毛，老枝具黄色细小皮孔；二回羽状复叶，叶柄粗壮，羽片7～15对，对生，长圆状倒卵形，革质，上面深绿色，下面浅绿色，全缘，无柄；圆锥花序顶生或腋生，花黄色，具芳香；荚果纺锤形，两端尖，中央具条纹，沿两缝线具翅，种子2～4粒。花期5～6月，果期9～10月。

花黄色

● 繁殖及栽培管理
播种繁殖。小苗移植时带宿土，大苗移植时带土球，移植后适当遮阴，待成活后可正常养护。生长期保持水分充足，每月施肥1次。如土壤肥沃，可减少施肥量。

别名: 双翼豆	科属: 豆科盾柱木属
用途: 盾柱木株形高大，花色艳丽，是优良的行道树及庭荫树。	

鹅掌楸

Liriodendron chinense (Hemsl.) Sarg.

● 产地及习性
原产中国，主要分布于长江流域以南各个省。喜光照充足、温凉、湿润的气候，耐寒，稍耐阴，忌水湿，以土层深厚、肥沃、排水良好的微酸性土壤为佳。

● 形态特征
落叶乔木。树高可达40m，树冠圆锥形，树皮淡灰色，光滑；单叶互生，上部截形或微凹，两侧各具一凹裂，形似马褂，故得名；花单生枝顶，杯形，外面浅绿色，内面黄色；聚合果纺锤形，由具翅小坚果组成。花期4～5月，果期10月。

● 繁殖及栽培管理
压条和扦插繁殖。压条可在春季和秋季进行，扦插宜在5～6月进行，移植在芽刚萌动时进行，苗要带土球，防止过度失水，保护根系，尽量随起苗随栽植。定植后及时除草、施肥、培土，于每年秋末冬初进行整枝。

别名: 马褂木、双飘树	科属: 木兰科鹅掌楸属
用途: 鹅掌楸叶形奇特，花大秀丽，既是一种十分珍贵的盆景观赏植物，也是优良的行道树和庭园观赏树种。树皮可入药。	

凤凰木

Delonix regia(Bojer)Rafin.

由于树冠高大犹如飞舞的凤凰，花期满树如火、富丽堂皇，犹如凤凰华丽的羽毛，故名凤凰木。凤凰木是厦门市的市树。

成熟的荚果

·产地及习性 原产非洲马达加斯加，现世界各热带、暖亚热带地区广泛引种栽培。喜高温、多湿和阳光充足环境，耐干旱、耐瘠薄，不耐阴，畏寒，宜肥沃的砂质土壤。

·形态特征 落叶乔木。株高可达20m；二回羽状复叶，羽片15～20对，对生；每羽片有小叶20～40对，长椭圆形；疏散总状花序，花大，红色。花期5～6月。

·繁殖及栽培管理 播种繁殖。在春季4～5月，由于种子坚硬，须用90℃热水浸泡一刻钟再播种，发芽率高，发芽快，大约1周即可出苗，待苗高10cm左右时移植。移植前挖好种植穴，并施入适量有机肥，成年树如遇干旱，要及时浇水，一般不用施肥。冬季可人工剪去叶片，用薄膜覆盖或单株包裹防霜。

花红色，花瓣有斑纹

小叶对生，15～20对

疏散总状花序

★**注意**：花和种子有毒。

叶大型，二回偶数羽状复叶

株高可达20m

别名：红花楹树、凤凰树、火树、影树	科属：豆科凤凰木属
用途：凤凰木树冠开展，花色艳丽，是极好的绿化、美化和香化环境的风景树，可种植于庭院、道旁、公园、小区、池畔等地。木材可用作制造家具、板材和造纸。	

珙桐

Davidia involucrata Baill.

　　珙桐为中国独有的珍稀名贵观赏植物，有"植物活化石"之称。珙桐最初由法国神父戴维斯于1869年在四川发现，并采种移植到法国，在此后的一个多世纪里，栽培遍及全世界，成为世界十大观赏植物之一。珙桐盛开时，一片片白色的苞片在绿叶中浮动，犹如千万只白鸽栖息在树梢枝头，振翅欲飞，因此称为"鸽子树"，象征和平。

·产地及习性
中国特有种，主要分布于湖南、湖北、四川、贵州和云南。喜阴湿，不耐瘠薄和干旱，忌强风和暴晒，宜微酸性或中性、腐殖质深厚的土壤。

冬芽尖卵形

头状花序红褐色

单叶互生

叶脉明显

苞片宽大，边缘波状

株高可达20m

·形态特征
落叶大乔木。株高可达20m，树皮暗灰褐色，粗糙，呈不规则薄片脱落；冬芽尖卵形，芽鳞亮红色；单叶互生，宽卵形或近心形，纸质，边缘具粗锯齿，叶面初时有毛，叶背密生短柔毛；头状花序顶生，多数由数朵雄花和一朵两性花组成；核果椭圆形，成熟时青紫色，具黄褐色斑点。花期4～5月，果期10月。

·繁殖及栽培管理
播种繁殖。播种，10月采收新鲜果实，堆熟后去除肉质果皮，收集种子，并用清水洗净后拌上草木灰或石灰，随即播种于3～5cm深的沟内，因果核厚硬，种子发芽困难，第二年只有30%的种子发芽、出苗，所以苗床最好保留2～3年。幼苗怕晒，需搭棚遮阴，并保持床土湿润。扦插在5～7月进行，选取当年生优良嫩枝，剪成约15cm长，去掉下部叶，留上部叶，在吲哚丁酸液中浸泡1天，插入苗床后每小时喷水1次，大约1个月可生根，成活率较高。移栽在春萌芽前或秋落叶后进行，中、小苗可裸根移栽，大苗需带土球，起苗时不可伤根皮和顶芽，栽植时要求穴大底平，苗正根展，压实，灌足定根水。

别名：水梨子、鸽子树、鸽子花树	科属：珙桐科珙桐属
用途：常孤植于庭院或丛植于池畔、溪旁，也可与常绿树配植。木材可制作家具和作雕刻材料。	

枸橘

Poncirus trifoliata (L.) Raf.

花白色

3出复叶

成熟果实

茎枝腋生
粗大棘刺

产地及习性

原产中国，南起广东省，北至河北、山东均有分布。喜湿润，耐寒、耐修剪，忌积水，畏寒，对土壤要求不严，以土层深厚、肥沃、排水良好的砂质土壤为佳，略耐盐碱。

形态特征

落叶灌木或小乔木。株高可达7m，分枝多，棱角状，茎枝腋生粗大棘刺；芽小、近球形，具数枚鳞片，无毛；3出复叶，小叶倒卵形或椭圆形，薄革质，顶生小叶比两侧小叶大，具半透明油腺点；花芽着生于二年生枝上，花单生或对生，白色，芳香浓郁，果圆球形，熟时橙红色。花期4～5月，果期7～10月。

繁殖及栽培管理

以播种繁殖为主。在春3～4月条播，播后约1个月发芽、出苗，待幼苗长出3～4片真叶时，间苗1次，同时对健壮的苗可移植，但要适当剪短主根。间苗后，施淡薄肥1次，以后每月施肥1次，并及时松土、除草。移栽成活的苗，一般养护即可。

别名：铁篱寨、臭橘、枸橘李、枳、臭杞	科属：芸香科枳属
用途：枸橘在园林种植中常用作绿篱和屏障，也是厂矿区重要的防污染树种。叶、花、果、果皮、种子均可入药。	

广玉兰

Magnolia grandiflora L.

果序

花枝

产地及习性

原产南美洲。性强健，喜光，幼时稍耐阴，忌积水，抗风力强，宜温暖湿润、肥沃、排水良好的微酸性或中性土壤。

形态特征

常绿大乔木。株高可达30m，树皮淡褐色或灰色，呈薄鳞片状开裂，枝与芽有铁锈色细毛；叶互生，长椭圆形，厚革质，叶背密被锈褐色毛或近无毛；花大，花被9～12枚，倒卵形，白色，具芳香。花期5～6月，果期10月。

繁殖及栽培管理

播种繁殖。9～10月采收成熟果实，阴处放置5～6天，待开裂后取出具假种皮的种子，在清水中浸泡1～2天，搓洗去假种皮，取出种子，拌入煤油或磷化锌以防鼠害，随采随播，也可低温沙藏第二年春播，播前苗床深翻并施足基肥，将种子均匀条播，播后覆土，稍压实。待幼苗长出2～3片真叶时带土球移植，由于苗期生长缓慢，要经常除草松土。5～7月，施追肥3次，可用充分腐熟的稀薄粪水。

别名：大花玉兰、荷花玉兰、洋玉兰	科属：木兰科木兰属
用途：广玉兰四季常青，病虫害少，是优良的行道树种和庭院树种，可单植或列植。叶、花可提取芳香油。	

桂花 >花语：美好、吉祥

Osmanthus fragrans Lour.

桂花是中国传统十大名花之一，目前全国20多个市、县都将桂花作为市花、县花。而历代民间都将其视为美好、高雅的象征，比如中榜登科被称为"折桂"，获得殊荣者则被誉为拥有"桂冠"，因而桂花的花语就是：美好、收获、吉祥。

· 产地及习性
原产中国，印度、尼泊尔、柬埔寨也有分布。喜温暖、光照，较耐寒，忌积水，对土壤要求不严，但对肥料要求很高。

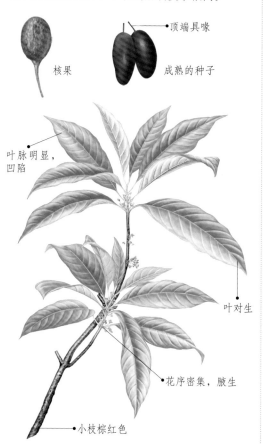

核果

顶端具喙

成熟的种子

叶脉明显，凹陷

叶对生

花序密集，腋生

小枝棕红色

· 形态特征
常绿阔叶乔木。株高可达15m，根系发达，树冠半圆形，树皮灰褐色或灰白、粗糙，有时具皮孔；叶对生，叶形多变，全缘或波状全缘，有时也具齿，具短柄；密伞形花序，基部有合生苞片，花暗黄色或因品种而异，具芳香；核果椭圆形，成熟时暗紫蓝色，种子顶端有喙。花期多为秋季。

· 繁殖及栽培管理
播种或扦插繁殖。播种在4～5月采收成熟种子，阴干，混沙贮藏，于秋季10月或来年春季条播，播时种脐侧放，播后覆盖稻草，并搭荫棚，当年苗高可达20cm，苗床培育2年移植。扦插在6～8月进行，从20～30年生的桂花树上，剪取树冠中上部、向阳的当年生半成熟枝条，长8～10cm，粗度约0.3cm，具节2～3个，入土深度以两节为宜，插后搭棚遮阴，大约2个月即可陆续生根，10月份去除低荫棚，用高荫棚，11月份改暖棚，准备过冬。地栽前，树穴内应施入适量有机肥，栽后浇1次透水，新枝发出前保持土壤湿润。一般春季施1次氮肥，夏季施1次磷、钾肥，入冬前施1次越冬有机肥，忌浓肥。北方桂花树冬季需要包裹越冬，直到培育3年后为止。

别名：月桂、木犀、金栗	科属：木犀科木犀属
用途：桂花终年常绿，开花时芳香四溢，常用作园景树，有孤植、对植和丛植，也可盆栽室内观赏，还是工厂矿区优良的绿化树种。花、果、根可入药，同时桂花还可制作食物。	

海棠 > 花语：苦恋

Malus spectabilis (Ait.) Borkh.

海棠自古以来是雅俗共赏的名花，素有"国艳"之誉，历代文人墨客题咏不绝，唐代贾耽在《花谱》一书中称海棠为"花中神仙"，对其高度赞誉！

成熟的梨果

· 产地及习性 原产中国，主要分布于陕西、甘肃、辽宁、河北、山东、江苏等地。喜阳光，耐寒、耐旱，不耐阴，以土层深厚、肥沃的微酸性至中性土壤为最佳。

· 形态特征 落叶灌木或小乔木。株高可达8m，树干直立，树冠广卵形，树皮灰褐色，光滑；幼枝褐色，后变为赤褐色，疏生短柔毛；叶互生，椭圆形或椭圆状长圆形，边缘具密锯齿，有时部分近全缘，老时上下两面无毛；叶柄细长，基部具2个披针形托叶；伞形总状花序，着花5～7朵，花白色，花蕾时粉红色；梨果球形，黄绿色，直径1～1.5cm。花期春季。

· 繁殖及栽培管理 嫁接繁殖。北方常用山荆子、西府海棠、裂叶海棠和海棠果作砧木，南方则用湖北海棠作砧木，枝接宜在春萌芽前进行，芽接宜在秋季7～9月，具体时间根据当地的天气情况而定。枝接，可选取一年生的优良枝条，剪取中段，每段至少有2个饱满的芽，接后覆细土，以盖没接穗为度。芽接多用"T"字形接法，接后1～2周出新芽，如果叶柄一触即落表示成活。当苗高80～100cm时，冬季剪去枝端，促使在来年春长出3～5条主枝，第二年再将主枝顶端剪掉，养成骨干枝，之后适当修剪即可。生长期保持盆土湿润，每年施肥2～3次，结合浇水进行。

叶椭圆形或椭圆状长圆形

花绽放后白色

披针形小托叶

幼枝褐色至赤褐色

株高可达8m

别名：梨花海棠、海棠花	科属：蔷薇科苹果属
用途：海棠品种繁多，树型多样，花色艳丽，是著名的观赏花卉，多栽培于庭园、公园、广场等供观赏，还可盆栽室内。果实可食用或药用；木材可制作家具。	

合欢 > 花语：夫妻相爱

Albizia julibrissin Durazz.

荚果扁平

相传，舜南巡仓时不幸去世，妃娥皇、女英遍寻湘江，也没有找到他的尸体。二妃终日痛哭，眼泪哭干了，又血尽而死。后来人们发现，二妃的灵魂和舜的灵魂合二为一，长成了合欢树。从此，人们用合欢来表示忠贞不渝的爱。

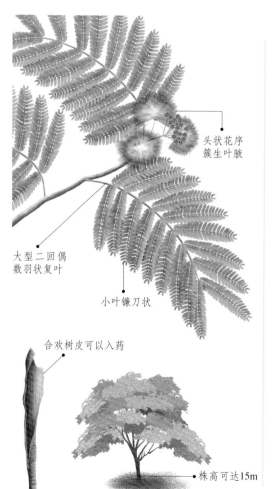

头状花序簇生叶腋

大型二回偶数羽状复叶

小叶镰刀状

合欢树皮可以入药

株高可达15m

产地及习性 原产中国黄河流域及以南各地，朝鲜、日本、越南、泰国、缅甸、印度、伊朗及非洲东部也有分布。适应性强、喜温暖、湿润和阳光充足环境，较耐寒，耐旱，不耐水湿，对土壤要求不严。

形态特征 落叶乔木。株高可达15m，树皮棕色，枝条开展，树冠广伞形；偶数羽状复叶，互生，各具10～30对小叶，镰刀状、全缘，无柄，昼开夜合；头状花序簇生叶腋，或密集的花呈伞房状生于小枝顶端，花淡红色；荚果条形，扁平，边缘波状。花期6～8月，果期9～10月。

繁殖及栽培管理 播种繁殖。10月采种，干藏至来年春播种，播前用80℃热水浸种，每天换水1次，连续三天，取出种子混以泥沙，置于温暖处，薄膜覆盖，保湿7天后播种，成活率高。植株在萌芽时移栽，大苗要带土球，并设立支架，以防被风刮倒。小苗经一年培育后，第二年定植。定植时施足基肥，并注意除草。冬季在树干周围开沟施肥1次。

别名：夜合树、绒花树、马缨花、绒仙树	科属：豆科合欢属
用途：合欢树冠开阔，叶纤细如羽，红花成簇，常栽植于庭园中或为行道树，也可种植于校园、小区、公园、林缘、池畔等地，由于对大气污染具抗性，还很适合工厂、矿区附近栽种。此外，树皮、花可入药，嫩叶可食，木材可制造家具等。	

红果仔

Eugenia uniflora L.

成熟浆果

花

花白色，具芳香

叶两面有透明腺点

- **产地及习性** 原产巴西，中国南部有少量栽培。喜湿润，不耐寒和旱。

- **形态特征** 小乔木。株高可达5m；叶卵形至卵状披针形，纸质，叶面亮绿色，叶背浅绿色，两面密生透明腺点，侧脉约5对，在距边缘约2mm处汇成边脉，全缘，叶柄极短；花单生或数朵簇生于叶腋，白色，稍芳香，萼4片，反折；浆果球形，有8棱，熟时深红色，内含种子1～2粒。花期春季。

- **繁殖及栽培管理** 播种繁殖和根插繁殖。播种，果实成熟后采收种子，随采随播，播后保持土壤湿润，40天左右出苗，第二年春分苗移栽。根插，一般在春季换盆时进行，剪取健壮枝条作插穗，成活率高。入盆时以含腐殖质丰富、疏松肥沃的微酸性沙质土壤为佳，置于光照充足处养护，夏季注意遮阴，保持盆土湿润和空气湿度，每10～15天施1次腐熟的稀薄液肥，10月可出现花蕾，越冬温度不低于5℃。

别名：巴西红果	科属：桃金娘科番樱桃属
用途：在果期，红果累累，极具观赏性，南方热带地区常作园林绿化树种，北方地区则多作盆栽观赏。	

红花荷

Rhodoleia championii Hook. f.

- **产地及习性** 原产中国广东、广西等地的山林中。喜阳光，忌暴晒，耐寒，幼树较耐阴，宜温暖湿润、土层湿润、肥沃疏松的微酸性土壤生长。

- **形态特征** 常绿乔木。株高可达9m，树干高而挺直，树皮呈褐色，上有不规则裂纹；枝条扩展，分枝较多，具白色节点；叶互生，卵形，厚革质状，上面亮绿色，下灰白色；头状花序，苞片鳞片状，花两性，深红色，呈吊钟形。花期1～3月。

- **繁殖及栽培管理** 种子繁殖、嫁接繁殖或高压繁殖。种子约10～11月上旬成熟，及时采收。采用容器育苗，随采随播或翌年春1月播种，播种土壤用混合细土，播后盖上细土，并撒盖松针叶，淋足水分；约20天种子发芽出土，待长出3～4片叶后，移到营养袋培育。注意水肥管理，苗高20～30cm时可出圃。盆栽宜选用肥沃沙质土壤，不宜种于过于阴凉的地方。花前、花后追施有机肥2～3次。

树皮褐色

别名：红苞木、吊钟王	科属：金缕梅科红花荷属
用途：红花荷是早春开花树木，很适合盆栽家庭观赏，也是园林配植的理想花卉。	

红叶李

Prunus ceraifera Ehrh. f. atropurpurea(Jacq.)Rehd.

· 产地及习性 原产亚洲西部。适应性强，喜光，稍耐阴，不耐寒，较耐阴，以温暖湿润、排水良好的砂质壤土为最佳。

· 形态特征 落叶小乔木。树干紫灰色，幼枝、叶片、花柄、花萼、雌蕊和成熟果实，都呈暗红色；单叶互生，卵形至倒卵形，边缘具尖细锯齿；花单生或2朵簇生，粉红色；果实近球形，熟时黄、红或紫色。花期春季，果期夏季。

叶边缘具细齿

花瓣开放

萼片深红色

· 繁殖及栽培管理 通常嫁接繁殖。北方多用山桃、山杏作砧木，华东地区常用毛桃、杏、梅作砧木，嫁接成活后1～2年，可在春、秋两季出圃定植。栽培管理中，注意对砧木的萌蘖和长枝进行修剪。此外，扦插也可以，但成活率较低。

别名：樱桃李、紫叶李	科属：蔷薇科李属
用途：红叶李嫩叶鲜红，老叶紫色，是观花、观叶的优良品种，常种植于坡地、广场、草坪、建筑物附近，也可盆栽观赏。	

黄槐决明

Cassia surattensis Burm.f.

花鲜黄色，花药红褐色

· 产地及习性 原产印度、印度尼西亚等地。喜阳光，耐半阴、耐热，不耐寒，宜避风、疏松肥沃、排水良好的土壤。

偶数羽状复叶

· 形态特征 常绿小乔木。株高5～7m。偶数羽状复叶，小叶7～9对，互生，长椭圆形或卵形，先端圆且微凹，基部圆且常偏斜，叶背粉绿色，被短柔毛；总状花序生于上部枝条的叶腋，花黄色；荚果长条形，扁平。花期9～12月，果期春季。

· 繁殖及栽培管理 播种繁殖。在春季或秋季，种子越新鲜越好，播前用60℃的热水浸种一刻钟，播后覆土约2cm厚，保持土壤湿润，大约2周可发芽、出苗。移植时，穴施腐熟的有机肥，并与土壤拌匀。管理粗放。植株成活后，去顶、勤施薄肥，促进侧枝生长。生长期视天气情况浇水，一般3～4天浇水1次，保持土壤湿润；每月施肥1次。成株可任其自然生长。

别名：金凤树、豆槐、金药树、黄花槐	科属：豆科决明属
用途：黄槐树姿优美，花期金黄灿烂，是优良的行道树种，多种植于小区、校园、街道等地，也可大盆栽观赏。	

黄槿

Hibiscus tiliaceus L.

花蕾和花

· 产地及习性
原产中国台湾、广东等省，亚洲热带和大洋洲也有少量分布。性强健，喜阳光、耐湿、耐旱、耐贫瘠，抗风力强，以砂质壤土为佳。

· 形态特征
常绿大灌木或小乔木。株高7～10m，树干灰白色，树冠椭圆形或圆形；叶互生，近心形，革质，叶背密生星状绒毛，具长柄；花数朵组成聚伞花序，顶生或腋生，花大，钟形，黄色，花瓣基部暗紫色。花期夏、秋季。

· 繁殖及栽培管理
播种或扦插繁殖。最好选砂质土壤栽种。幼苗要加强管理，干旱时要补充水分，每年施肥3～5次，以复合肥和有机肥为主。成株管理粗放，如果土壤肥沃，可以不施肥，但每年要对植株进行修剪。北方冬季需温室越冬，最低温度要在5℃以上。

> 叶互生，近心形

> 花钟形，基部暗紫色

> 叶背密生星状毛

别名：糕仔树、海麻、枫花	科属：锦葵科木槿属
用途：黄槿既可观叶，又可观花，且花期很长，是优良的行道树和海岸绿美化植栽。嫩枝、嫩叶可食；树皮可制绳索；木材可制造家具。	

火焰木

Spathodea campanulata Beauv.

· 产地及习性
原产非洲，现东南亚、夏威夷等地栽培普遍。喜光照、耐热、耐贫瘠、耐水湿、畏寒，以排水良好的壤土或砂质土壤为佳。

· 形态特征
常绿乔木。株高10～20m，树干通直，灰白色，易分枝；奇数羽状复叶，小叶卵状披针形或长椭圆形，全缘，具短柄；圆锥或总状花序顶生，花萼佛焰苞状，花冠钟状，橙红色，中心黄色，有纵皱；蒴果长圆状棱形，果瓣赤褐色，种子有膜质翅。花期3～6月，果期8～9月。

· 繁殖及栽培管理
播种和扦插繁殖。播种，果熟后采收，随采随播，也可将种子阴干沙藏至来年春播，实生苗培育5～6月后开花。扦插在春2～3月进行，选取健壮的一年生或二年生枝条，剪成10～15cm长的插穗，随剪随插；或在梅雨季节进行嫩枝扦插，易于成活。定植时施足基肥，在高温和干旱天要及时补充水分。火焰木对肥料要求不高，可根据土壤的肥力，每年适当施肥3～5次。

花序　　　　成熟的蒴果

别名：火焰树、苞萼木	科属：紫葳科火焰树属
用途：火焰木花艳如火，极为醒目，多用于行道树和庭院绿化，也可丛植或孤植于草地、坡地、林缘或园路。	

鸡蛋花

Plumeria rubra L.'Acutifolia'

由于花瓣洁白，花心淡黄，极似蛋白包裹着蛋黄，因而叫作鸡蛋花。在热带旅游胜地夏威夷，人们喜欢将鸡蛋花串成花环作为佩戴的装饰品，因此鸡蛋花是夏威夷的节日象征。

● 产地及习性

原产美洲，中国已引种栽培。喜温暖、湿热的气候，耐旱，怕涝，不耐寒，以向阳、疏松、肥沃的砂质土壤为最佳。

● 形态特征

落叶灌木或小乔木。株高5~8m，小枝肥厚多肉；叶大、厚纸质，多聚生枝顶，叶脉在近叶缘处连成一边脉；花数朵聚生于枝顶，花冠筒状，呈螺旋状散开，瓣边白色，瓣心金黄色，故得名，极芳香。原种花鲜红色，较少见。花期5~10月。

● 繁殖及栽培管理

扦插繁殖。春季，剪取一年生或二年生的优良枝条，长10~15cm，先放置在阴凉处，使切口自然阴干，然后插入砂床，30~40天可生根，成活率高。夏、秋季天气炎热、干燥，注意补充水分，原则为"不干不浇、见干即浇、**浇必浇透、不可积水**"，同时可结合浇水每月施肥1次。培育1~2年后，可移植露地或盆中。

别名：缅栀子、蛋黄花	科属：夹竹桃科鸡蛋花属
用途：鸡蛋花花期清香宜人，落叶后枝干形态优美，观赏性极佳，很适合种植于庭院、公园、小区或校园等公共场合，也可盆栽或制作盆景观赏。花可制茶、提香料和入药；木材可制乐器、餐具或家具。	

腊肠树

Cassia fistula L.

● 产地及习性

原产印度、缅甸、斯里兰卡，中国南部各省有栽培。喜光，稍耐阴，耐干旱，忌积水，对土壤要求不严。

● 形态特征

常绿乔木。株高可达15m，幼时树皮光滑、灰色，老时粗糙、暗褐色；叶为偶数羽状复叶，小叶卵形，薄革质，先端渐尖，基部钝形，全缘，幼时两面被微柔毛；疏散总状花序腋生，花下垂，花瓣椭圆形，黄色；荚果圆筒状，不开裂，下垂，黑褐色。花期4~5月，果期9~10月。

花瓣椭圆形

荚果黑褐色

● 繁殖及栽培管理

播种繁殖。秋季果实成熟后采收，捣烂果皮，取出种子，播前用开水浸泡35分钟，发芽和出苗率高。苗高20cm左右时第一次间苗，苗高30cm左右时第二次间苗。生长期保持土壤湿润，每年施肥2~3次。花期过后应修剪整枝1次。

偶数羽状复叶

花序下垂

别名：阿勃勒、金急雨、金链花、黄金雨	科属：豆科决明属
用途：腊肠树初夏开花时，满树长串状金黄色花朵，极为美观，可种植于庭院、公园、路旁、坡地、林缘等地。	

蓝花楹

Jacaranda mimosifoia D. Don

产地及习性
原产巴西、中国福州、厦门、广州多栽培。喜温暖湿润、阳光充足的环境，耐半阴、耐旱、畏寒霜，不择土壤，但以疏松肥沃的砂质土壤为佳。

形态特征
落叶乔木。株高12～15m，最高可达20m，树冠高大；叶为二回羽状复叶，对生，每羽片有小叶10～24对，小叶狭矩圆形，全缘，略被微柔毛；圆锥花序顶生或腋生，花钟形、花冠二唇形、蓝紫色；蒴果木质、扁圆形、种子有翅。花期春、夏、秋三季，果期11月。

繁殖及栽培管理
以播种繁殖为主。11月采收成熟果实，暴晒或堆放熟透后收集种子，晒干后贮藏至来年春3月，待气温20℃左右时播种，稍覆土，1～2周发芽、出苗，苗经2次移植后定植。定植成活后，每年施肥2～3次，生长期保持土壤湿润，保证一定的光照。早春修剪株形，促使多分枝。此外，也可在春、秋季选取健壮的半成熟枝条扦插繁殖。

果实

种子

二回羽状复叶

别名：	巴西紫薇、含羞草叶蓝花楹、蓝雾树	科属：	紫葳科蓝花楹属
用途：	蓝花楹是一种优良的观叶、观花树种，还是十分珍贵的开蓝色花的乔木，在暖地广泛用于行道树、遮阴树和风景树，北方多盆栽观赏。木质是制作木雕工艺品的好材料。		

流苏树

Chionanthus retusus Lindl. et Paxt.

产地及习性
原产中国，是中国特有种。喜光，耐寒，较耐阴，忌水湿，对土壤要求不严，但在疏松、肥沃的壤土中生长最佳。

形态特征
落叶灌木或乔木。株高可达6m，小枝灰黄色，密生柔毛；叶对生，椭圆形或倒卵状椭圆形，革质，全缘；聚伞状圆锥花序顶生，花冠4深裂，裂片线形，白色；核果椭圆形，蓝黑色。花期4～5月，果期9～10月。

核果成熟后蓝黑色

花冠4深裂，裂片线形

繁殖及栽培管理
播种或扦插繁殖。播种，一般采后即播，或经沙藏层积后熟于第二年春播；扦插宜在梅雨季进行，选取当年生半成熟的健壮枝条，插入露地砂质土壤中，设立荫棚，保持土壤湿润，注意通风，防止高温，待生根后早晚享受阳光，以后渐逐日增加光照时间，入冬可接受全光照。苗木在春、秋两季移栽，中、小苗需带宿土，大苗要带土球。在整个生长季节施肥3～5次，并注意水分管理，不宜过干。

别名：	继花木、茶叶树、萝卜丝、洋白花、油根子、牛荆子、四月雪	科属：	木犀科流苏树属
用途：	流苏树花期如雪压树，且花形秀丽可爱，观赏价值较高，是高级园景树种，多种植于庭院、小区、路旁、园路或池畔等地，也可用老桩制作桩景观赏。嫩叶可代茶饮用；果实可榨油；木材可制作家具。		

栾树

Koelreuteria paniculata Laxm.

· 产地及习性 原产中国，日本、朝鲜也有分布。适应性强，喜光，稍耐半阴，耐寒、耐干旱，对土壤要求不严。

· 形态特征 落叶乔木。株高可达20m，树冠近圆球形，树皮灰褐色，具细纵裂；小枝稍有棱，无顶芽，皮孔明显；奇数二回羽状复叶，小叶7~17片，对生于总叶轴上，卵状长椭圆形，边缘具锯齿或缺刻；大型圆锥花序顶生，花小，金黄色；蒴果膨大，成熟时红褐色，种子黑色。花期6~9月，果期9~10月。

· 繁殖及栽培管理 以播种繁殖为主。秋季果熟时采收，晾晒去壳，随即播种；如春播，则需将种子用湿沙层积贮藏，一般用垄播，因种子出苗率低，故需大量播种。管理简单，移植时适当剪短主根及粗侧根，这样可以促进多发须根，容易成活。此外，也可分株、压条繁殖。

别名：灯笼树、摇钱树、黑色叶树、大夫树	科属：无患子科栾树属
用途： 栾树树形端正，枝叶茂密，夏季黄花满树，秋后果实紫红，形似灯笼，是理想的绿化树种，常种植于庭院、小区、路旁，也是厂矿区抗污染的好树种。	

毛梾木

Cornus walteri Wanger.

· 产地及习性 原产中国，主要分布于华北、华中及西南地区。适应性强，喜光照，抗旱、抗寒，耐贫瘠，对土壤要求不严。

· 形态特征 落叶小乔木。株高6~15m，树皮厚，黑褐色，纵裂而又横裂成块状；幼枝略有角，密被贴生灰白色短柔毛，老后黄绿色，无毛；冬芽腋生，扁圆锥形，被灰白色短柔毛；叶对生，椭圆形至阔卵形，纸质，叶面深绿色，叶背淡绿色；伞房状聚伞花序顶生，花密，白色，有香味；核果球形，成熟时黑色。花期5月，果期9月。

核果成熟时黑色

花序顶生，花白色，有香味

· 繁殖及栽培管理 播种繁殖。在9~10月，从15年以上的母株采取成熟果实，晾干，采集种子，置于干燥通风处贮藏，播前浸种、揉搓，进行催芽，播后覆土2~3cm。如果秋播，在上冻前要浇水2~3次，以利来年春发芽、出苗。管理粗放。苗期适当施肥，生长期施肥3~4次，并保持土壤湿润。

别名：车梁木	科属：山茱萸科梾木属
用途： 毛梾木是优良的园林绿化树种，常种植于路旁、公园或庭院。果皮可提炼高级润滑油；木材可制作家具。	

梅花 > 花语：高洁

Armeniaca mume Sieb.

梅花位居中国十大名花之首，在中国已有3000多年的应用历史。古人常把松、梅、竹称为"岁寒三友"，而梅则是不屈不挠、敢于抗争和坚贞高洁的象征。

花色不同的梅花

· 产地及习性 原产中国，主要分布于长江流域及西南地区。喜阳光充足、通风好、温暖湿润的环境，耐寒、耐旱、畏涝，对土壤的要求不严，但以排水良好的中性及微酸性土壤为佳。

叶先端渐尖呈尾状

叶广卵形至卵形，边缘有细齿，背面有柔毛

核果近球形

树干紫褐色

· 形态特征 落叶小乔木。株高可达10m，树冠呈不正圆头形，树干紫褐色，多纵驳纹，常具枝刺，小枝绿色或以绿色为底色；叶互生，广卵形至卵形，先端长渐尖或尾尖，边缘具细锯齿，幼时两面被短柔毛，后多脱落；具短柄，托叶脱落性；花先叶开放，常每节1~2朵，多无梗或具短梗，淡粉红或白色，具芳香；核果近球形，成熟时黄色或黄绿色，被短柔毛，味酸。花期早春，果期4~6月。

· 繁殖及栽培管理 常用嫁接繁殖，也可扦插、压条和播种繁殖。嫁接，在春季砧木萌动后进行，可分为切接、劈接、舌接、芽接、腹接和靠接，南方多用梅或桃作砧木，北方多用杏、山杏或山桃作砧木，成活率很高。扦插多在长江流域一带应用，在冬季11月，选取优良的一年生枝条，长10~15cm，成活率可达80%以上。压条宜在早春进行，将一年生或二年生、根际萌发的枝条用锋利的刀环剥大部分，埋入土中深3~4cm，平时只在夏秋旱时浇水，秋后割离，以后再行分栽。播种一般在秋季，入春播需将种子混湿沙层积贮藏。生长期保持土壤湿润，但不能积水，若土壤肥沃，可以不施肥。注意修剪，保持树形美观。

别名：春梅、干枝梅	科属：蔷薇科李属
用途：梅花在园林应用中非常普遍，可丛植、群植或单植在屋前、石间、路旁、塘畔、小区等地，也可盆栽或制作盆景观赏，还可用于插花。果可食用；花、果可入药。	

美丽异木棉

Chorisia speciosa A. St.-Hil.

幼树树干密生圆锥状皮刺

花瓣5枚，反卷

掌状复叶

- **产地及习性** 原产南美洲。喜温暖、湿润和光照充足的环境，不耐寒，对土壤要求不严，但以土层深厚的砂质土壤为最佳。

- **形态特征** 落叶大乔木。株高10～18m，树干下部膨大，幼树树皮浓绿色、密生圆锥状皮刺，侧枝放射状水平伸展或斜向伸展；掌状复叶，小叶5～9片，椭圆形；花单生叶腋，花瓣5枚，反卷，粉红色或红色。花期冬季。

- **繁殖及栽培管理** 播种繁殖。种子3～4月成熟，随采随播，发芽率可达90%。全年都可移植，虽然苗可裸根，但最好带土球，种植穴要施入适量有机肥。生长期内，保持土壤湿润，尤其是炎热干旱季节；施肥可根据土壤情况而定，一般每月施肥1次。

别名：美人树、南美木棉、美丽木棉	科属：木棉科木棉属
用途：美丽木棉是近年新兴的绿化树种，花色美丽，观赏性极佳，常用于布置庭院、公园、池畔、小区，也可作高级行道树。	

木荷

成熟开裂的蒴果

Schima superba Gardn. et Champ.

- **产地及习性** 原产中国，主要分布于长江以南各地。喜温暖湿润和凉爽，耐旱、耐寒、耐阴，不择土壤，但以土层深厚肥沃的微酸性土壤为佳。

- **形态特征** 常绿乔木。株高20～30m，树干端直，树冠广卵形，嫩枝通常无毛；叶椭圆形或倒卵状椭圆形，厚革质，具光泽，边缘有钝锯齿，花单生枝顶或集成短总状花序，白色，具芳香；蒴果木质，扁球形。花期4～7月，果期9～10月。

- **繁殖及栽培管理** 播种繁殖。10月果实成熟后采收，自然阴干，暴晒取种，干藏至第二年春播。播前用35℃的温水浸种催芽，待水自然冷却后再浸泡1天，然后将下沉的种子捞起，拌钙镁磷播种，播后浅浅覆土一层，并盖薄草保温保湿，约2～3周可发芽、出苗。出苗后搭棚，防止暴晒和干旱。幼苗初期生长缓慢，可追肥，盛夏要浇水，第二年春可换床移栽，移栽最好在2～3月阴雨天进行，小苗可裸根，中、大苗要带土球。生长期保持土壤湿润，施肥2～3次即可。成株可任其自然生长。

别名：木艾树、何树、柯树、木和、回树、木荷柴、横柴	科属：山茶科木荷属
用途：木荷树体高大，花洁白而具芳香，是优良的观赏树木，适合于其他树种配植于坡地、溪谷、园林中。另外，木荷叶质厚不易燃烧，有防火的特性，常种植成防火林带。叶、根皮可入药。	

木棉

花侧面

蒴果内的长绵毛

花先叶开放

Bombax malabaricum DC.

木棉盛开时极有气势，远远望去，犹如一团团火苗在枝头燃烧、跳跃，从而历来被视为英雄的象征，因此也叫"英雄树"。

产地及习性
原产中国广东、广西、云南、四川和台湾等地。喜温暖干燥和阳光充足的环境，不耐寒，耐旱，稍耐湿，忌积水，抗风力强，以土层深厚、深厚疏松肥沃、排水良好的砂质土壤为佳。

形态特征
落叶大乔木。株高可达40m，树干直，树皮灰色，枝干具圆锥状棘针，后渐平缓成突起；掌状复叶，互生，具长柄；小叶常5片，长椭圆形，全缘，无毛；花先叶开放，聚生近枝端，花萼杯状，红色；蒴果椭圆形，木质，外被绒毛，成熟时5裂，内壁有白色长绵毛。花期2～3月。

繁殖及栽培管理
播种或扦插繁殖。习性强健，栽培最好选择向阳地。苗期保持土壤湿润，每月施肥1次。开花展叶期土壤保持一定湿度即可，成年树可任其自然生长。

别名:	英雄树、莫连、红茉莉、红棉、攀枝花	科属: 木棉科木棉属
用途:	木棉雄壮魁梧，花红如火，十分壮观，是优良的行道树、庭荫树和风景树。此外，木棉的花序和纤维可作枕头、床褥的填充料。	

女贞 > 花语：生命

Ligustrum lucidum Ait.

产地及习性
原产中国，主要分布于长江流域及南方各省。喜阳光，耐阴，以温暖湿润、肥沃、富含腐殖质的壤土为最佳。

形态特征
常绿乔木。株高可达25m，树皮灰褐色、平滑，枝条开展，树冠呈倒卵形，枝黄褐色、灰色或紫红色，通常圆柱形；叶对生，卵形或卵状椭圆形，革质，叶面深绿色，叶背淡绿色，全缘，具光泽；圆锥花序顶生，花密集，白色；核果长圆形，蓝紫色。花期6～7月，果期11～12月。

繁殖及栽培管理
播种繁殖。播种可随采随播，发芽率高；或晒干贮藏，第二年春3～4月播种，播前热水浸种，捞出后湿放4～5天撒播。播前选择背风向阳的沙壤土、轻黏土都可，还要翻耕和施底肥，播后覆细土盖实，加覆1～2cm厚的麦糠或锯末，宜喷灌和滴灌浇透水，大水漫灌易冲去覆盖物和种子，发芽率高。

圆锥花序顶生

白色小花

成熟种子

叶对生，叶背灰绿色

别名:	白蜡树、冬青、蜡树、女桢、桢木、将军树	科属: 木犀科女贞属
用途:	女贞四季常绿，苍翠可爱，是常见的观赏树种之一，多种植于园林，常种植于草坪边缘、小区、绿地或庭院，也适合绿篱观赏。另外，女贞可吸附二氧化硫等有害气体和烟尘，因此也是污染区和厂矿区的绿化树种。	

七叶树

Aesculus chinensis Bunge.

· **产地及习性** 原产中国黄河流域及东部各省。喜光、耐寒、稍耐阴、忌暴晒，以疏松肥沃、排水良好、土层深厚的土壤为佳。

· **形态特征** 落叶乔木。株高可达25m，树皮深褐色或灰褐色，枝条光滑粗大，褐色或灰褐色，冬芽肥大，外有多层芽鳞覆盖；掌状复叶，小叶5～7片，倒披针形，纸质，边缘有细锯齿，具短柄；花序圆锥形，密集小花序5～10朵，花杂性，白色微带红晕；果实球形，具很密的斑点，种子深褐色。花期4～5月，果期10月。

· **繁殖及栽培管理** 播种繁殖。9月下旬采收成熟蒴果，随采随播，发芽率高，也可沙藏春播，但发芽率较低，播前将苗床开沟条播，条距约25cm，株距约10cm，播时种脐向下，播后覆土盖草，来年春发芽、出苗。幼苗出齐后，搭棚遮阴，喷水保持苗床湿润，同时除草、适当追肥。移植时，树穴要挖得大而深，并施足基肥，苗带宿土更好。

别名：梭椤树、梭椤子、天师栗、开心果、猴板栗	科属：七叶树科七叶树属
用途：七叶树是世界著名观赏树种，树形壮丽，冠如华盖，繁花满树，蔚然可观，常种植于庭院、街道、池畔、公园、广场等地，单株种植于草坪上。种子可入药、食用和榨油；木材可制造家具、造纸；叶、花可做染料；	

楸树

Catalpa bungei C.A.Mey

· **产地及习性** 原产中国。喜光照、温暖和湿润的环境，稍耐湿，耐旱，抗寒，在土层深厚、肥沃疏松的中性及微酸性和钙质壤土中生长迅速。

· **形态特征** 落叶乔木。株高可达30m，树干通直，树冠狭长，树皮灰褐色、浅纵裂，小枝灰绿色、光滑；单叶对生或轮生，三角状卵形或卵状椭圆形（幼树的叶常具浅裂），幼叶背面脉腋有褐色腺斑；总状花序呈伞房状，顶生，着花5～20朵，花浅粉紫色，内有紫色斑点；蒴果线形，熟后两瓣裂开，内含多树种子。花期4～5月，果期9～10月。

· **繁殖及栽培管理** 埋根育苗。一般在早春萌芽前，在多年生的母株周围挖取直径12cm粗的根条，进行根埋，成活率高，根蘖苗生长快，秋后即可栽植。另外，也可用实生苗作砧木在春季腹接繁殖，易成活，一般培育5年后可定植。定植时宜在穴中施入充足的有机肥，不可栽植过浅。养护时保持土壤湿润，生长期适当施肥，并及时除草。

别名：梓桐、金丝楸、旱楸蒜台、水桐	科属：紫葳科梓树属
用途：楸树高大挺拔，枝繁叶茂，花盛开时如雪似火，是优良的庭院树、行道树和工厂矿区的绿化树种。	

山茶 ＞花语：谦让、谨慎

Camellia japonica L.

　　山茶是中国的传统名花之一，从隋唐开始就由野生进入栽培观赏，到宋代更是日渐盛行。7世纪时，山茶传到日本，之后又传到欧美等国家，目前已成为全世界园艺界的珍品。

· 产地及习性 原产中国，日本、朝鲜半岛也有分布。喜暖湿，耐半阴，略耐寒，忌烈日和干燥，宜肥沃疏松的微酸性土壤。

· 形态特征 常绿阔叶灌木或小乔木。枝条黄褐色，小枝绿色或绿紫色至紫色至紫褐色；叶互生，椭圆形、长椭圆形、卵形至倒卵形，革质、边缘有锯齿，叶正面深绿色，背面较淡；叶柄粗短，有柔毛或无毛；花单生或2～3朵着生于枝梢顶端或叶腋间，花梗极短或不明显，花单瓣、半重瓣或重瓣，花色因品种而不同，多为粉色、黄色、红色，还有杂色花等；蒴果圆形，外壳木质化，成熟蒴果能自然从背缝开裂，散出种子。花期长，多数品种1～2个月，单朵花期7～15天，花期2～3月。

叶脉明显，叶缘有齿

花萼

枝绿色、绿紫色、紫色至紫褐色

花型、花色因品种而异

· 繁殖及栽培管理 扦插、嫁接和播种繁殖。扦插，在6月梅雨季节或8～9月进行，选取叶芽饱满、叶片完整、无病虫害的当年生半熟枝，剪取4～10cm长，先端至少留2片叶，基部带踵，随剪随插，扦插密度以叶片互不重叠为宜，入土深度3cm左右，插后用精细喷壶喷透水，气温控制在25℃左右，注意搭棚遮阴、防风，大约1个月插穗可愈合生根。生新根后，逐步增加阳光，11月份开始少量遮阴，以加速木质化，11月份拆除荫棚，盖暖棚准备越冬，一般培育3年后可开花。嫁接包括芽苗砧嫁接和半熟枝砧木嫁接，成活率高，管理简单。播种是为了培育砧木或新品种，一般秋季采后即播，也可拌湿沙贮藏第二年春播。

别名：山茶花、曼陀罗树、薮春、山椿、耐冬、晚山茶、茶花、洋茶	科属：山茶科山茶属

用途：山茶是绿化园林的重要材料，树冠多姿，叶色翠绿，花大艳丽，花期正值冬末春初，江南暖地可丛植或散植于庭园、花径、路旁、草坪及树丛边缘，北方适合盆栽摆设室内观赏。

山海带

Dracaena cambodiana Pierre ex Gagnep.

叶套叠状聚生顶端

叶长可达70cm

花序

枝干灰白色

产地及习性 原产中国云南，越南、柬埔寨也有分布。喜半阴，不耐寒，择土不严，但以疏松、排水好的砂质土壤为佳。

形态特征 常绿乔木。株高3~4m，叶聚生于茎和枝顶，呈套叠状，叶片长披针形，长可达70cm，全缘，抱茎，无柄；圆锥花序，花黄色。花期2~3月。

繁殖及栽培管理 播种和扦插繁殖。盆栽基质以腐叶土、泥炭、塘泥等加少量河砂及有机肥混合配制。管理简单，夏、秋季注意遮阴，避免暴晒；每半月施肥1次，结合浇水进行，有机肥及复合肥交替施用，冬季停肥。

别名：小花龙血树、海南龙血树	科属：百合科龙血树属
用途：山海带株形优美，叶色浓绿，是优良的观叶植物，常盆栽摆设于办公室、会议室、大厅等处，也可种植于公园、庭院或小区。	

山茱萸

Cornus officinalis Sieb. et Zucc.

产地及习性 原产中国。喜阳光充足、温暖和湿润的气候，耐阴、耐寒，怕湿，对土壤要求不严，以疏松、肥沃、排水良好的壤土为佳。

形态特征 落叶小乔木。株高4~10m，树皮灰褐色，剥落，老枝黑褐色，嫩枝绿色；叶对生，卵状椭圆形或卵形，全缘；伞形花序簇生，顶生或腋生，花金黄色；核果椭圆形，红色至紫红色。花期3~4月，果期9~10月。

繁殖及栽培管理 播种繁殖。因种子皮内有一层胶质，播前要催芽，并将苗地深翻整平，施足基肥，然后以25cm的行距开深5cm左右的浅沟，均匀播种后，覆土薄薄一层，脚踩一遍，浇水，保持土壤湿度，大约2~3周可发芽、出苗。幼苗长出2片真叶时间苗，幼苗期要注意及时松土锄草，入冬前浇水1次，并给幼苗根部培土，以便安全越冬。待苗高60cm时移栽，可在春季萌芽前或秋季落叶后，小苗需多带宿土，大苗需带土球。待苗高90~100cm时，剪去顶芽，促使侧枝生长。生性强健，一般苗期加强肥水管理。

别名：药枣、山萸肉、山芋肉、山于肉	科属：山茱萸科梾木属
用途：山茱萸先花后叶，多种植于庭院、小区、路旁、公园。果肉是中药"萸肉"，为著名滋补品。	

石榴 > 花语：成熟的美丽

Punica granatum L.

花侧面图

　　石榴在中国的栽培历史已有四五千年了。古代妇女穿的裙子多是石榴红色，因为染裙的颜料主要是石榴花中提取的，久而久之，人们便将红裙称为"石榴裙"。而石榴的果实籽粒丰满，在民间象征多子和丰产，是一种吉祥之果。

产地及习性

原产伊朗和阿富汗，现中国各地广为栽培。喜温暖和光照，耐旱和贫瘠，怕水涝，不择土壤，以土层深厚、排水良好的石灰质土壤为佳，好肥。

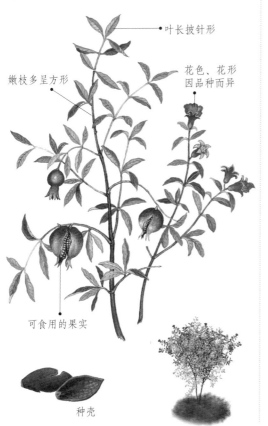

叶长披针形

嫩枝多呈方形

花色、花形因品种而异

可食用的果实

种壳

形态特征

落叶灌木或小乔木。株高3～7m，矮生种最高约1m，根黄褐色，易生根蘖，树干灰褐色，多向左方扭转，具瘤状突起，树冠丛状，分枝多，嫩枝有棱，多呈方形，旺树多刺，老树少刺，刺的长短、品种和生长情况有关；芽色随季节而变化，有紫、绿、橙三色；叶长披针形，质厚，全缘，在长枝上对生，短枝上近簇生；花两性，常一至数朵着生于当年生新梢上，有钟状花和管状花，花有单瓣和重瓣，花色多为红色，也有白、黄、粉红、玛瑙等色。花期5～6月，果期9～10月。

繁殖及栽培管理

扦插繁殖，包括硬质扦插和嫩枝扦插。硬枝扦插在冬、春进行，选取品种纯正、20年以内的健壮母株，剪取树冠顶部、向阳生长的二年生优良枝条作插穗，长15～20cm，上部切口要平，下部切口马耳形，每穴插2～3条，入土深度约2/3～3/4，踏实。嫩枝扦插多在夏、秋进行，剪取当年生的半木质化枝条作插穗，长4～5cm，保留顶部数片小叶，同样上部切口要平，下部切口马耳形，插后遮阴、保湿，温度控制在18～33℃之间，同时保持较高空气湿度，生根容易，成活率高。生长期需摘心，促进花芽形成；每月施肥1次，勤除根蘖苗和剪除死枝、病枝、密枝，以利通风透光。

别名：安石榴、若榴、丹若、金罂、金庞、涂林、天浆	科属：石榴科石榴属

用途：石榴初春枝叶秀丽，盛夏繁花似锦，秋季累果悬挂，是极好的观花、观果绿化树种，可孤植或丛植于庭院、公园、小区、草坪、池畔、林地等，也可做成各种桩景和供瓶插花观赏。皮、根、花可入药；果实可食。

水石榕

Elaeocarpus hainanensis Merr. et Chun

倒垂的花蕾

果实

产地及习性 原产中国海南、广西、云南，国外的越南、泰国有少量分布。喜高温、多湿及半阴的环境，不耐寒、不耐干旱，耐水湿，不择土壤，以疏松肥沃的砂质土壤为佳。

形态特征 常绿小乔木。株高可达8m，树冠整齐成层，枝条无毛；叶聚生枝顶端，狭披针形或倒披针形，边缘具细齿；总状花序腋生，花大、倒垂、白色，具芳香；核果纺锤形，两端渐尖似橄榄，光滑。花期4~7月，果期5~10月。

繁殖及栽培管理 播种繁殖。种子不耐保存，采后即播，秋初或晚春进行移植，小苗需带宿土，大苗需带土球，同时将移植穴施足基肥，并设立支架。移栽成活后，施淡肥，不宜过浓。生长期保持土壤湿润。成株可任其生长。

别名：水柳树、海南胆八树	科属：杜英科杜英属
用途：水石榕花洁白素雅，像一把把小雨伞，十分可爱，是上乘的观赏树种，很适合作庭院风景树种植，也可丛植于草坪、坡地、林缘、路口，或作其他花木的点缀材料。	

四照花

Dendrobenthamia japonica(DC.) Fang.

产地及习性 原产中国，主要分布于山西、陕西、河南、甘肃及长江流域一带。适应性强，喜温湿、耐寒、耐阴、耐旱，对土壤要求不严，但以土层深厚、排水良好的土壤为最佳。

形态特征 落叶灌木或小乔木。株高可达9m，小枝绿色，后变褐色，光滑；嫩枝被白色短绒毛；叶对生，卵形或卵状椭圆形，纸质，叶面浓绿色，叶背粉绿色，两面疏被白柔毛；球形头状花序，花小而密集，黄色；果实球形，肉质，紫红色。花期5~6月，果期8~9月。

繁殖及栽培管理 播种繁殖。果实成熟后及时采收，堆放熟透后，洗净种子，阴干后随即播种，如想第二年春播，则需将种子低温沙藏，播后大约3个月发芽。幼苗期适当遮阴，加强肥水管理，并注意松土、除草，利于根系生长。当年秋季或来年春萌芽前分栽，一般培育3~8年后可开花。

别名：石枣、羊梅、山荔枝	科属：山茱萸科四照花属
用途：四照花树形似宝塔，夏季开花后宛如蝴蝶纷飞，秋季叶红如夕阳彩霞，常种植于庭院或公园、林缘等地。	

糖胶树

Alstonia scholaris (L.)R. Br.

菁葖果双生，线形

伞形花序，花白色

产地及习性

原产中国、印度、缅甸、印度尼西亚、菲律宾、越南、柬埔寨等东南亚国家。喜温暖和光照，不耐寒，不择土壤，但以肥沃、湿润的砂质土壤为最佳。

形态特征

常绿乔木。株高可达20m，具乳汁，枝轮生，大枝开展；叶3～8枚轮生，椭圆形、长圆形或披针形，纸质，有光泽；聚伞花序顶生，花多，白色，花冠高脚蝶形；菁葖果双生，细长，线形；种子长圆形，两端具柔软缘毛。花期6～11月。

繁殖及栽培管理

播种或扦插繁殖。播种，冬季采种，晾干后放入布袋贮藏，来年春季气温升至20℃以上时播种，培育一年后，待苗高40～50cm时移植。扦插在春季新梢形成前，剪取一年生或二年生枝条作插穗，极易生根。生长期保持土壤湿润，干旱季节多补水；如果土质不太肥沃，最好每月施肥1次。

别名：灯架树、面盆架、盆架子、面条树	科属：夹竹桃科鸡骨常山属
用途：糖胶树形如塔，果实细长如面条，极富观赏性，不仅是点缀庭院的优良树种，也是较好的行道树。乳汁可提取口香糖原料；树皮、枝、叶可入药。不过，由于味道太过香浓，建议同一地方不要栽种太多。	

桃花 >花语：娇羞的美女

Amygdalus persica L.

产地及习性

原产中国。喜光，耐寒，耐旱，畏涝，宜排水良好的土壤。

形态特征

落叶乔木。株高3～10m，树干灰褐色，粗糙有孔，小枝红褐色或褐绿色；叶椭圆状披针形，叶缘有粗锯齿，有光泽，具短柄；花单生，近无梗，花瓣5枚，花色多为粉红色，变种有红色、绯红、白色等。花期春季，果期6～9月。

繁殖及栽培管理

以嫁接繁殖为主，多用切接或盾形芽接。切接在春季芽萌动时进行，北方多用山桃作砧木，华东及南方一带则常用毛桃、杏苗作砧木，选取春生优良的桃花枝条，剪成约7cm长，带1～2节芽，切口长2～3cm，约在砧木离地5cm处截顶，然后切接，接后立即培土，略盖过接穗顶端即可，成活率较高。芽接在8～9月进行。播种常秋播，如春播需对种子进行特殊处理：首先，将种子冷冻沙藏，使种皮裂开，水分进入种皮；然后，将种皮敲破，不要伤到种仁，浸泡1天。在早春或秋冬落叶后移栽、定植，种植穴要施入基肥，幼苗可裸根蘸泥浆水移栽，大苗需带土球。生长期施肥2～3次，入冬前施有机肥1次。

别名：桃	科属：蔷薇科李属
用途：桃花是中国传统的园林树木，常种植于池畔、公园、山坡或庭院，也可盆栽、切花或作桩景观赏。	

文冠果

Xanthoceras sorbifolia Bunge

文冠果又称"文官果"，常被理解为"文官掌权"的意思。

蒴果壳厚

种子熟后黑色

小叶长椭圆形或披
针形，似榆树叶

奇数羽
状复叶

花瓣白色，基部橘红色

· 产地及习性 原产中国内蒙古、山西、甘肃、宁夏、河南等地。喜阳光，耐寒、耐旱，稍耐阴，忌水湿，畏涝，对土壤要求不严，以肥沃、排水良好的土壤为最佳。

· 形态特征 落叶小乔木。株高3～8m，树皮灰褐色，扭曲状纵裂，枝粗壮，嫩枝红褐色，有短茸毛；单数羽状复叶，小叶长椭圆形或披针形，似榆树叶，膜质，叶背疏生星状毛；总状或圆锥花序顶生，花梗纤细，花瓣5枚，白色，基部有黄紫晕斑；蒴果椭圆形，内含黑色种子。花期4～5月，果期7～8月。

· 繁殖及栽培管理 播种繁殖。7月，采收成熟果实，秋10月播种发芽率高；如果春3月播种，需将种子风干后藏于室内，条播或点播，种脐平放，覆土2～3cm，稍加镇压，灌透水，秋播者可在第二年春4月发芽、出苗。幼苗生长缓慢，且有间歇性封顶的习性，要多施肥，使其正常生长。在苗床培育2年后，在第3年可移植，加强管理和对株形的修剪，再过4～5年可供绿化。

别名：文冠木、文官果、土木瓜、木瓜、温旦革子	科属：无患子科文冠果属

用途： 文冠果是难得的观花小乔木，常种植于庭院、小区、路边、学校。种子嫩时白色，可食用；种子成熟后可榨油或制作肥皂；木材坚实致密，是制作家具及器具的好材料。

西府海棠

Malus micromalus Mokino

形，全缘；伞形总状花序，着花4～7朵，生于小枝顶端，花淡红色，有单瓣和重瓣之分；梨果球状，成熟时红色，底部内陷。花期4～5月，果期9月。

· 产地及习性 中国特有植物，主要分布于辽宁、河北、陕西、山西、云南等地。喜光、耐寒、耐干旱，忌水湿，宜肥沃、疏松又排水良好的砂质壤土。

· 形态特征 小乔木。株高2～5m，树态峭立，小枝圆柱形，幼时红褐色，被短柔毛，老时暗褐色，无毛；叶椭圆形至长椭圆形，边缘有紧贴的细锯齿，有时部分全缘；具短柄，被短柔毛；托叶膜质，披针

· 繁殖及栽培管理 分株繁殖。在早春萌芽前或秋冬落叶后进行，挖取从根际萌生的蘖条，分切成若干单株，注意保留蘖条的须根，或将2～3条带根的萌条为一簇，进行移栽。分栽及时浇透水1次，注意保墒，必要时予以遮阴，旱时浇水。不久即可从残根的断口处生出新枝，秋后落叶或初春未萌芽前掘出移栽，即成一独立新株。移栽时最好带土球，保证成活。嫁接繁殖可参考海棠。

别名：海红、子母海棠、小果海	科属：蔷薇科苹果属
用途：西府海棠花红粉温馨，果鲜美诱人，极富观赏性，多栽培于庭院、公园、小路旁或池畔；果实可食用。	

依兰

Cananga odorata (Lamk.) Hook. f. et Thomas.

依兰香是当今世界最名贵的天然高级香料和定香剂，多用于配制高级化妆品，而这种东西就是从矮依兰中提取出来的。

花黄色，倒垂

质、全缘；花序单生，着花2～5朵，花黄绿色，倒垂，芳香极浓。花期4～5月。

· 产地及习性 原产缅甸、菲律宾、印度尼西亚和马来西亚。喜阳光，不耐寒，宜疏松肥沃、温暖湿润的砂质壤土。

· 形态特征 常绿乔木。植株通常高10～20m；单叶近对生，卵状长圆形或长椭圆形，膜质至薄纸

果序枝

· 繁殖及栽培管理 播种繁殖。栽培容易，管理粗放。定植时，如果土壤的肥力不够，要在种植穴内施入适量有机肥。生长旺季，及时补充水分。每月施肥1～2次，利于多开花。

别名：依兰香、香水树	科属：番荔枝科依兰属
用途：矮依兰香味浓郁，既可大盆栽植观赏，也可种植于庭院、路旁、小区、公园等地。	

樱花 >花语：生命

Cerasus serrulata (Lindl.) G. Don ex London

樱花是日本的国花，每年春季，樱花总会热烈而纯洁地绽放，将最后一丝严寒驱赶，此时人们会携带美酒，成群结队地来到樱花林中，一边赏樱，一边喝酒畅聊人生，真是十分惬意，而樱花凋谢时，干脆而利落，几乎一夜就会纷纷坠落。

· 产地及习性 原产中国，日本、朝鲜也有分布。喜阳光、温暖和湿润的气候，耐寒、耐旱，不耐盐碱，忌积水，对土壤的要求不严，以深厚肥沃、排水良好的砂质土壤为佳。

· 形态特征 落叶乔木。株高5～25m，树皮紫褐色，平滑，具横纹；小枝无叶；叶互生，椭圆形或倒卵状椭圆形，先端尖而有腺体，边缘有芒齿，无毛，叶面深绿色，叶背苍白色；托叶披针状线形，边缘细裂呈锯齿状，裂端有腺；伞房状或总状花序，花淡粉红色或白色；核果球形，成熟时黑色或红色。花期春季，果期7月。

· 繁殖及栽培管理 以嫁接繁殖为主。在3月切接或8月芽接，可用樱桃、山樱桃的实生苗作砧木，接活后经3～4年培育出圃定植；栽种前，将坑穴施足基肥，以腐熟堆肥15～25kg最佳，定植成活后施速效肥，促进生长。早春和花后进行植株修剪。

边缘有芒齿

叶芽

成熟的核果

叶脉明显，光滑无毛

花蕾

花瓣5枚，淡粉红色或白色

株高可达25m

别名：仙樱花、福岛樱、青肤樱	科属：蔷薇科李属
用途：樱花是早春重要的观花树种，盛开时满树烂漫，如云似霞，极为壮观，常种植于公园、山坡、庭院、路边、池畔、建筑物前，也可作小路行道树，还可作绿篱或盆景观赏。树皮和嫩叶可入药。	

玉兰

> *花语：纯洁的爱*

Magnolia denudata Desr.

玉兰是中国的传统名花，栽培历史长达2500年，盛开时白光耀眼，宛若天女散花，而阵阵清香更使人心旷神怡，几乎没有人不喜欢它的纯洁和美丽，在1986年，上海市便将玉兰定作市花。

产地及习性

原产中国，现北京及黄河流域以南均有栽培。喜光，较耐寒，不耐旱，忌低湿，不择土壤，但以肥沃、排水良好的中性至微酸性砂质土壤为最佳。

形态特征

落叶小乔木。株高通常3～5m，也有达25m，冬芽密被淡灰绿色长毛；叶互生，倒卵形，先端具短突尖，中部以下渐狭楔形，全缘；花先叶开放，直立，钟形，花被片白色，花丝紫红色；聚合蓇葖果圆柱形，种子红色。花期春季，果期秋季。

繁殖及栽培管理

播种和扦插繁殖。播种，9月果实转红色且开裂时采收，将带红色假种皮的果实放入冷水中浸泡冲洗，取出种子，室内阴干，然后低温层积沙藏，冬季将种子密播温室木箱沙床上，注意种子不要重叠，播后覆河沙约2cm，之后逐日淋水，保持床面潮湿，2月中下旬可发芽、出苗，3月中旬为盛发期，这时可将芽苗移植于纸质容器中。经定根，大约1个月后即可移植于大田种植。经过3～5年的培育可长城3m高的开花苗木。扦插，北方6～7月，南方5～6月，选取当年生的优良嫩枝，扦插于沙床，上方遮阴，每天喷水保湿，一般2～3周可生根。

花先叶开放，白色

冬芽密被灰绿色长毛

叶互生，叶脉明显

茎枝紫红色

蓇葖果圆柱形，被黄褐色毛

别名：白玉兰、望春花、玉兰花、玉堂春、木兰	科属：木兰科木兰属
用途：玉兰是名贵的庭院观赏树，自唐代以来，就多种植于亭、台、楼、阁前，现多配置于公园、小区、庭院和路旁，也可盆栽或制作盆景观赏。	

中国无忧树

Saraca dives Pierre

花密集，橙黄色

未成熟的荚果

- **产地及习性** 原产中国、越南及老挝。喜温暖，耐高温，畏寒，忌霜，对土壤要求不严，但以湿润、土层深厚的酸性至微碱性土壤为佳。

- **形态特征** 常绿乔木。株高可达25m；偶数羽状复叶，叶大，互生，椭圆状披针形，革质，叶脉凹陷，叶缘微波，嫩叶抽出时紫红色、下垂，老叶光滑；圆锥花序，花橙黄色。花期4～5月。

- **繁殖及栽培管理** 播种繁殖。荚果8月份成熟，采后阴干，收集种子，由于种子不耐贮藏，要随采随播（混沙储藏发芽率可保持半年），发芽适温18℃以上，发芽率可达80%，冬季防寒越冬，第二年春移植。一般需移植2次，培育3～4年生大苗，可出圃。春夏季生长旺期，注意补充水分，每月施氮肥1次，入秋后停止。

别名：无忧花	科属：豆科无忧花属
用途：中国无忧树树形美观，开花时似团团火焰在树顶燃烧，观赏价值极高，适合种植于公园、小区、池畔等地。	

梓树

Catalpa ovata G. Don

- **产地及习性** 原产中国长江流域及以北地区，日本也有少量分布。喜光，稍耐阴，耐寒，不耐干旱，以深厚、湿润、肥沃的壤土为最佳，抗烟性强。

- **形态特征** 落叶乔木。株高可达15m，树冠伞形，主干通直，枝条开展；叶对生或近于对生，有时轮生，阔卵形，基部圆形或心形，常有3～5浅裂，叶脉基部有1～6个紫色腺点；具长柄；顶生圆锥花序，花冠钟状，淡黄色，内面具2黄色条纹及紫色斑点；蒴果细长如豇豆，经冬不落，种子扁平，两端具长毛。花期5～6月，果期8～9月。

- **繁殖及栽培管理** 播种和扦插繁殖。播种，10月采种，晒干开裂后收集种子，贮藏于干燥处来年春条播，均匀播后覆细土一层，并盖草保温、保湿，待发芽、出苗后揭去草，培育一年后，在冬季落叶后至早春发芽前移栽，每穴栽植1株，盖土压紧，浇水。扦插在春季进行，选取一年生或二年生的粗壮枝条，剪取15～20cm，入土深度为3/4，容易成活。定植后适当修剪株形。在前3～5年，每年春、夏、冬季都要松穴除草。

别名：花楸、水桐、河楸、大叶梧桐、黄花楸、木角豆	科属：紫葳科梓树属
用途：梓树春夏黄花满树，秋冬荚果悬挂，具有一定的观赏价值，常种植于路旁、庭院、林缘。嫩叶可食；皮、果实、叶可入药；木材可作家具。	

紫荆花

Bauhinia blakeana Dunn

紫荆花是香港的特有种，目前还没有在其他地方发现原生的紫荆花，因此1997年香港回归时，选用了紫荆花作为区旗、区徽的标志，象征繁荣和奋进。

产地及习性 原产中国。喜光照充足、温暖湿润的气候，不耐寒，择土不严，以排水良好的砂质土壤为最佳。

形态特征 常绿小乔木。株高可达12m；单叶互生，革质，基部心脏形，形似羊蹄；总状花序，花瓣5枚，鲜紫红色，间以白色脉状彩纹，极清香。花期秋末至第二年初春。

繁殖及栽培管理 扦插繁殖。在春末夏初，选取一年生或二年生的健壮枝条，剪取10cm左右，上切口平整，下切口斜切，去除枝条上的小花，插于砂床，初次浇透水（以后根据基质的干湿适当浇水），用塑料薄膜覆盖保温保湿，半阴半阳，在20～25℃的条件下，极易生根、成活。管理粗放。一般不用施肥，因为花期长，花后可适当补肥料。注意修剪株形。

别名：红花羊蹄甲、洋紫荆、红花紫荆、艳紫荆、香港樱花	科属：豆科羊蹄甲属
用途：紫荆花叶形如羊的蹄甲，是极为奇特的观赏树种，常种植于路旁、公园、草坪边缘或小区周围、庭院。	

紫玉兰 >花语：芳香情思

Magnolia liliiflora Desr.

如果说白玉兰是一位高贵的公主，那么紫玉兰一定是属于这个时代的潮流女子，你瞧，一朵朵花儿穿着紫色"礼服"，多么高雅娇艳！紫玉兰是中国的传统花卉，现在已被引种栽培至欧美许多国家，名声享誉海外。

产地及习性 原产中国福建、湖北、四川、云南西北部。喜温暖、湿润和阳光充足环境，较耐寒，不耐旱和盐碱，忌水湿，对土壤要求不严，但以肥沃、排水好的中性至微酸性土壤为佳。

- 花瓣里面白色
- 花瓣外面紫红色
- 小枝绿紫色或淡褐紫色

形态特征 落叶灌木。株高可达5m，常丛生，树皮灰褐色，小枝绿紫色或淡褐紫色；叶倒卵形，先端急尖或渐尖，基部渐狭沿叶柄下延至托叶痕，上面深绿色，下面灰绿色，幼嫩时疏生短柔毛；花叶常同时开放，外轮花被片绿色，内轮花被片紫红色。花期3～4月。

繁殖及栽培管理 同玉兰。

别名：木兰、辛夷、木笔、望春	科属：木兰科木兰属
用途：紫玉兰花姿婀娜，气味幽香，是著名的早春观赏花木，常种植于庭院、公园、小区，也可大盆栽观赏。	

宝莲花

Medinilla magnifica Lindl.

产地及习性
原产于东南亚的热带雨林。喜高温、多湿和半阴环境，不耐寒，忌暴晒，宜肥沃、疏松的腐叶土或泥炭土。

形态特征
常绿灌木。株高1.5～2.5m，茎有四棱或四翅。单叶对生，无叶柄，叶片卵

形至椭圆形，全缘，叶长约30cm，宽18cm；叶面绿色有光泽，主脉有明显的象牙白色凹陷。穗状或圆锥花序下垂，花外

有粉红或粉白色总苞片，花直径约2.5cm。果实圆球形，顶部有宿存的萼片。其花、叶、果观赏效果俱佳，宜作大、中型盆栽。

繁殖及栽培管理
播种繁殖。选取籽粒饱满的种子，播前用60℃热水浸种一刻钟，再用温热水催芽12～24小时，至种子膨胀，然后一粒粒黏放在基质上，覆土约1cm厚，以浸盆法湿润土壤，以免把种子冲起来。待大多数种子出齐后，适当间苗。当幼苗长出3片以上叶子后移栽。生长期每半月施肥1次，保持土壤湿润，旱季还要注意保持空气湿度。花谢后立即修剪株形。冬季温度不低于16℃。

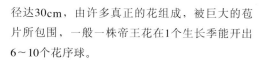

别名：壮丽酸脚杆、粉苞酸脚杆、宝莲灯、美丁花	科属：野牡丹科酸脚杆属
用途：宝莲花株形优美，是野牡丹科花卉中最豪华美丽的一种，多盆栽摆设观赏。	

帝王花

Protea cynaroides (L.) L.

帝王花是南非的国花，它以巨大的花魁和优雅的造型已成为世界名贵花卉。另外，帝王花的生命期可达100年以上，而一个花球可以开放几个星期不衰败，实在令人吃惊！

产地及习性
原产南非。喜温暖、稍干燥和阳光充足环境，不耐寒，忌积水，宜疏松、排水良好的微酸性土壤。

形态特征
常绿灌木。株高30～150cm，茎粗壮；叶互生，革

质，光滑；花簇生，苞片有红色、粉色等，雌雄异株。叶型、花型、花色因品种而异。实际上，帝王花的花是一个花序球，直径达30cm，由许多真正的花组成，被巨大的苞片所包围，一般一株帝王花在1个生长季能开出6～10个花序球。

繁殖及栽培管理
种子或扦插繁殖。选择排水良好的土壤进行播种，播种后覆盖一层沙土，3～4个星期后种子会萌发。扦插时将插穗在生根的激素溶液里浸泡约4秒，在25℃左右的温度下培养，间歇喷雾，当生根时即可扦插定植。在生长期中，夏季需要凉爽干燥的气候，烈日时适当遮阴，适宜生长温度为27℃，冬季需温暖、充足的阳光及稍高的湿度环境。

别名：菩提花、普洛帝	科属：山龙眼科普洛帝属
用途：帝王花枝叶茂盛，花朵独特，主要盆栽观赏，也是极好的切花和干花材料。目前中国还不能栽培帝王花。	

佛肚树

Jatropha podagrica Hook.

产地及习性
原产中美洲西印度群岛。喜高温干燥和向阳的环境，不耐寒、不耐湿，较耐阴，宜排水良好的砂质土壤。

形态特征
肉质灌木。植株低矮，茎干粗壮，上部二歧分枝，基部膨大似酒瓶，故得名；茎皮粗糙，常外翻剥落，似麻风患者的脚，故又称麻风树；小枝红色似珊瑚，多分枝；叶簇生枝顶，盾形，3～5裂，叶面绿色，叶背粉绿色；具长柄，叶痕大，托叶刺状具腺体；聚伞花序顶生，花橘红色；蒴果椭圆形，种子黑褐色。花期全年。

繁殖及栽培管理
以播种繁殖为主，也可扦插繁殖。播种，因为种子大，可以3cm的株距点播，每穴1粒，播后保持土壤湿润，大约1个月可发芽出苗。待幼苗长到5cm高时，移栽于小盆，苗期浇水充足，每2周施薄肥1次。随着苗生长，浇水量逐渐减少。扦插在5～6月进行，择取顶端的分叉嫩枝长10～15cm，在节下0.5cm处剪切下，待切口的浆汁干后插土，保持基质湿润，在22℃的条件下，2～3周可生根。越冬温度10℃以上。

别名：珊瑚花、玉树珊瑚	科属：大戟科麻风树属
用途：佛肚树株形奇特，栽培容易，是优良的室内盆栽花卉，南方暖地可露地种植于庭院，还可做园景树。	

佛手

Citrus medica L. var. *sarcodactylis* Swingle

产地及习性
原产亚洲，中国主要分布于广东、广西、福建、台湾、浙江等地。喜温暖湿润和阳光充足的环境，不耐寒、耐阴、耐瘠、耐涝，畏霜，以土层深厚、疏松肥沃、富含腐殖质、排水良好的壤土为佳。

形态特征
常绿小乔木或灌木。株高1～4m，枝梢有棱角，老枝灰绿色，幼枝略带紫红色，有短而硬的刺；单叶互生，长椭圆形或倒卵状长圆形，革质，边缘有微锯齿；花单生、簇生或为总状花序，花内面白色，外面紫色；果实橙黄色，极芳香，顶端分裂如拳或张开如指，故得此名。花期4～5月，果期10～12月。

繁殖及栽培管理
扦插和嫁接繁殖。扦插在6～7月进行，从健壮母株上剪取一年生或当年生的枝条作插穗，插后约1个月可发根，2个月可发芽，发芽后即可分栽。嫁接多用靠接和切腹接，用香橼和柠檬作砧木，嫁接苗根系发达，寿命可达50年以上。佛手好肥，每年3～6月、6～7月、7～9月、10月重点追肥，生长旺季注意补水，入秋后，浇水量减少，冬季只需盆土湿润。

别名：九爪木、五指柑、佛指香橼	科属：芸香科柑橘属
用途：佛手果形奇特，又散发着醉人的清香，是名贵的冬季观果盆栽花卉。花、果可入药；果实可沏茶、泡酒。	

金弹子

Diospyros armata

花淡黄色花，形似瓶，香气如兰

果成熟后橙黄色、红色，形似弹丸

产地及习性

原产中国。喜光照，耐阴，稍耐寒，对土壤选择不严，但以疏松肥沃、排水良好的壤土为佳。

形态特征

落叶灌木或小乔木。株高2～3m，叶卵状菱形至倒卵形，纸质；花单生于叶腋，白色；果卵形，熟时橘黄色转红色。花期4月，果期10月。

繁殖及栽培管理

播种繁殖。果实成熟后采收，取出种子，洗净晒干，春季4月用30℃温水浸种2天，捞起后放在漏水容器中，盖上双层纱布，像长豆芽一样，每天向种子浇1次清水，待种子开口发芽，播于苗床，栽培3年后可制作小盆景。习性强健，管理粗放，生长期施肥2～3次，结合浇水进行。

别名：瓶兰、刺柿、瓶兰花	科属：柿树科柿树属
用途：金弹子观赏性极佳，多制作树桩盆景欣赏，也可种植于公园、池畔、庭院等地。	

金橘

Fortunella margarita (Lour.) Swingle

核果矩圆形

花香味浓郁

产地及习性

原产中国秦岭、长江以南。喜阳光、温暖和湿润的环境，稍耐阴，耐旱，畏寒，宜排水良好、肥沃疏松的微酸性砂质壤土。

形态特征

常绿灌木或小乔木。株高约3m，分枝多，通常无刺；叶披针形至矩圆形，全缘或具不明显的细锯齿，叶面深绿色、光亮，叶背散生油腺点；叶柄短，具狭翅；单花或2～3朵聚生于叶腋，花白色，极芳香；核果矩圆形，熟时金黄色。花期6～8月，果期11～12月。

繁殖及栽培管理

嫁接繁殖。嫁接方法有枝接、芽接和靠接，常用枸橘、酸橙或播种的实生苗作砧木（砧木需提前一年盆栽或地栽）。枝接在春季3～4月进行；芽接在6～9月进行；盆栽常用靠接法，在4～7月进行。嫁接成活后第二年萌芽前移植，根多带宿土。盆栽基质多用塘泥，1～2年换盆1次，换盆时修剪株形。

别名：罗浮、牛奶金柑、金枣、马水橘、金橘、脆皮橘	科属：芸香科金柑属
用途：金橘果实金黄，散发出清香，是极好的观果花卉，常盆栽或做盆景观赏，南方暖地也可露地种植。	

鲁贝拉茵芋

skimmia japonica Thunb.'Rnbella'

- **产地及习性** 原产中国、日本。喜温暖湿润的气候，以疏松肥沃、排水良好的土壤为佳。

- **形态特征** 常绿灌木。株高低矮，小枝近方形，赤褐色；叶互生，椭圆形或长椭圆形披针状，革质，叶端锐，叶基渐狭，全缘；聚伞状圆锥花序顶生，花色多为白色、乳白色或乳黄色，极芳香。花期3～5月。

- **繁殖及栽培管理** 播种和扦插繁殖。播种可随采随播，也可将种子混沙贮藏至来年春播。扦插在早春硬枝扦插，或在梅雨季节用软枝扦插。夏季适当遮阴，忌阳光直射。生长期每月施肥1～2次，有机肥和复合肥交替使用。

叶端锐

别名: 金丝香茵、金红茵芋	科属: 芸香科茵芋属
用途: 鲁贝拉茵芋是芳香植物，常盆栽观赏，也可种植于庭院，还可作切花和插花。	

欧石楠

Erica carnea L.

欧石楠是挪威的国花。在冰天雪地的北欧，落叶飘零，花儿凋谢，只有娇小的欧石楠挺着单薄的身躯，倔强地生长着，那细小玲珑的花朵前仆后继地绽放开来，漫山遍野，从不凋萎，装点着寂寥的荒野。因此，欧石楠的花语就是：孤独。

- **产地及习性** 原产欧洲。喜温暖、凉爽及阳光充足的环境，耐寒，怕酷暑，宜肥沃、疏松、富含有机质的酸性土壤。

- **形态特征** 常绿灌木。植株低矮，最高约1m；叶小，常4枚轮生，针状；花小，钟形，常下垂，花色丰富，多为红色、粉色、紫色、白色等。花期秋至春。

- **繁殖及栽培管理** 播种、扦插繁殖，多在夏、秋两季进行。露地栽培对土壤要求不严，盆栽宜用泥炭土、腐叶土。生长期每半月施肥1次，可结合浇水进行。

别名: 艾莉卡	科属: 杜鹃花科欧石楠属
用途: 欧石楠品种多，花色丰富，是世界流行的小型盆栽花卉，多用于布置花坛、花境、岩石园，也可盆栽观赏。	

沙漠玫瑰

Adenium obesum Roem. et Schult.

· 产地及习性 原产非洲的肯尼亚、坦桑尼亚。喜高温干燥的环境，耐酷暑和干旱，不耐寒，忌水湿，畏涝，宜疏松肥沃、排水良好、富含腐殖质的砂质土壤。

· 形态特征 多年生落叶肉质小乔木。株高1～2m，主根白色，肥厚而多汁；单叶互生，倒卵形，革质，叶面深绿色，叶背灰绿色，全缘；总状花序顶生，着花10余朵，形似小喇叭，花色多为玫红、粉红、白色及复色等；角状蓇葖果1对，种子有白色柔毛。花果期几乎全年。

· 繁殖及栽培管理 常用扦插、嫁接和压条繁殖。扦插宜在夏季进行，选取一年生或二年生健壮枝条，以顶端枝最好，剪取约10cm长，待切口汁干后插于沙床，插后保持土壤湿润，3～4周可生根。嫁接，用夹竹桃作砧木，以劈接法嫁接成活后，植株生长健壮，容易开花。压条常在夏季采用高空压条法，在健壮枝条上切去2/3，先用苔藓填充后再用塑料薄膜包扎，埋入土中后约3周生根。管理简单。浇水不可过多，每半月施磷、钾肥1次。南方地区适当遮阴。

蓇葖果

别名：天宝花	科属：夹竹桃科天宝花属
用途：沙漠玫瑰是目前流行的高档室内花卉，很适合盆栽摆设居室、客厅、阳台观赏，也可种植于专类植物园中。	

耀眼豆

Clianthus formosus (G. Don) Ford et Vickery

· 产地及习性 原产澳大利亚。喜温暖、湿润及阳光充足的环境，耐旱，不耐寒，以肥沃、排水良好的砂质土壤为佳。

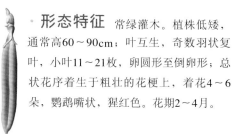

· 形态特征 常绿灌木。植株低矮，通常高60～90cm；叶互生，奇数羽状复叶，小叶11～21枚，卵圆形至倒卵形；总状花序着生于粗壮的花梗上，着花4～6朵，鹦鹉嘴状，猩红色。花期2～4月。

· 繁殖及栽培管理 播种或扦插繁殖。播种在春季进行，扦插在春或秋季均可进行，保持盆土湿润，但不可过湿。生长期每半月施肥1次，薄肥勤施，可结合浇水进行。炎热高温的夏季要适当遮阴，并喷雾保湿。冬季室内越冬。

花鹦鹉嘴状，猩红色

小叶对生，11～21枚

奇数羽状复叶

通常高60～90cm

别名：吉祥鸟、枭眼花	科属：豆科耀花豆属
用途：耀眼豆花似枭眼，十分奇特，主要盆栽室内观赏，也可作高级花材。	

针垫花

Leucospermum spp.

由于盛开时，花瓣呈丝状，犹如插满了针的垫子或针包，故得名针垫花。

· 产地及习性

原产南非。喜阳光充足、温暖和稍干燥的环境，畏寒，忌水湿，以排水良好、肥沃的砂质土壤为佳。

► 头状花序

· 形态特征

常绿灌木。植株低矮，叶通常密集，多为倒披针形或倒卵状长圆形，先端具齿，革质；头状花序，单生或少数聚生于枝顶，花被筒状，花色丰富。花期夏季。

· 繁殖及栽培管理

播种及扦插繁殖。

叶通常密集 •───

别名：风轮花、针垫山龙眼	科属：山龙眼科针垫花属
用途：可丛植或孤植于公园、庭院、花坛、花境作绿化。目前，中国因气候原因无法栽培针垫花，所以进口针垫花多用于插花。	

朱砂根

Ardisia crenata Sims

· 产地及习性

原产中国南部和日本。喜湿润、温暖、隐蔽和通风半燥的环境，土壤宜排水良好又肥沃。

· 形态特征

常绿矮小灌木。株高20~90cm；叶互生，椭圆状披针形至倒披针形，薄革质，边缘有皱波状钝锯齿，齿间具隆起的黑色腺点；伞形花序腋生，花冠白色或淡红色，有微香；浆果球形，下垂，红色。花期夏季，果期秋季。

· 繁殖及栽培管理

播种和扦插繁殖。播种，果实成熟后采收，去果皮，将种子洗净、晾干，随即播种，或低温层积沙藏来年春播，播后覆土薄薄一层，约为种子的2~3倍，用喷雾器、细孔花洒湿润基质，大约2~3周发芽、出苗。当大多数种子出齐后，适当间苗，待幼苗长出3片以上叶子时，移栽。扦插剪取半木质化的嫩枝作插穗，移栽时选湿润、隐蔽处。生长期保持土壤湿润，每半个月施肥1次，花果期增施磷钾肥。夏季适当遮光，冬季全光照，一般每2年换盆1次。

别名：大罗伞、平地木、圆齿紫金牛、石青子	科属：紫金牛科紫金牛属
用途：朱砂根四季常青，果实喜人，既可盆栽室内观赏，也可种植于庭院、园路、山石旁。全株可入药。	

八角金盘

Fatsia japonica(Thunb.)Decne. et Planch.

花白色，密集

聚合浆果

伞形花序顶生

叶背灰绿色

主脉清晰

叶掌状，7～9深裂，裂片长椭圆状卵形

产地及习性
原产中国和日本，现世界温暖地区已广泛栽培。喜温暖、湿润、耐阴、耐寒，畏酷热和暴晒，怕旱，对土壤要求不严。

形态特征
常绿灌木或小乔木。株高3～5m，分枝少，幼枝和嫩叶密被易脱落的褐色毛；叶片大，掌状，7～9深裂，裂片长椭圆状卵形，主脉清晰，厚而有光泽，边缘具疏离粗锯齿，边缘有时呈金黄色；伞形花序顶生，集成圆锥状总花序，花小，白色；浆果球形，紫黑色，被白粉。花期10～11月，果期翌年春。

繁殖及栽培管理
播种和扦插繁殖。播种，5月果熟后随采随播，当年生小苗，冬天需防寒。扦插可在2～3月用硬枝扦插，或在梅雨季节用嫩枝扦插，剪取粗壮侧枝约20cm长，顶部带2～3片叶，插后保持土壤湿润，容易生根。移植在春天气候转暖后进行，苗需带土球。习性强健，每月施肥2次，夏季适当遮阴，并多补水。盆栽需每年换盆1次。

别名：八金盘、八手、手树、金刚纂	科属：五加科八角金盘属
用途：八角金盘四季常青，叶片硕大，是优良的观叶植物，既可盆栽室内观赏，也可种植于门旁、墙边、庭院、公园、草坪边缘、林地等处。叶、根、皮可入药。	

巴西铁
Dracaena fragrans Ker Gawl.

花簇生呈圆锥状

叶面具条纹

叶簇生

株高可达6m

- **产地及习性** 原产非洲西部的加那利群岛。喜光照充足、高温和高湿的环境、耐阴、耐干旱，不耐寒，择土不严，以疏松、排水良好砂质土壤为佳。

- **形态特征** 常绿乔木。株高可达6m，盆栽品种较矮，茎干直立；叶簇生，长椭圆状披针形，基部渐狭，有光泽，叶面具条纹，边缘波浪状起伏；花簇生呈圆锥状，花小，黄绿色，芳香。花期2月。

- **繁殖及栽培管理** 扦插和播种繁殖。扦插春季5～6月进行，选成熟健壮的茎干，剪成5～10cm长的段，直立或平插在温床上，温度保持在25～30℃，保持较高的空气湿度，大约1个月可生根，2个月可移植上盆；也可用茎梢、茎上的不定芽或茎段作插穗。播种在春、秋季均可进行，但以春播为佳。养护中光照不可过强，保持盆土湿润，并经常向叶面喷水保湿。每月施肥1～2次，冬季停肥，越冬温度10℃以上。

花序特写

别名：巴西千年木、香龙血树、香千年木	科属：百合科龙血树属
用途：巴西铁树干粗壮，叶片碧绿，充满生机，是目前很流行的室内大型盆栽花木，摆放在客厅、办公室、书房和卧室，充满异国情调。	

百合竹

Dracaena reflexa Lam.

· 产地及习性 原产马达加斯加。习性强健，喜高温、高湿和阳光充足的环境，耐旱、耐水湿，对土壤及肥料要求不严，但以复合腐殖质的土壤为佳。

· 形态特征 多年生常绿灌木。植株低矮，叶近轮生，线形或披针形，革质，全缘，叶面浓绿有光泽，叶脉明显；花序单生或分枝，常反折，雌雄异株，花白色。常见栽培品种有斑叶金边百合竹和金心百合竹。前者叶中间绿色，叶缘黄色；后者叶中间黄色，叶缘绿色。

· 繁殖及栽培管理 扦插或播种繁殖。扦插最好在春、秋季进行，温度在20～25℃的条件下，大约1个月可生根。管理粗放。生长期每月施全素肥料1次，保持土壤湿润。越冬温度不低于12℃。

金边百合竹

别名：短叶朱蕉	科属：百合科龙血树属
用途：百合竹叶片潇洒飘逸，耐阴性好，现在世界各地广泛栽培，既可盆栽也可水培。	

变叶木

Codiaeum variegatum Blume

· 产地及习性 原产马来西亚和太平洋诸岛。喜高温、湿润和阳光充足的环境，不耐寒、不耐阴，畏旱，宜肥沃、保水好的土壤。

· 形态特征 常绿灌木或小乔木。株高1～2m，全株光滑无毛，具乳汁；叶互生，厚革质，叶形、叶色变化极大，因品种而异；总状花序单生或2个合生在上部叶腋，花小，单性。

· 繁殖及栽培管理 扦插繁殖。如果温度适宜，一年四季皆可进行，生长适温20～30℃，保证充足的光照和高温。4～8月是生长旺季，浇水要充足；秋末到来年春，控制水量，但要保持室内温度和空气潮湿，并适当通风。生长期每周施肥1次。

叶形、叶色因品种而异

花小

别名：洒金榕	科属：大戟科变叶木属
用途：变叶木的叶形、叶色变化极为丰富，是著名的观叶植物，北方常盆栽欣赏或作插花材料，南方暖地可丛植于庭院、公园、池畔，或作绿篱。	

垂榕

Ficus benjamina L.

· **产地及习性** 原产中国、印度和马来西亚等地。喜温暖、湿润和阳光充足环境，耐旱、耐半阴，不耐寒，对土壤要求不严。

· **形态特征** 常绿乔木。株高10～20m（盆栽种低矮，呈灌木状），树干直立、灰色、树冠锥形，分枝多，小枝弯垂状，在潮湿的环境中，枝干易生气生根；叶小，椭圆形，薄革质，先端尖，基部圆形或钝形；具细而长的叶柄；果成对着生，成熟后黄色。常见栽培品种有星光垂榕和黄金垂榕。

· **繁殖及栽培管理** 扦插和播种繁殖。扦插在5～6月进行，剪取顶端嫩枝，长10～12cm，留上部2～3片叶，去除下部叶，剪口要平，待乳汁干后扦插，在24～26℃地条件下，大约1个月可生根，50天左右即可移栽。播种在春季室内盆播，播后覆土0.5cm，发芽适温为24～27℃，保持土壤湿润，约4周发芽、出苗。生长期保持土壤湿润，每月施全素肥1次。北方冬季室内越冬。温度最好在5℃以上。

别名：垂叶榕、垂枝榕	科属：桑科榕树属
用途：垂榕养护容易，观赏性强，在欧美栽培十分普遍，常大型盆栽摆放于宾馆大堂、会议室、接待厅、候机厅等地，还可种植于公园、小区、草地边缘、路旁，或作绿篱。	

鹅掌柴

Schefflera octophylla(Lour.)Harms

· **产地及习性** 原产中国、日本、越南和印度也有分布。喜光照充足、温暖和湿润的环境，耐贫瘠，不耐寒，择土不严，以空气湿度大、土层深厚、肥沃的酸性土壤为佳。

· **形态特征** 常绿小乔木或灌木。植株低矮，分枝多，小枝幼时密被星状毛；掌状复叶互生，小叶6～11枚，椭圆形或倒卵状椭圆形，革质，全缘；圆锥序顶生，由多数伞形花序组成，花小，白色，有芳香；浆果球形。花果期春季。

· **繁殖及栽培管理** 播种和扦插繁殖。播种在12月采收成熟果实，采集种子来年春播，在20～25℃的温度条件下，2～3周发芽、出苗，待幼苗5～7cm时移植，第二年可定植。扦插在春季换盆时进行，剪取枝梢8～10cm，去下部叶，插后用塑料薄膜覆盖，保温保湿，置于阴处，温度在2℃左右时，大约1个月可发根。管理简单，夏季适当遮阴，秋、冬季全日光养护，生长期每半月施肥1次。越冬温度5℃以上。

别名：鸭脚木、小叶伞树、矮伞树	科属：五加科鹅掌柴属
用途：鹅掌柴株形优美，四季常春，南方广泛种植于庭院、公园、路边、草坪边缘等处，北方多盆栽观赏。	

佛肚竹

Bambusa ventricosa McClure

- **产地及习性** 原产中国。喜温暖、湿润的环境，不耐寒，忌暴晒，以肥沃、疏松、排水良好的砂质壤土为佳。

- **形态特征** 丛生灌木。植株较高，幼秆深绿色，稍被白粉，老时转橄榄黄色；秆二型，正常圆筒形，高8～10m，节间30～35cm；畸形秆通常25～50cm，节间较正常短，茎秆的部分节间短缩而鼓胀，故得名；箨叶卵状披针形；箨鞘无毛；箨耳发达，圆形或卵形至镰刀形；箨舌极短。

- **繁殖及栽培管理** 分株繁殖。多在秋季挖取部分植株，进行分栽，北方只能在温室盆栽或在种植槽中种植，种植槽中应设有隔墙；每年2月进行换土和分株，土壤以微酸性的腐叶土和矿质土的混合土为好，挖土时要剥去部分老根；根据一年四季的实际情况浇水，不宜过多，要保持盆土相对湿润，生长期每半月施一次腐熟液肥和磷、钾肥，越冬温度不低于5℃。

别名：	佛竹、罗汉竹、密节竹、大肚竹、葫芦竹	科属：	禾本科簕竹属
用途：	佛肚竹状如佛肚，姿态秀丽，多盆栽观赏，也可种植于庭院、公园、植物园等处。		

福禄桐

Polyscias fruticosa(L.)Harms

- **产地及习性** 原产印度和太平洋群岛。喜温暖、湿润和阳光充足的环境，耐半阴，不耐寒，怕旱，以疏松、肥沃、排水良好的砂质土壤为佳，忌水湿。

芹叶福禄桐

镶边圆叶福禄桐

- **形态特征** 常绿灌木。株高2～5m，侧枝细长，分枝皮孔显著；1～3回羽状复叶，叶缘具齿，叶形、叶色变化较大，因品种而异；伞形花序成圆锥状，花小、淡白绿色。常见栽培品种有圆叶福禄桐、镶边圆叶福禄桐、芹叶福禄桐和羽叶福禄桐。

- **繁殖及栽培管理** 压条繁殖。在5～6月进行，选择生长健壮的茎干，在距顶端约2～5cm处环状剥皮，宽度约为茎干直径的2～3倍，然后用泥炭土包裹好剥皮处，捏成土团，外用塑料薄膜包捆严实，上端留好接水口，大约2个月可生根。生长期保持土壤湿润，夏季注意通风，每月施薄复合肥1～2次。冬季控制浇水，停肥，越冬温度10℃。

别名：	南洋参	科属：	五加科南洋参属
用途：	福禄桐叶形丰富，观赏性佳，多盆栽摆设客厅、居室、办公室或宾馆、会议室等地。		

富贵竹

Dracaena sanderiana Mast.

金边福贵竹　银边福贵竹

产地及习性
原产西非刚果和喀麦隆。喜高温、高湿，耐阴、耐涝，稍耐旱，抗寒力强，忌强光，不择土壤。

形态特征
常绿小乔木。株高2~3m，茎干直立、细长，上部有分枝；叶长披针形，纸质，有明显3~7条主脉，基部渐狭，具短柄；伞形花序，着花3~10朵，花冠钟状，紫色；浆果近球形，黑色。品种有绿叶绿边、绿叶白边、绿叶黄边、绿叶银边等。

繁殖及栽培管理
扦插繁殖。只要气温适宜整年都可进行，剪取不带叶的茎段作插穗，长5~10cm，至少有3个节间，插入土中，保持土壤湿润和空气湿度，一般3~4周生根，5周左右移栽。生长旺季需水量较大，生长期施肥3~5次，利于生长。越冬温度10℃以上。另外，富贵竹可水插栽培，极易生根，一般每周换水1次。

别名：仙达龙血树、金边富贵竹	科属：百合科龙血树属
用途：富贵竹是优良的室内盆栽或水培观叶植物，也是插花的常用材料。	

瓜栗

Pachira macrocarpa Walp.

20世纪60年代，中国从中美洲引进瓜栗，进行栽培。到了80年代，台湾的一些花商将幼瓜栗3~5株编成辫状组合栽培，还给它起了个喜气的名字——发财树。果然，发财树一推向市场，立刻引起了轰动！

产地及习性
原产墨西哥。喜高温、多湿和阳光充足的环境，耐阴、耐旱，不耐寒，怕强光直射，以肥沃、疏松、排水良好的砂质土壤为佳。

 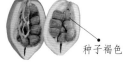

蒴果　种子褐色

形态特征
常绿乔木。株高可达15m，掌状复叶互生，小叶通常5枚，长椭圆形，全缘；花单生叶腋，黄白色。花期4~5月，果期9~11月。

繁殖及栽培管理
扦插繁殖。在梅雨季节，剪取健壮的成熟枝条，长10~15cm，插于沙床，约10周生根。盆栽最好用排水良好的营养土。生长期保持土壤湿润，忌积水；每月施肥1次。盛夏适当遮阴，为保持低矮茂密株形，可用修剪来控制需要的高度或造型。越冬季温度不低于10℃。

别名：发财树、马拉巴栗、大果木	科属：木棉科瓜栗属
用途：瓜栗株形美观，终年常绿，是十分流行的室内观叶植物，还可作桩景和盆景；南方常作行道树和风景树。	

275

含羞草

> 花语：害羞

Mimosa pudica L.

• 产地及习性 原产美洲热带地区。适应性强，喜温暖、湿润、耐半阴、不耐寒，宜肥沃、湿润的土壤。

• 形态特征 多年生草本，常作一年生栽培。植株低矮，茎直立或铺散状生长，具针刺和倒刺毛，基部木质化；二回羽状复叶，羽片2~4个，掌状排列；小叶14~48个，长圆形，

头状花序，花淡红色 •

边缘及叶脉有刺毛，触碰即小叶闭合、叶柄下垂；头状花序腋生，着花2~3朵，花萼钟状，花淡红色；荚果3~4个，扁平，边缘有刺毛，每荚种子1粒。花期7~10月。

• 繁殖及栽培管理 播种繁殖。在春季3~4月，将种子均匀撒在细土上，覆土1.5cm左右，在温度18℃左右的条件下，经7~10天出苗。幼苗生长缓慢，待苗高7~8cm时定植。如盆栽，3月播于冷室苗床，幼苗上3寸盆后，继续放置冷室养护，5月左右可供应市场需求。管理粗放。夏季炎热，可每天浇水1次，生长期多施氮肥，秋季修剪。

别名：知羞草、怕羞草、怕丑草	科属：豆科含羞草属
用途：含羞草常作盆栽观赏，很少种植于园林。全草、根可入药。	

红背桂

Excoecaria cochinchinensis Lour.

• 产地及习性 原产中国广东、广西，越南有少量分布。喜温暖、湿润和光照充足的环境，耐半阴、不耐干旱、不耐寒，忌阳光暴晒，宜肥沃、排水好的沙壤土。

• 形态特征 常绿灌木。株高1m左右，茎干粗壮，多分枝，小枝具皮孔；叶对生，长圆状倒卵形，叶面绿色，叶背紫红色，叶缘具细齿；穗状花序腋生，花小，初开淡黄色，后渐变为黄色；花期6~8月。

果实　　　　　　　花序

• 繁殖及栽培管理 扦插繁殖。春季4~5月，选取健壮的一年生秋梢作插穗，剪取约10cm长，保留顶部2~3片叶，将插穗基部在萘乙酸水溶液中浸泡约1分钟，随剪、随浸、随插，插后覆盖基质，压实，用细孔喷壶浇透水，然后盖上薄膜和草帘凉棚保温、保湿，在26~28℃的条件下，大约1个月可发根。春插秋末冬初移栽，秋插次年春移栽，移植成活后培育一年即可定植。生长期施肥2~3次。北方冬季入室栽培，温度不低于5℃。

别名：红紫木、红背桂	科属：大戟科土沉香属
用途：红背桂是一种良好的观叶、观花植物，北方多盆栽观赏，南方可露地种植。	

红刺露兜树

Pandanus utilis Bory.

果实

叶边缘和背面中脉有红色锐刺

全株图

- **产地及习性** 原产马达加斯加。喜阳光充足、高温和多湿的气候，较耐旱、耐湿、耐阴，不耐寒，宜排水良好的砂质土壤。

- **形态特征** 常绿灌木或小乔木。株高3～10m，茎基部着生数条气生根；叶簇生茎顶，剑状、螺旋状生长，叶面具白粉，叶缘和叶背中脉有红色锐刺；花单性异株，无花被，稠密、芳香。

- **繁殖及栽培管理** 分株和播种繁殖。播种一般选择春末至夏季，种子发芽的适宜温度在24～28℃之间。当植株萌发的分蘖发根长成植株后，修剪过长的叶片，即可分株移栽，极易成活。种植应选择阳光充足、排水良好的沙壤土，生长适宜温度23～30℃，越冬温度在7℃以上。生长期每月施肥1次，最好用全素肥料。

别名：扇叶露兜树、红刺林投	科属：露兜树科露兜树属
用途：红刺露兜树极具南国风情，是布置海滩、滩涂的上等绿化材料，也可种植于公园、小区、草坪边缘，还可盆栽欣赏或作绿篱。	

红枫

Acer palmatum Thunb. var. atropurpureum Ranhout.

- **产地及习性** 原产中国，日本、朝鲜也有分布。喜湿润、温暖和凉爽的环境，较耐阴、耐寒，忌烈日暴晒，畏涝，对土壤要求不严，以肥沃、富含腐殖质的酸性或中性沙壤土为佳。

- **形态特征** 落叶小乔木。株高2～5m，树冠开展，小枝细长，紫红色，光滑；叶常丛生于枝顶，掌状，5～9深裂，裂片长卵形或披针形，叶缘具锐锯齿，嫩叶红色，老叶终年紫红色；伞房花序顶生，花杂性；双翅果，成熟时黄棕色。花期4～5月，果期10月。

- **繁殖及栽培管理** 嫁接和扦插繁殖。嫁接宜用2～4年生的鸡爪槭实生苗作砧木，靠接、芽接在砧木生长最旺盛的时候进行，接口容易愈合；枝接又分为老枝嫁接和嫩枝嫁接，老枝嫁接在春季砧木叶芽膨大时进行，嫩枝嫁接在6～8月进行，砧木和接穗选取当年生半木质化的枝条，成活率高。扦插，一般在6～7月梅雨季节进行，选取当年生优良枝条，剪取约20cm长，插后保持土壤和空气湿度，适当遮阴，大约1个月可陆续生根。移植后逐渐接受光照，加强肥水管理。

别名：紫红叶鸡爪槭	科属：槭树科槭树属
用途：红枫是非常美丽的观叶树种，适合种植于庭院、池畔、草坪中央、建筑周围、园路等处，也可盆栽观赏。	

红桑

Acalypha wikesiana Muell.-Arg.

· **产地及习性** 原产斐济岛，现广植于世界各热带地区。喜温暖和光照，不耐寒，忌涝，畏寒霜，宜疏松、排水良好的土壤。

· **形态特征** 常绿落叶灌木。植株低矮，茎直立，多分枝，被柔毛；叶互生，卵圆形，密集，先端渐尖，基部深圆，边缘具钝齿，叶古铜绿色且有各种红或紫

色斑，叶柄及叶腋有毛；穗状花序腋生，花淡紫色；蒴果钝三棱形，淡褐色，种子黑色。花期5~7月，果期7~11月。

· **繁殖及栽培管理** 扦插繁殖。只要温度适宜，生长季节均可进行，选取一年生健壮枝条，剪取约10cm长作插穗，剪后浸水1~2小时，密插于湿沙床，保持土壤湿润，大约3周即可发芽，养护至第6周可移植。待苗高10cm左右时，摘除顶芽，促使早日萌发成丛冠形。管理粗放。每年施肥2~3次，雨季注意排水，冬季温度最好在13℃以上，换盆时进行修剪。

别名：铁苋菜、血见愁、海蚌念珠、叶里藏珠	科属：大戟科铁苋菜属
用途：红桑常年红叶，红绿相间，为著名的观叶植物，北方多盆栽观赏，南方多做绿篱或丛植布置花坛、花境、路旁、草坪等。	

黄脉爵床

Sanchezia nobilis Reichb.

· **产地及习性** 原产南美洲秘鲁、厄瓜多尔等热带地区。喜高温、多湿和半阴环境，耐强光，不耐寒，以疏松、肥沃的土壤为佳。

· **形态特征** 常绿灌木。株高可达2m；叶对生，倒卵形，顶端渐尖，基部楔形至宽楔形，叶缘具细齿，叶脉明显且黄色，极为醒目，故得名；穗状花序顶生，花小，管状，黄色，苞片红色，花丝细长，伸出花筒外。

· **繁殖及栽培管理** 牵缠繁殖。多露地栽培，移栽时苗带宿土，生根前保持土壤湿润和空气湿度，生根后每月施薄肥1次，促进生长。成株后任其生长。

花冠管状

叶脉明显且黄色

别名：金叶木、金鸡腊	科属：爵床科黄脉爵床属
用途：黄脉爵床既可观叶，又可观花，南方多丛植、孤植或片植绿化园林，北方多盆栽室内观赏。	

酒瓶兰

Beaucarnea recurvata

产地及习性

原产南美墨西哥。喜温暖、湿润及光照充足的环境，较耐旱，不耐寒，择土不严，以肥沃、疏松的砂质土壤为佳。

- 叶线状，下垂
- 茎干基部膨大似酒瓶

形态特征

常绿小乔木。株高8~10m，盆栽品种低矮，地下根肉质，茎干直立，基部膨大似酒瓶，故得名。龟裂成小方块，灰白色或褐色；叶着生于茎干顶端，线状，下垂，革质，叶缘具细齿。花期5月。

花序

繁殖及栽培管理

播种繁殖。果实成熟后，采收种子，由于种子不耐保存，最好随采随播，生长适温16~28℃。管理简单。生长期保持土壤湿润，但忌积水；以散射光为宜，不可强光或过阴。冬季控制水量，结合浇水每半月施肥1次，越冬温度至少在0℃以上。

别名：象腿树	科属：百合科酒瓶兰属
用途：酒瓶兰的叶新颖别致，是优良的室内盆栽花卉，富有热带风情。	

孔雀木

Dizygotheca elegantissima Masters

产地及习性

原产澳大利亚、太平洋群岛。喜温暖湿润和光照充足的环境，不耐寒，忌强光直射，以疏松肥沃、排水良好的砂质土壤为佳。

花序

掌状复叶，小叶线形

繁殖及栽培管理

播种和扦插繁殖。播种可在春、秋季进行，但以秋季为佳，随采随播。扦插在4~5月进行，剪取生长健壮的枝条8~10cm长，去下部叶，下端剪口蘸少许生根剂插入砂床，保持土壤湿润，温度在20℃左右，约1个月可生根，待新芽、叶长出即可移植。生长期保持盆土湿润，但忌积水，每半月施肥1次，最好有机肥和复合肥交替使用。冬季减少浇水，停止施肥，温度不低于5℃。

形态特征

常绿小乔木。株高1~3m，树干和叶柄具乳白色斑点；叶互生、掌状复叶，小叶7~11枚，线形、革质，边缘有锯齿或羽状分裂，幼叶紫红色，后成深绿色。常见栽培品种有镶边孔雀木。

别名：手树	科属：五加科孔雀木属
用途：孔雀木形态雅致，是名贵的观赏植物，多盆栽观赏，也可露地种植于庭院、公园、小区等处。	

兰屿肉桂

Cinnamomum kotoense
Kanehira et Sasaki

- **产地及习性** 原产中国台湾的兰屿岛。喜光、耐阴，不耐旱，畏寒霜，忌积水，以疏松、肥沃、排水良好、富含有机质的土壤为佳。

- **形态特征** 常绿小乔木。株高10~15m，树形端庄，树皮黄褐色，小枝黄绿色；叶对生或近对生，卵形或卵状长椭圆形，厚革质，亮绿色，明显基出脉3条；叶柄短，红褐色至褐色；核果卵球形，果托杯状，边缘有短圆齿。花期6~7月，果期8~9月。

- **繁殖及栽培管理** 播种繁殖。果实成熟后采收，去果皮、果肉，收集种子，洗净，摊放于阴凉处晾干，随采随播，如不播种应用湿沙贮藏，播前最好用40℃左右的温水泡种催芽，开沟点播，覆土约2cm，加盖稻草保湿，3~4周可发芽、出苗。出苗后保持苗床湿润，分2~3次揭去草盖，随即搭棚遮阴，待幼苗长出3~4片真叶时，每月追施1次液肥，直到入冬。冬季做好防寒措施，棚室温度不低于5℃。

别名：平安树、红头屿肉桂、大叶肉桂、台湾肉桂	科属：樟科樟属
用途：兰屿肉桂株形美观，叶色亮丽，是优良的盆栽观赏花卉，还可作配置树、庭荫树或行道树，也可以用于矿区绿化及防护林带。	

栗豆树

Castanospermum australe A. Cunn.

栗豆树的子叶绿色，两枚子叶靠在一起像一个"元宝"，因而也叫绿元宝。独特的株形，吉祥的名字，使它在花卉市场越来越受人们的喜欢。

- **产地及习性** 原产澳洲。喜高温、湿润和半日照的环境，耐阴，忌暴晒，宜肥沃、富含腐殖质的砂质土壤。

- **形态特征** 常绿乔木。株高可达20m，盆栽品种多矮小；奇数羽状复叶，小叶近对生，披针状长椭圆形，革质、全缘；圆锥花序，花橙红色；荚果细长，种子椭圆形，似元宝，故得名。

小叶披针状长椭圆形

子叶绿色，似元宝

- **繁殖及栽培管理** 播种繁殖，随采随播，也可阴干沙藏种子来年春播，但发芽率较低。生长适温22~30℃，保持土壤湿润，但不可过湿，尤其是炎热高温的季节，可每天浇水1次。生长期每月施肥1次，以全素肥料最佳。冬季控制浇水。

别名：澳洲栗、绿元宝	科属：豆科栗豆属
用途：栗豆树多丛植盆栽观赏，也可作庭园树或行道树。	

鳞秕泽米铁

Zamia furfuracea Ait.

产地及习性 原产墨西哥。喜温暖、湿润和光照充足的环境，耐旱，不耐寒，不择土壤，以疏松、肥沃、排水良好的土壤为佳。

形态特征 常绿灌木。株高1m左右，枝干圆柱形、粗壮，成丛生状，密被暗褐色的排排叶痕；叶簇生茎干顶端，偶数羽状复叶，小叶7～12对，长椭圆形，硬革质，深绿色，有光泽；雌雄异株，雄花序松球状，雌花序似掌状。

繁殖及栽培管理 播种和吸芽繁殖。栽培前，应整地，并施入有机肥，保证养分供应。播种宜在春季，播后覆土约3cm，温度保持在30～33℃，极易发芽、出苗。吸芽，割去优良母株基部的蘖芽，另行栽植即可。生长旺季保持土壤湿润，尤其是夏、秋季，每月施有机肥1次。

雄花序

叶为偶数羽状复叶

别名：南美苏铁	科属：苏铁科泽米铁属
用途：鳞秕苏铁株形优美，四季翠绿，常用于布置庭院、公园、草地等处，也可盆栽观赏。	

罗汉松

Podocarpus macrophyllus(Thunb.)D. Don

产地及习性 原产中国，日本也有少量分布。喜光，稍耐阴，耐旱、耐寒，忌积水，宜温暖湿润、肥沃、排水良好的砂质土壤。

形态特征 常绿乔木。株高可达20m，树冠广卵形；叶螺旋状互生，条状披针形，两面中肋隆起，叶面暗绿色，叶背灰绿色，有时被白粉；通常雌雄异株，雄花穗状，雌花单生叶腋；种子卵形，有黑色假种皮，着生于肉质、膨大的深红色种托上。花期5月，果期10月。

种子

雄花穗状

繁殖及栽培管理 播种和扦插繁殖。播种，8月采种后即播，盖草保温、保湿，搭棚遮阴，约10天发芽，入冬后用塑料薄膜覆盖防冻，培育一年后分栽。扦插在春3月或秋7月进行，春季宜用优良休眠枝，秋季选半木质化嫩枝，长12～15cm，插穗基部带踵，插入沙、土各半的苗床，遮阴，约1～2个月生根。移植以早春为佳，小苗需带宿土，大苗需带土球。生长期保持土壤湿润，冬季减少水量。每年施复合肥3～5次。夏季忌强光，冬季全日光，最低温度5℃。

别名：罗汉杉、长青罗汉杉、土杉	科属：罗汉松科罗汉松属
用途：罗汉松树形古雅，种托紫红色，犹如罗汉袈裟，十分招人喜欢，南方多种植于寺庙、宅院，也常与假山、湖石配植，还可盆栽或制作绿篱、树桩盆景观赏。树皮、种子可入药。	

南天竹

Nandina domestica Thunb.

• 产地及习性

原产中国，日本、印度也有。喜温暖、多湿和半阴的环境，耐寒，以肥沃、排水良好的砂质土壤为佳。

• 形态特征

常绿灌木。株高2m，茎干直立，少分枝，老茎浅褐色，幼枝红色；叶互生，二至三回羽状复叶，小叶椭圆状披针形，薄革质、全缘；圆锥花序顶生，花小，白色；浆果球形，成熟时鲜红色。花期5～6月，果期10～11月。

• 繁殖及栽培管理

播种和分株繁殖。播种，果熟后随采随播，播后覆土，并盖草越冬，第二年4月可发芽、出苗；也可将种子藏在干燥通风处春播，夏季需遮阴。分株在芽萌动前或秋季进行，最好在换盆时，将植株掘出，抖去宿土，从根基结合薄弱处剪断，每丛带茎干2～3个，并带一部分根系，剪去较大的叶，另外栽植，培养1～2年后即可开花。移植时，中、小苗带宿土，大苗带土球。生长期保持盆土湿润，气温高时向叶面喷水，提高空气湿度；每年追液肥2～3次。落果后剪去干花序。

别名：红杷子、天竺、天烛子、红枸子、钻石黄	科属：小檗科南天竹属

用途：南天竹是中国传统的园林花卉，观叶、观果皆佳，常盆栽或制作盆景观赏，南方暖地还可露地种植。

南洋杉

Araucaria cunninghamii Sweet

• 产地及习性

原产大洋洲诺和克岛和澳大利亚东北部，中国在广东、海南、福建等省有引种栽培。喜光，较耐阴，不耐旱，畏寒，对土质要求不严，宜温润、肥沃、排水良好的砂质土壤。

• 形态特征

常绿乔木。在原产地株高可达70m，树形端正，树干通直，树冠塔形，树皮灰色，裂成薄片状，有树脂；叶二型，幼枝及侧生小枝的叶排列疏松，钻形，向上弯曲；大树及花果枝上的叶排列紧密，卵形；雄球花单生枝顶，圆柱形；球果近圆形，苞鳞刺状，种子椭圆形，两侧具宽翅。花期6月。

• 繁殖及栽培管理

播种和扦插两种。播种，球果成熟后，采种砂播（砂要消毒），播后约10天发芽、出苗，真叶出现后1个月左右，进行第一次移苗。扦插宜在春季，选取顶端的优良枝条，去除树脂，可提高成活率。盆栽基质可用泥炭土或腐叶土，夏季忌强光，保持盆土湿润，冬季控制水量，全日光养护。每月施肥1次，定期换盆。冬季北方温室越冬。

幼枝　　球果

别名：小叶南洋杉、塔形南洋杉	科属：南洋杉科南洋杉属

用途：南洋杉是珍贵的观赏树种，常丛植或孤植于公园、林缘、坡地、路旁或纪念碑附近，也可盆栽观赏。

蓬莱松

Asparagus myrioladus Baker.

叶簇生成团，似五针松叶

果黑色。花期7～8月。

产地及习性

原产南非。习性强健，喜温暖、湿润和半阴环境，耐旱，较耐寒，对土壤要求不严，以排水良好、富含腐殖质的砂质壤土为佳。

形态特征

常绿灌木。株高低矮，茎直立或稍铺散，基部木质化，具白色肥大肉质根，分枝多，小枝纤细；叶簇生成团，极似五针松叶，新叶翠绿色，老叶深绿色；花白色，有香气；浆

繁殖及栽培管理

分株繁殖。在春、夏季结合换盆进行，将生长茂密的老株从盆中脱出，把地下块根分切成数丛，尽量不伤根系，每丛3～5枝，另行盆栽，栽后浇透水，置半阴处养护。另外，也可播种繁殖，但生长较慢。生长旺季保持土壤湿润，但忌水湿；每月施全素肥1次，结合浇水进行。冬季土壤以稍干为宜，越冬温度不低于5℃。

别名：绣球松、水松、松叶武竹、松叶天门冬	科属：百合科天门冬属
用途：蓬莱松株形整齐，枝干坚挺，叶丛生呈球状，苍翠欲滴，是极好的盆栽观赏花卉，南方暖地还可露地种植于花坛、花境、庭院，也是插花衬叶的好材料。根可食用或药用。	

琴叶榕

Ficus pandurata Hance

端有脐状凸起；基部有苞片3枚，雄花和雌花生于不同花序托内，花柱侧生。

产地及习性

原产西非热带雨林。喜高温、湿润和阳光充足的环境，较耐阴、耐旱，对土壤要求不严，以疏松、肥沃、排水良好的微酸性砂质土壤为佳。

形态特征

落叶小灌木。株高可达2m，叶大，互生，提琴状，纸质，具光泽，叶背和叶柄疏生灰白色茸毛；花序托单生或成对腋生，有短梗，卵圆形或梨形，熟时紫红色，顶

繁殖及栽培管理

扦插和压条繁殖。扦插，选一年生或二年生优良枝干，在离地20～30cm处剪下，再将条切为3～4节茎段作插穗，每段插穗留一片叶，并将叶片剪去2/3～3/4，待插口汁液干后插入砂床，保持土壤和空气湿度，在25～30℃的温度下，大约1个月可生根。管理一般。夏、秋炎热而干旱，需水量较大，保持盆土湿润，冬季控制浇水。生长期每半月施肥1次，促进枝叶生长。入冬前施磷钾肥，提高抗寒力，越冬温度要在8℃以上。

别名：琴叶橡皮树	科属：桑科榕树属
用途：琴叶榕是流行的室内观叶植物，常盆栽布置于会议室、大厅、办公室等，也可种植于公园、庭院观赏。	

三色缘龙血树

Dracaena marginata Lam.'Tricolor'

花淡红色至青紫色；浆果近球形，常有1颗种子。

● **产地及习性** 原产非洲马达加斯加。喜温湿，耐半阴，不耐旱，忌暴晒，畏寒，不择土壤，以肥沃的砂质土壤为佳。

● **形态特征** 常绿灌木。株高可达5m，地下具发达根茎，主茎挺拔，多不分枝；叶聚生于茎顶，披针状椭圆形至长圆形，顶叶直立，老叶悬垂，叶缘红色，叶中间绿色，有时兼有黄白色条纹；叶柄有槽，基部阔而抱茎；圆锥花序腋生，

● **繁殖及栽培管理** 扦插或压条繁殖。扦插以6～10月最好，剪取顶端枝条10～15cm，带5～6片叶，插后1个月即可生根、萌芽。高空压条可于5～6月进行，选取主枝，在离顶端20cm处环状剥皮，宽约1cm，用湿润苔藓盖上，并用塑料薄膜密封，约40天发根。夏季生长期注意多浇水，每半月可施肥1次。盛夏中午适当遮阴，冬季减少浇水，需充足阳光。

叶缘红色，叶中间绿色

别名：细叶龙血树、三色千年木、彩虹龙血树	科属：百合科龙血树属
用途：千年木是优良的观叶花卉，常盆栽点缀室内，也可种植于公园、庭院，还可用于水培和插花。	

散尾葵

Chrysalidocarpus lutescens H.Wendl.

● **产地及习性** 原产非洲的马达加斯加岛，现世界各热带地区多有栽培。喜温暖、湿润，耐半阴，不耐寒，畏烈日，宜疏松、排水良好、富含腐殖质的土壤。

● **形态特征** 丛生常绿灌木。株高3～8m，茎秆黄色，光滑，具叶痕，有环纹；叶大型，羽状全裂，舒展，呈拱形；裂片披针形，先端柔软，叶柄、叶轴、叶鞘均淡黄绿色，叶鞘圆筒形，包茎；肉穗花序圆锥状，生于叶鞘上，花小，金黄色；果近圆形，成熟时橙黄色，种子1～3枚，卵形至椭圆形。花期3～4月。

果序

肉穗花序

叶羽状全裂，舒展

● **繁殖及栽培管理** 播种和分株繁殖。播种常用盆播，种子成熟后随采随播，播后覆土厚度为种子的1倍，待幼苗长8～10cm时，分栽。每年早春、初夏换盆1次，老株可3～4年换盆1次。分株适用于少量繁殖，挖取整株，用利剪分开，在伤口处涂上木炭粉或硫磺粉消毒，然后栽植即可。生长期保持土壤湿润，忌缺水，并向叶面喷水增加湿度；每半月施复合肥或有机肥1次，冬季停肥。越冬温度要在10℃以上。

别名：黄椰子、紫葵	科属：棕榈科散尾葵属
用途：散尾葵耐阴性极强，是高档盆栽观叶植物，南方暖地可绿化庭院、公园，但由于光照太强，叶片易枯焦。	

苏铁

Cycas revoluta Thunb.

苏铁寿命可达2000年以上，是世界上生存最古老的植物之一。苏铁生长极其缓慢，每年只长一轮叶丛，常常需要培育十几年，甚至几十年才能看到开花，因而有"千年铁树开花"的说法。

大型羽状复叶

雄花序圆柱状

宿存的叶柄基部

小叶线形

产地及习性 原产中国、日本、印度尼西亚等地。喜光照充足、温暖和干燥的环境，稍耐阴，耐热，不耐寒，宜疏松、肥沃的微酸性土壤。

形态特征 常绿乔木。株高可达20m，茎干圆柱状，由宿存的叶柄基部所包围；叶从茎顶部长出，大型羽状复叶，小叶线形，初生时内卷，后逐渐挺直刚硬、深绿色，具光泽，基部少数小叶成刺状；花顶生，雌雄异株，雄花圆柱状，雌花半球形；种子近球形，成熟后红色。花期7～8月，果期10月。

繁殖及栽培管理 播种和分蘖繁殖。播种宜春季室内盆播，因种子粒大皮厚，播后覆土约3cm厚，保持30～33℃的高温，大约2周可发芽、出苗。分蘖宜在早春3～4月进行，将母株基部的蘖株切割下，尽量少伤茎皮，待切口稍干，栽在底部垫瓦片、以塘泥、山泥和河砂配制的营养土的盆中，放半阴处，温度保持在27～30℃，易成活。生长旺盛期多浇水，早晚向叶面喷水，每月施腐熟饼肥1次，入秋后控制浇水，入冬后停止施肥。苏铁生长缓慢，甚至培育几十年才会开花。

别名：铁树、凤尾蕉	科属：苏铁科苏铁属
用途：苏铁是中国著名的观赏树种，适合大型盆栽布置庭院、厅堂、办公室、会议室等地，也可布置专类园。花、叶、果可入药。	

跳舞草 >花语：快乐

Codariocalyx motorius Ohashi

科学研究发现，跳舞草对声波非常敏感，在阳光下，当气温在22℃以上时，受到一定声波刺激的叶片会自行交叉转动、亲吻和弹跳，犹如飞舞双翅的蝴蝶；当气温在28～34℃之间，或在闷热的阴天，一对对叶片如缠绵的恋人紧紧拥抱在一起；而当听到的声音杂乱无章，它便一动不动，显得很生气。

产地及习性
原产中国，越南、印度、菲律宾也有少量分布。喜温暖、湿润和光照充足的环境，不耐旱，畏寒霜，对土壤要求不严。

形态特征
多年生小灌木，常作一年生或二年生栽培。株高1m左右；复叶，小叶1～3枚，顶生小叶较大，长椭圆形或披针形，侧生小叶较小，长圆形；圆锥花序顶生，花蝶形，紫红色；荚果较短，种子成熟时墨绿色或灰色，种皮光滑具蜡质。花期8～10月，果期10～11月。

繁殖及栽培管理
播种繁殖。春季气温回升到20～28℃之间时播种，由于种子坚硬，且外表具蜡质，播前需用晒热或炒热的干细沙轻轻搓磨使种皮破裂，随用38℃的温水泡种1天，期间可换水，然后再把种子捞起，用粗布包裹放在温暖保湿的地方，待种子发胀，略晒干即可播种，播后覆土薄薄一层，约为种子的1～3倍，将土壤轻轻喷湿，适当遮阴，一般8～10天可发芽、出苗。待幼苗长出一对叶子时，逐渐移至光照处养护，不可过量浇水，待长出第一对真叶时，全光照养护，再过几天便可定植。成活后，每2周施肥1次，前期以氮肥为主，后期以磷、钾肥为主。

侧生小叶长圆形

顶生小叶长椭圆形或披针形

花蝶形

英果成熟后墨绿色或灰色

茎多分枝

别名：情人草、多情草、风流草、舞草	科属：豆科舞草属
用途：跳舞草是著名的趣味观赏植物，多盆栽室内观赏。全株可入药；鲜叶可美容；叶片、茎枝可泡酒。	

橡皮树

Ficus elastica Roxb. ex Hornem

● **产地及习性** 原产印度及马来西亚。喜高温、湿润和阳光充足的环境，耐阴、耐旱，不耐寒，以疏松、肥沃的砂质土壤为佳。

● **形态特征** 常绿乔木。株高可达30m，栽培品种通常高2～4m，全株光滑，具乳汁和气生根；叶宽大，长圆形或椭圆形，厚革质，全缘，叶面浓绿色，叶背淡黄绿色，侧脉多，细而平行；具短而粗壮的叶柄；幼芽红

色，具托叶；隐头花序成对生于叶腋，成熟时熟色。

● **繁殖及栽培管理** 扦插繁殖，不限季节，只要温度在15℃以上均可进行，但以5～9月为宜，春、夏插最好选用植株中上部的隔年生的健壮枝条作插穗，秋插宜用当年生的健壮嫩枝作插穗，插穗以保留3个芽为准，待剪口汁液干后，插入砂床，入土深度为插穗的一半，插后保持土壤湿润，大约1个月可生根，50天后即可移栽。生长较快，需肥量较大，每月施肥1次。越冬温度10℃以上。

盆栽橡皮树

黑色橡皮树

别名：印度橡皮树、印度榕	科属：桑科榕属
用途：橡皮树是常见的观叶植物，小型盆栽多摆于窗台、茶几或桌上，中型和大型盆栽适合布置客厅、书房、厅堂、办公室、会议室等处，在南方暖地可露地栽培做风景树或行道树。	

袖珍椰子

Chamaedorea elegans Mart.

● **产地及习性** 原产墨西哥和危地马拉。喜温暖、湿润和半阴的环境，忌强光，不耐寒，耐轻霜冻，以排水良好、肥沃、湿润的土壤为佳。

● **形态特征** 常绿小灌木。株高1～3m，盆栽品种不超过1m，茎干直立而细长，不分枝，深绿色，具环纹；羽状复叶，小叶20～40枚，互生，镰刀形，顶端两片羽叶的基部常合生为鱼尾状，嫩叶绿色，老叶墨绿色；肉穗花序腋生，花小，橙黄色；果实卵圆形，熟时橙红色。花期3～4月。

花小，橙黄色

● **繁殖及栽培管理** 播种和分株繁殖。播种，最好夏季盆播，也可将新鲜种子播在砂质土壤中，种子发芽慢，在24～32℃的条件下，一般3～4个月发芽、出苗，待苗高10cm左右时移栽。分株宜在冬末春初进行。管理简单，放置在散射光的阴地养护，每半月施1次稀释的液体氮肥，生长旺季多浇水，冬季控制水量，越冬温度不低于5℃。

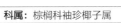

别名：矮生椰子、袖珍棕、矮棕	科属：棕榈科袖珍椰子属
用途：袖珍椰子株形矮小，耐阴性强，是室内盆栽观赏的优良植物。	

嫣红蔓

Hypoestes phyllostachya Baker

· 产地及习性 原产马达加斯加。喜温暖、湿润及阳光充足的环境，耐阴，不耐寒，忌强光，宜土层深厚、疏松肥沃的砂质土壤。

· 形态特征 多年生常绿灌木，常作一年生或二年生栽培。植株低矮，茎直立，分枝多；叶对生，卵形或长卵形，密被绒毛，叶面有漂亮的粉红色斑点；小型穗状花序，不明显，淡紫色。花期春季。

· 繁殖及栽培管理 播种和扦插繁殖。播种适合在春、秋两季进行，发芽适温20~24℃，播后大约1周发芽。扦插全年均可进行，剪取顶芽或枝条，每段2~3节，插于砂床中，保持湿度，约3~4周可发根。管理粗放。生长期每月施肥1次，保持土壤湿润和半阴环境，越冬温度应在12℃以上。

别名：鹃泪草、粉露草、烟红蔓、红点草	科属：爵床科枪刀药属
用途：嫣红蔓是优良的室内盆栽观叶植物，多摆设于厅堂、会议室、办公室，也可地栽。	

朱蕉

Cordyline fruticosa (L.)A. Cheval.

· 产地及习性 原产南亚热带地区。喜高温、高湿，不耐阴、不耐寒，忌强光直射，对土壤要求不严。

· 形态特征 常绿灌木。株高可达4m，茎直立而细长，多丛生；叶聚生于茎或枝的上端，剑状、革质，具叶柄，叶柄基部变宽，抱茎，叶绿色或带紫红色，幼叶在花期变深红色；圆锥花序，花小，白色或带黄、红色；浆果球形，红色。花期春、夏季。

· 繁殖及栽培管理 扦插繁殖。扦插，培育优良母株，在6~10月剪取顶端健壮枝条，长8~10cm，带5~6片叶，剪短后插入沙床，保持基质湿润，温度在不低于20℃的条件下，大约1个月即可生根并萌芽，当新枝长至4~5cm时盆栽。另外，也可埋茎繁殖，将茎段剪成5~10cm长的小段，横埋砂中，封闭，保持高温、高湿，待茎段萌发出新枝条，且新枝条长出6片叶时，将新枝条的顶部截去，分别切开，另行砂插。生长期充分浇水，保持空气湿度，每月施肥1次。夏季注意通风、遮阴。冬季温室越冬，温度不低于8℃。

别名：铁树、红叶铁树、红竹	科属：百合科朱蕉属
用途：朱蕉株形美观，色彩华丽，是优良的室内观叶植物，南方暖地可种植于庭院、公园、小区周围，还可切叶。	

棕竹

Rhapis excelsa(Thunb.)Henry ex Rehd.

雄花序　　果序　　雌花序

叶掌状裂，4～10深裂

裂片披针形

叶柄细长

茎圆柱形，纤细如手指

株高2～3m

* **产地及习性** 原产中国广东、广西、海南、云南等地。喜温暖、湿润和通风好的环境，极耐阴，不耐寒，畏暴晒，忌积水，宜疏松、肥沃、排水良好的砂质土壤。

* **形态特征** 常绿丛生灌木。株高2～3m，茎圆柱形，纤细如手指，不分枝，有叶节，上部具褐色粗纤维质叶鞘；掌状裂叶，4～10深裂，裂片披针形，边缘和中脉具褐色小锐齿；肉穗花序多分枝，雌雄异株，雄花小，淡黄色，雌花大，卵状球形；浆果球形。花期4～5月，果期11～12月。

* **繁殖及栽培管理** 播种和分株繁殖。播种宜在4～5月进行，播种用35℃的温水泡种1天，催芽，播后覆土稍深，大约1～2个月发芽、出苗。幼苗生长缓慢，留床一年后移栽，移栽时3～5株为一丛种植。分株在春季换盆时进行，选取健壮、萌蘗多的母株，用利刀分切成数丛，分切时尽量少伤根，不伤芽，另行栽植即可。管理简单。喜散射光，放半阴处养护，保持土壤湿润，高温季节还需早、晚喷水，增加湿度；施肥结合浇水进行，每月1次。冬季温室栽培，越冬温度不低于5℃。盆栽每隔3～4年换盆1次。

别名：观音竹、筋头竹、棕榈竹、矮棕竹	科属：棕榈科棕竹属
用途：棕竹株丛挺拔，枝叶秀丽，常盆栽或制作盆景观赏，也可种植于公园、路旁、庭院或花坛。	

白花油麻藤

Mucuna birdwoodiana Tutcher

· 产地及习性 原产亚洲热带和亚热带地区，中国主要分布于广东、广西、云南、福建、台湾等地。喜温暖、湿润，耐阴，不耐寒，对土壤要求不严。

· 形态特征 常绿高大藤本。复叶互生，革质，由3片小叶组成，顶部叶较大，侧生叶较小，矩椭圆形或卵椭圆形，顶端长渐尖，基部斜形；托叶小，卵形；总状花序成串下垂，着花20~30朵，花萼钟状，花冠伸出萼外，灰白色；荚果木质，腹缝线和背缝线有锐利狭翅。花期3~5月。

· 繁殖及栽培管理 播种、扦插和压条繁殖。播种宜随采随播，成苗定植时要设立支架，以便攀援生长。生长期注意养分补充，每年施肥3~5次，如果生长过旺，可适当控制水肥，并进行疏剪。

别名：勃氏黎豆、鲤鱼藤	科属：豆科油麻藤属
用途：白花油麻常攀援于高大棚架、花门和墙垣等生长，吊挂成串，是极好的庭园蔽荫植物。藤茎可入药。	

大花老鸦嘴

Thunbergia grandflora(Roxb.)Roxb.

· 产地及习性 原产中国西南部至印度。喜阳光、温暖和湿润的环境，不耐寒，耐旱，以肥沃、富含腐殖质的壤土或砂质土壤最佳。

· 形态特征 粗状木质大藤本。株高2~7m；叶对生，阔卵形，两面粗糙、有毛，叶缘有角或浅裂；花大，腋生，常数朵单生下垂成总状花序，小苞片2枚，初合生，后一侧开裂成佛焰苞状，花喇叭形，初开蓝色，后渐转为蓝色、白色；蒴果下部近球形，上部具长喙，开裂时似乌鸦嘴，故得名。花期5~11月，果期6~12月。

· 繁殖及栽培管理 扦插繁殖。春季3~4月，选取当年生的优良枝条，剪取10~12cm长，插入砂质土壤中，浇透水，保持土壤湿润，生根迅速。雨季移植，第二年春定植。养护简单，管理粗放。生长期保持土壤湿润，每月结合浇水施肥1~2次，及时设立支架，以供攀援生长。如生长茂密，株形杂乱，要及时修剪，同时提高通风性。北方冬季室内越冬，温度10℃以上。

别名：大邓伯花、黑眼花	科属：爵床科老鸦嘴属
用途：大花老鸦嘴植株粗壮，花朵繁密，且花期长，常作大型棚架、中层建筑和墙垣的垂直绿化。根可入药。	

葛

Pueraria lobata (Willd.) Ohwi

茎

荚果

具长叶柄，小叶片全缘或浅裂，顶生小叶菱状卵圆形，侧生小叶卵形；托叶披针形，盾状着生；总状花序腋生，花冠蝶形，紫红色；荚果线形，扁平，密被棕黄色毛；种子扁平，圆形。

· 产地及习性
原产中国。适应性较强，喜温暖、湿润、耐阴、耐旱，不耐寒，以土层深厚、疏松、富含腐殖质的砂质壤土为佳。

· 形态特征
草质藤本。地下块根圆柱形，茎长可10m，小枝密被棕褐色毛；三出羽状复叶，

· 繁殖及栽培管理
播种和扦插繁殖。播种宜在春季3～4月，播前用35℃的温水浸泡催芽，1天后，取出种子，晾干表面水分，挖浅窝点播，每窝播种4～5粒，再施入人畜粪水，覆细土3～4cm，约2～3周可发芽、出苗。每年除草2～3次，每次除草后都要追肥，以磷钾肥、厩肥为佳。

别名：甘葛、野葛、葛藤	科属：豆科葛属
用途：葛常种植于庭院、公园、草坪周围，也可盆栽观赏。全株可入药。	

金杯藤

Solandra nitida Zucc.

花瓣外翻

花形似杯子

· 产地及习性
原产中美洲。喜光照充足、温暖及湿润的气候，耐阴，不耐寒，忌水湿，择土不严，以疏松肥沃、排水好的土壤为佳。

· 形态特征
常绿藤本灌木。叶片互生，长椭圆形，浓绿色，全缘；单花顶生，花冠大型，金黄色，似一个个金色的杯子，故得名，具香气；花期几乎全年。

· 繁殖及栽培管理
播种或扦插繁殖。生长期保持土壤湿润，每月施肥1～2次，以磷、钾复合肥为主。如果枝蔓过长或植株老化，进行修剪。

叶片互生，长椭圆形

★ 注意：全株有毒，果实除外。

别名：杯花	科属：茄科金杯藤属
用途：金杯花遮阴性极好，是优良的荫棚植物，常用于小区、公园、学校、办公场所、广场的亭廊、棚架等绿化。	

金银花 > 花语：奉献的爱

Lonicera japonica Thunb.

花冠初为白色，后转紫色，又变黄色

金银花藤蔓缠绕，常绿不衰，黄白色花，清秀雅致，是中国的传统名花，不仅具极高的观赏性，还有很好的药用价值。金银花是中国辽宁鞍山市的市花。

• 产地及习性

原产中国，朝鲜、日本也有少量分布。适应性强，喜光照，耐阴、耐旱、耐涝，抗寒性强，对土壤要求不严，但以湿润、肥沃、土层深厚的砂质壤土为佳。

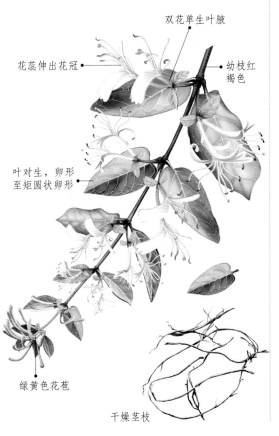

双花单生叶腋

花蕊伸出花冠

幼枝红褐色

叶对生，卵形至矩圆状卵形

绿黄色花苞

干燥茎枝

• 形态特征

半常绿多年生藤本。茎皮条状剥落，枝中空，幼枝红褐色，密被黄褐色的糙毛、腺毛和短柔毛；叶对生，卵形至矩圆状卵形，纸质，幼时两面被毛，后渐脱落；双花单生叶腋，花冠初为白色，渐渐转紫色，后又变黄色，具芳香；果实圆形，熟时蓝黑色，有光泽；种子卵圆形或椭圆形，褐色，中部有一凸起的脊，两侧有浅的横沟纹。花期4～6月，果期10～11月。

• 繁殖及栽培管理

播种和扦插繁殖。播种在春季4月，播种前用40℃温水泡种1天，取出后用湿沙催芽，等裂口达30%左右时，开沟播种，覆土约1cm，每2天喷水湿土1次，大约10天可发芽、出苗。扦插宜在梅雨季节进行，选取一年生或二年生的健壮枝条，剪取30～35cm长，去除下部叶，随剪随插，每穴5～6根插条，插穗露出地表8cm左右，填土压实，喷水湿土，大约2周可生根。移植在第二年春季进行，将2～3年生小苗裸根掘起，2～3株为一丛，植于半阴处的砂质壤土中，同时设支架供攀援生长。管理粗放。生长期保持土壤湿润，如基质肥沃，一般不用施肥。经常修剪，以免影响通风。

别名：忍冬、金银藤、银藤、二色花藤、二宝藤、右转藤、鸳鸯藤	科属：忍冬科忍冬属
用途：金银花是著名的庭院花卉，既可盆栽或制作盆景观赏，也可用于绿化栅栏、墙垣、门架、花廊、岩石园等。茎枝、叶、花蕾可入药，或煲汤。	

鲸鱼花

Columnea magnifica Klotzsch et Hanst ex Oerst.

· 产地及习性 原产美洲热带。喜温暖、湿润和半阴环境，忌干燥和强光直射，对土壤要求不严，以疏松、肥沃、排水良好的砂质壤土为佳。

· 形态特征 多年生常绿草本。枝条丛生基部，细长而下垂，上具气生根；叶对生，矩圆状卵形，质厚；单花生于叶腋，花冠筒状，先端二唇形，好像张开的鲨鱼大嘴，故得名。花色橘红色，喉部黄色。花期5～6月。

· 繁殖及栽培管理 扦插、分株或播种繁殖。生长适温18～22℃。生长期保持土壤湿润，并注意空气湿度，高温多湿枝蔓易腐烂；每15～20天施追肥1次，宜薄肥勤施。一般春、夏季多施氮肥和磷肥，秋季多施钾肥。冬季放阴凉花境养护，开花前后适当增加光照，越冬温度应在10℃以上。

别名：鲨鱼花、鲸鱼藤、可伦花	科属：苦苣苔科鲸鱼花属
用途：鲸鱼花花形奇特，色红喜庆，而且在春节期间开放，是理想的居室悬垂花卉，也可种植于植物专类园。	

龙吐珠

Clerodendrum thomsonae Balf.f.

龙吐珠未开放时，花瓣抱合呈圆球形，似一颗宝珠，绽放后花冠和雄蕊从萼片中伸出，犹如神龙吐珠，故得此名。

· 产地及习性 原产非洲西部，现广为栽培。喜温暖、半阴和湿润的环境，不耐寒，忌水湿，畏干旱，不择土壤，以肥沃、疏松的砂质土壤为佳。

· 形态特征 多年生木质藤本。株高2～5m，全株光滑，茎四棱形；叶对生，长圆形，先端渐尖，基部浑圆、全缘，具短柄；聚伞形花序生于枝顶，或上部叶腋内，二歧分枝，花冠筒圆柱形，5裂，裂片椭圆形，白色，雄蕊和花柱突出花冠外；果实球形，肉质，蓝色，种子较大，长椭圆形，黑色。花期6～11月。

· 繁殖及栽培管理 播种繁殖。3～4月，因种子较大，采用盆内点播，室温保持24℃条件下，约10天发芽、出苗。出苗后适当间苗，待苗高10cm时移植，每盆1～3株，第二年可开花。生长期保持土壤湿润，尤其是夏、秋炎热干旱季节，每半月施肥1次。冬季控制水分，放向阳处生长。

别名：麒麟吐珠、珍珠宝草、臭牡丹藤、白花蛇舌草	科属：马鞭草科大青属
用途：龙吐珠花形奇特，很适合盆栽观赏，也可作花架、台阁上的垂吊盆花布置。全株可入药。	

凌霄 >花语：声誉

Campsis grandiflora(Thunb.)Loisel. ex K. Schum.

　　每年初春到秋末，只见绿叶满墙，花枝招展，一朵朵橘红色的喇叭花随着风儿在绿色的绸缎上跳跃、舞动，显得可爱而机灵。瞧，一个小女孩摘下一些凌霄花，和冬青、樱草编成花束送给母亲，以表达对母亲的热爱之情！

产地及习性
原产中国，主要分布于黄河和长江流域、江苏、广东、广西、贵州等地。喜温暖和向阳的环境、耐阴、耐旱、不耐寒、忌积水，对土壤要求不严，以土层深厚、肥沃疏松、排水好的土壤为佳。

形态特征
落叶木质藤本。茎具气根，树皮灰褐色，有纵裂沟纹；羽状复叶对生，小叶7～11枚，长卵形，边缘有粗锯齿；三出聚伞花序集成稀疏顶生圆锥花丛，花萼钟形，绿色，花冠漏斗状，橙红色；蒴果长如豆荚，顶端钝，种子多数。花期6～8月，果期11月。

繁殖及栽培管理
扦插和压条繁殖，也可分株或播种繁殖。扦插多选带气生根的枝条春插或夏插；压条宜在夏季，把枝条弯曲埋入土中，深度约10cm，保持土壤湿润，极易生根；分株，将植株基部的萌蘖带根掘出，另行栽植即可；播种可采收后温室播种，也可干藏第二年春播。移植在春、秋季均可进行，植株要带土球，同时设立支架供攀援生长。萌芽前修剪株形，每月施薄肥1～2次。

小叶长卵形，边缘有粗锯齿

叶柄基部膨大

花冠漏斗状，橙红色

别名：	紫葳、女藏花、凌霄花、中国凌霄、小叶梧桐、金丝楸	科属：	紫葳凌霄属
用途：	凌霄是理想的垂直绿化、美化花木品种，常用于绿化花廊、棚架、假山、墙垣、庭院、栅栏等，也可盆栽或制作盆景观赏。根、茎、叶、花均可入药。		

络石

Trachelospermum jasminoides
(Lindl.)Lem.

产地及习性
原产中国。喜半阴、湿润、耐旱，不耐寒，忌水湿，对土壤要求不严，以排水良好、微酸性的土壤最佳。

形态特征
常绿攀援藤本。枝蔓长2～10m，有乳汁，老枝光滑，节部常具气生根，幼枝有茸毛；单叶对生，薄革质，营养枝的叶常为披针形，脉间呈白色，花枝的叶常为卵圆形，深绿色；聚伞花序腋生，花小，花瓣排成右旋风车形，白色，具清香；蓇葖果双生，条状披针形，成熟时紫黑色；种子线形，具白毛。花期5～7月，果期8～12月。

繁殖及栽培管理
播种、扦插或压条繁殖均可。习性强健，管理粗放。移栽最好在春季进行，同时修剪过长的枝蔓，栽后尽快设支架，引其攀援生长。生长期保持土壤湿润，每年施肥2～3次。冬季控制浇水量。

别名：石龙藤、万字花、万字茉莉	科属：夹竹桃科络石属
用途：络石茎触地后极易生根，且耐阴性好，是理想的地被植物，常种植于庭园和公园里，如院墙、石柱、亭、廊、陡壁等处进行点缀，也可作疏林草地的林间、林缘、坡地等地被绿化植物。	

蔓长春

Vinca major(L.)G.Don

产地及习性
原产地中海沿岸及美洲，印度也有分布。喜温暖、湿润，忌酷暑，好半阴，对光照要求不严，以疏松肥沃的砂质土壤为佳。

形态特征
常绿蔓性亚灌木。丛生，营养茎匍状生长，开花枝直立；叶对生，椭圆形，先端急尖，有光泽，开花枝上部叶的叶柄较短；全株的叶缘、叶柄、花萼及花冠喉部具毛；花单生叶腋，花冠高脚碟状，5裂，蓝色；蓇葖果双生，直立。花期4～5月。

地表植株图　　　花苞　　　花正面

繁殖及栽培管理
常分株繁殖，也可扦插或压条繁殖，繁殖期在春季4月或秋季9月。生长期保持土壤湿润，适当遮阴，每个月结合浇水施肥1次。植株老化，观赏性降低时可重新修剪。入冬时要移入室内，只要放置在温度不低于0℃的环境中就可安然越冬。

别名：长春蔓、缠绕长春花	科属：夹竹桃科蔓长春花属
用途：蔓长春叶片翠绿有光泽，蓝色小花优雅迷人，是一种美丽的观叶植物，既可盆栽悬吊或摆设室内，也可成片种植于坡地、林缘、建筑物周围等处，利于保持水土。	

猕猴桃

Actinidia chinensis Planch.

猕猴桃有"水果之王"的美誉，是一种营养价值极高的水果，尤其是维生素C含量在水果中名列前茅。现在，猕猴桃饮品已成为各国家运动员首选的保健饮料，也是老年人、儿童、体弱多病者的滋补果品。

叶表面暗绿色，叶脉凹陷

叶近圆形或长圆形

叶背密生白色绒毛

浆果卵形，熟后可食

叶缘具细齿

幼枝褐色，密生柔毛

· 产地及习性 原产中国，主要分布于长江流域以南各省。适应性强，喜阳光，稍耐阴，较耐寒，对土壤要求不严。

· 形态特征 落叶藤本。幼枝褐色，密生柔毛；叶近圆形或长圆形，纸质，先端通常圆形或有微凹，基部心形或楔形，边缘具细齿，表面暗绿色，叶背密生白色绒毛；雌雄异株，3～6朵呈聚伞花序，先乳白色，后变为橙黄色，具香气；浆果卵形，大小如鸡蛋，成熟时黄褐色，覆毛，故得名。花期5～6月，果期8～10月。

· 繁殖及栽培管理 播种和扦插繁殖。播种，10月采收成熟果实，堆放熟透后装入袋中，揉烂收集种子，洗净、阴干，密藏至来年春播，播后覆细沙土约2cm，喷足水，搭棚遮阴，1～2个月陆续发芽、出苗。扦插在6月进行，选取优良的半成熟枝作插穗，长15～20cm，至少有3个芽，去除所有叶片，插后短暂遮阴，大约30～40天发根。移栽在春季或秋季，中、小苗需带宿土，大苗需带土球。

别名：猕猴梨、藤梨、羊桃、阳桃、木子、毛木果、中国鹅莓	科属：猕猴桃科猕猴桃属

用途： 猕猴桃花色艳丽，果实诱人，在园林中主要配植于花架、绿廊、墙垣、林地边缘等处。果实可食；根、叶、果可入药。

扭肚藤

Jasminum elongatum (Bergius) Willd.

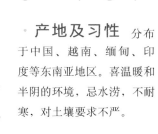

白色花

成熟果实

产地及习性
分布于中国、越南、缅甸、印度等东南亚地区。喜温暖和半阴的环境，忌水涝，不耐寒，对土壤要求不严。

形态特征
木质藤本。株高2~4m，小枝微被毛；单叶对生，卵状披针形，先端尖，基部浑圆、截头状或稍心形，全缘，具短柄；聚伞花序常生于侧枝顶端，花冠高脚碟状，白色，具芳香；果球形，直径约4mm。花期夏秋季。

繁殖及栽培管理
扦插或播种繁殖。择土不严，一般土壤均能生长；全光照及半阴环境均可。管理简单，生长旺季保持土壤湿润，冬季则控制水量；每月施肥1次，以复合肥为主；花后修剪整形，通风透光。

别名：谢三娘、白金银花、猪肚勒、白花茶、青藤仔花	科属：木犀科素馨属
用途：扭肚藤花朵洁白，夏秋季从上到下，依次怒放，错落有致，极为美丽，是一种优良的庭园观赏植物。	

爬山虎

Parthenocissus tricuspidata (Sieb. et Zucc.) Planch.

产地及习性
原产中国，朝鲜、日本也有分布。喜光照，耐寒、耐旱，怕积水，在阴湿、肥沃的土壤中生长最佳。

形态特征
落叶木质藤本。枝条粗壮，老枝灰褐色，幼枝紫红，最长可达20m，枝上有卷须，卷须顶端及尖端有黏性吸盘；叶形变化大，常为宽卵形，先端3裂，基部心形，边缘具粗锯齿；聚伞花序，花小、黄绿色；浆果球形，成熟时蓝黑色，被白粉。花期6月，果期10月。

繁殖及栽培管理
播种繁殖。播种，10月采收成熟果实，去果皮果肉，收集种子洗净、晒干，冬播或低温沙藏第二年春3月播，播后薄膜覆盖，大约1个月可发芽、出苗，实生苗培育1~2年可出圃。管理简单。栽培初期保持土壤湿润，每年施肥2~3次。成株可任其自然生长。

枝叶图

花蕾

别名：地锦、爬墙虎	科属：葡萄科爬山虎属
用途：爬山虎是垂直绿化的优选植物，常攀缘在墙壁或岩石上，适合种植于庭院、公园、小区、办公楼等处。	

炮仗花 ＞花语：红红火火

Pyrostegia venusta(Ker—Gawl.)Miers

花序和花

- **产地及习性** 原产中美洲。喜温暖、湿润和光照好的环境，耐半阴，不耐寒、不耐旱，忌水湿，对土壤要求不严。

- **形态特征** 常绿木质大藤本。茎长可达8m，具线状3裂的卷须；小叶2～3枚，卵状至卵状矩圆形，叶柄有柔毛；数朵花呈圆锥花序，下垂，花萼钟形，有腺点，花冠厚而反转，橙红色，连串着生，垂挂树头，极似鞭炮，故得名。花期冬至春。

- **繁殖及栽培管理** 扦插繁殖。扦插可在春、夏季进行，选用基部抽生的粗壮老茎，长可达2m，插于肥沃砂质土壤中，保持半阴，大约2个月可发根。管理简单。盆栽每月施肥1次，露地栽植每年施肥2～3次，光照不可过强或过阴。生长期设立支架，不要翻动藤蔓。北方地区温室越冬，温度不低于5℃。

别名：黄金珊瑚	科属：紫葳科炮仗花属
用途：炮仗花是极受欢迎的垂直绿化植物，常种植于庭院、公园或学校、办公区、小区周围、建筑附近；矮化品种，可盘曲成图案形，作盆花栽培。	

三叶木通

Akebia trifoliata(Thunb.)Koidz.

每年8～9月，三叶木通的果实逐渐成熟，之后便沿腹缝线裂开，迸射出种子，因而又叫八月炸或八月瓜。

- **产地及习性** 原产中国。喜阴湿，较耐寒，以富含腐殖质的酸性土壤为佳。

- **形态特征** 落叶藤本。茎长可达10m，灰褐色；三出复叶，小叶卵圆形，革质，先端凹缺，基部圆形，边缘具不规则浅波齿，叶背灰绿色；具细而长的叶柄；总状花序腋生，雌花生于花序基部，褐红色，雄花生于花序上端，较小，暗紫色；果椭圆形，肉质，成熟时橘黄色，种子多数，棕色。花期4月，果期8月。

- **繁殖及栽培管理** 播种或压条繁殖。播种，8～9月采收成熟果实，脱粒洗净，阴干沙藏，来年春条播，覆土约2cm厚，盖草保温保湿，4月可发芽。出苗后，分次去草，待苗高4～5cm时，在雨后间苗，第二年3月分栽。压条宜在6月梅雨季节进行，约1个月可发根。一般实生苗培育3年左右可用于绿化。

别名：八月炸、三叶拿绳	科属：木通科木通属
用途：三叶木通常配植于荫木下、山石间、栅栏、院墙、亭台附近，叶蔓纷披，野趣盎然。	

珊瑚藤 > 花语：爱的链锁

Antigonon leptopus Hook.et Arn.

传说，有一位美貌的女神，吸引了众神的追求，可却没有人能打动她的芳心。这天，一位山神穿着用珊瑚藤编织的衣服来见女神，女神一打开门，只见灿烂的阳光下绽放着无数灿烂的小花，不禁脱口而出，"好漂亮！"当山神为她戴上珊瑚藤项链时，终于赢得了女神的芳心。

● 产地及习性 原产南美墨西哥。喜向阳、湿润和温暖的环境，耐阴，不耐寒，对土壤要求不严，以肥沃、排水好的微酸性土壤为佳。

● 形态特征 多年生常绿藤本。攀援力强，地下块根肥厚，茎长可达10m，茎先端呈卷须状；单叶互生，卵形或矩圆状卵形，纸质，叶端锐，基部心形，叶缘略有波浪状起伏，无柄，具叶鞘；总状花序着生于茎顶端或上部叶腋，花密生成串，多数桃红色，微香；瘦果圆锥形。花期3～12月。

● 繁殖及栽培管理 播种或扦插繁殖。播种在4～7月进行，播前用温水浸种5小时左右，使之充分吸水，播后覆土约1cm厚，发芽适温22～28℃，保持土壤湿润，大约1个月发芽、出苗，发芽率可达90%以上，第二年春定植。扦插宜在春季进行，剪取健壮的当年生嫩枝，长约15～20cm，去除下部叶，只留上部2～3片叶，插后浇足水，用塑料膜罩住保温保湿，置于半阴处，2～3周可生根，待新叶长出后即可移栽。管理粗放。苗期保持土壤湿润，每1～2个月施少量氮肥1次。植株30cm高时，用竹竿或竹架扶引。开花前增施磷、钾肥。冬季温度不低于10℃。

叶缘略波状起伏

花密生成串

叶纸质，先端尖锐，基部心形

别名：凤冠、凤宝石、紫苞藤、朝日蔓、旭日藤	科属：蓼科珊瑚藤属

用途：珊瑚藤花形娇柔，色彩艳丽，既可做垂直绿化，如小区、公园、花廊、花架或墙垣等处，也可盆栽或切花观赏。块根可食。

使君子

Quisqualis indica L.

- **产地及习性** 原产中国、印度、缅甸和菲律宾。喜温暖和光照，耐阴，怕霜冻、忌高温、高湿，对土壤要求不严，以疏松、肥沃、背风向的砂质土壤为佳。

- **形态特征** 落叶攀援状灌木。株高2～8m，幼枝被棕黄色短柔毛；叶对生或近对生、卵形或椭圆形，革质，叶面无毛，叶背被棕色柔毛；穗状花序组成伞房状花序，顶生、花大、两性，初开白色，后转为红色；果实卵形，短尖，成熟时果皮脆薄，青黑色。花期5～9月，果期9～10月。

- **繁殖及栽培管理** 播种、分株、扦插和压条繁殖。播种在8～9月采收饱满的成熟果实，随采随播，或将种子用湿沙贮藏来年春2～3月播种。分株在冬末春初，挖取根部萌发的小芽另行栽植即可。植株成活后，搭棚架供其攀援生长，经常中耕除草，每年追肥2～3次，生长期保持土壤湿润。冬季落叶后减少浇水，北方冬季要用稻草覆盖植株顶部和包裹茎秆防寒越冬。

别名：留求子、史君子、五棱子、四君子、冬均子、病柑子	科属：使君子科使君子属
用途：使君子是优良的园林观赏树种，适合种植于庭院、公园、小区、校园等地的花廊、棚架、拱门、栅栏、墙垣旁，花可作切花。根、叶、果可入药。	

首冠藤

Bauhinia corymbosa Roxb.

- **产地及习性** 原产中国广东和海南。性强健，喜光照充足、温暖和湿润的气候，对土壤要求不严。

- **形态特征** 常绿木质藤本。叶近圆形，自先端深裂达3/4，纸质；伞房花序式的总状花序顶生，花白色，具芳香，荚果带状长圆形，种子长圆形，褐色。花期4～6月，果期9～12月。

- **繁殖及栽培管理** 播种繁殖。播种可随采随播，或将种子干藏至来春播，当幼苗出齐后，分床栽植于营养袋内，如需要大苗，可栽植于苗圃园地培育1～2年。移植宜在早春2～3月进行，小苗需多带宿土，大苗要带土球。生长期保持土壤湿润，秋、冬稍干燥；每年施肥1～2次，如土壤肥沃，可不施肥。冬季温室越冬，温度不低于5℃。

花正面图

别名：深裂羊蹄甲、药冠藤	科属：豆科羊蹄甲属
用途：首冠藤观赏性极佳，常种植于栅栏边、墙边、庭院棚架旁。	

蒜香藤 > 花语：彼此思念

Pseudocalymma alliaceum
(Lam.) Sandwith

蒜香藤是一种新引进的花卉，盛开期会飘散出蒜香味，而且搓揉花朵和叶片，也会有大蒜的气味，故得此名。

具卷须；复叶对生，小叶3枚，顶生叶椭圆形，两侧叶矩长圆形，全缘，具光泽；圆锥花序腋生，花冠筒状，冠口5裂，初开时紫色，后渐渐变淡。花期5～11月。

● 产地及习性
原产西印度至阿根廷。喜阳光和高温环境，稍耐阴，不耐旱、不耐寒，对土壤要求不严，以排水良好、肥沃的砂质土壤为佳。

● 形态特征
多年生木质藤本。植株蔓性，

● 繁殖及栽培管理
扦插繁殖，一年四季均可进行，选取健壮枝条，插后保持土壤湿润，适温21～28℃，约1个月可发根。生长旺盛期，保持充足水分，每月结合浇水施肥1次。早春对植株修剪，并设立支架供攀援生长。冬季低温会停止生长，因此冬季浇水需减少。

别名：张氏紫薇、紫铃藤	科属：紫葳科蒜香藤属
用途：蒜香藤生性强健，盛开时花团锦簇，是极具观赏价值的攀缘植物，常用于绿化庭院、公园、小区、学校、草坪周围等地。	

台尔曼忍冬

Lonicerra tellmanniana Spaeth

台尔曼忍冬在中国属新种绿化植物，在1981年，北京植物园首次从美国明尼苏达州引进，随后沈阳植物园又引进栽培，之后才被更多的人认识并栽种。

● 产地及习性
本种是盘叶忍冬和贯叶忍冬杂交后代。喜阳光和温暖，耐半阴，耐低温，宜湿润、肥沃而排水良好的土壤。

● 形态特征
攀援藤本。单叶对生，每一条主、侧枝顶端的1～2对叶都合生成盘状，顶部一

对盘状叶的上方由3～4轮花组成穗状花序，花冠稍唇形，橙红色，花冠裂片短。花期长达半年。

● 繁殖及栽培管理
扦插或压条繁殖。扦插繁殖生根率很高。

枝顶端叶合生成盘状

花橙红色

单叶对生

别名：无	科属：忍冬科忍冬属
用途：台尔曼忍冬是优良的垂直绿化新材料，在北方园林中栽培较为广泛。	

五叶地锦

Parthenocissus quinquefolia Planch.

- **产地及习性** 原产中美洲。性强健，喜光，较耐阴，耐贫瘠和干旱，对土壤要求不严。

- **形态特征** 落叶木质藤本。幼枝近圆形，具节，黄褐色；卷须与叶对生；掌状复叶，小叶5枚，故得名；聚伞花序，花小，黄绿色；浆果球形，熟时蓝黑色。花期6～8月，果期9月。

花序

叶缘有细齿

掌状复叶，小叶5枚

- **繁殖及栽培管理** 同地锦。

别名：五叶爬山虎	科属：葡萄科爬山虎属
用途：五叶地锦是垂直绿化的主要树种之一，适于配植宅院墙壁、围墙、庭园入口处、桥头石块等处。藤茎、根可入药。	

鹰爪花

Artabotrys hexapetalus (L.f.) Bhandari

- **产地及习性** 原产东南亚各国，中国主要分布于浙江、福建、台湾、广东、广西等地。喜光，耐阴，不耐寒，不择土壤，以疏松、肥沃的砂质土壤为佳。

- **形态特征** 常绿攀援灌木。株高可达4m，单叶互生，矩圆形或广披针形，纸质，全缘；花常1～2朵生于钩状的花序柄上，淡绿或淡黄色，极香；浆果卵圆形。花期4～8月，果期5～12月。

- **繁殖及栽培管理** 播种或扦插繁殖，但以播种为主。播种的最佳季节是春季，温度在22～28℃的条件下，极易发芽。扦插可在夏季和秋季进行，生根容易。生长期水分供应要充足，尤其是夏季和秋季；每月施肥1次，以磷、钾肥为主。

茎多分枝

单叶互生

别名：鹰爪、五爪兰、鹰爪兰、莺爪、鸡爪兰、鹰爪桃	科属：番荔枝科鹰爪花属
用途：鹰爪花半开时，花瓣极像老鹰的爪，非常奇特，因而很受欢迎，常种植于庭院的棚架、花架、花墙旁，也可种植于公园、坡地、林缘、草坪或点缀山石间。花可用于制作香水、化妆品；根可入药。	

云南黄素馨

Jasminum mesnyi Hance

产地及习性
原产中国云南。喜温暖、湿润和充足阳光的环境，怕严寒和积水，稍耐阴，较耐旱，以排水良好、肥沃的酸性沙壤土最好。

形态特征
常绿藤状灌木。小枝四方形，无毛；叶对生，小叶3枚，长椭圆状披针形，顶生小叶较大，侧生2枚叶小而无柄；花单生，淡黄色，具暗色斑点，有香气。花期3～4月。

繁殖及栽培管理
扦插繁殖。在春末秋初用当年生嫩枝作插穗，或在早春用去年生老枝作插穗，剪取壮实部位5～15cm，每段至少有3个以上的叶节，上下剪口要平整，且距离叶节分别为1cm和0.5cm，插后适当遮阴，温度控制在20～30℃，每天喷雾3～5次保湿，待根系长出后逐渐接受全光照。生长期保持土壤湿润，每月结合浇水施肥1次，花期后适当修剪。

花淡黄色，有香气

别名：野迎春、云南迎春、金腰带、南迎春、梅氏茉莉	科属：木犀科素馨属
用途：云南黄素馨枝条下垂或攀援，碧叶黄花，常种植于花坛、河堤、园路、墙垣、栅栏等处，还可种植于坡地防止泥沙流失，也可盆栽观赏。全株可入药。	

中华常春藤

Hedera nepalensis K. Koch var.*sinensis*(Tobl.)Rehd.

成熟果实

营养枝上的叶常为三角状卵形

产地及习性
原产中国秦岭以南。喜温暖湿润和光照充足的环境，耐阴，稍耐寒，较耐热，择土不严，以富含腐殖质的土壤为佳。

形态特征
常绿攀援藤本。老枝灰白色，嫩枝淡青色，被鳞片状柔毛，茎具气生根；叶革质，深绿色，有长柄，全缘或3浅裂，营养枝上的叶常为三角状卵形，花枝上的叶为卵形至菱形；伞形花序单生或聚生为总状花序，花淡绿白色，有微香；核果圆球形，成熟时橙黄色。花期9～11月，果期次年4～5月。

繁殖及栽培管理
扦插繁殖。生长季节均可进行，剪营养枝5～8cm长作插穗，至少有3个叶节，插后遮阴，温度18～25℃，插床不要太湿，保持较高空气湿度，3～4周即可生根。移植在初秋或晚春进行，定植后适当修剪，促进分枝。盆栽宜用腐叶土和少量河砂配制基质，还需设支架供攀援。生长期保持土壤湿润，每月施肥1次。

别名：常春藤	科属：五加科常春藤属
用途：中华常春藤是著名的庭园及垂直绿化观赏植物，北方多盆栽观赏，南方暖地常用于垂直绿化。全株可入药。	

紫藤 >花语：浪漫之花、沉醉的爱

Wisteria sinensis(Sims.)Sweet

　　紫藤在中国的栽培历史长达1200多年，其串串花序悬挂于绿叶藤蔓之间，条蔓屈曲蜿蜒犹如蛟龙翻腾，自古以来便受到人们的喜欢，栽培十分普遍。

· 产地及习性
原产中国，朝鲜、日本也有分布。喜光，耐阴、耐寒、耐旱，以土层深厚、排水良好的土壤为佳。

花离析图

种子

荚果狭长

蝶状花密集而醒目

奇数羽状复叶，互生

· 形态特征
落叶攀援性大藤本。树皮浅灰褐色，嫩枝暗黄绿色，冬芽扁卵形；奇数羽状复叶，互生，小叶7～13枚，卵状椭圆形，有时两面有白柔毛，后渐脱落；总状花序顶生于枝端或叶腋，长达30cm，下垂，着花50～100朵，蝶状花密集而醒目，蓝紫色，有芳香；荚果狭长，外被绒毛，内含种子3～4粒。花期4～5月，果期8～9月。

· 繁殖及栽培管理
播种和扦插繁殖。播种，秋后采种，并将种子晒干贮藏来年春播，播前用60℃温水浸种，约1～2天，待种发胀后点播于土中，发芽适温10～13℃，14～20天即可发芽、出苗。扦插宜在秋季，选取当年生的优良茎部枝条，剪取8～10cm长，基部带踵，插后保持土壤湿润，如地温控制在16℃以上时，生根更快。紫藤直根性强，移植时尽量多掘侧根，最好带土球。早春萌芽前可施有机氮肥、草木灰等，生长期追肥2～3次；设立支架，供植株攀援生长。如果植株过于茂盛，应适当修剪，以免影响开花。

攀援性藤本

别名：忍冬、金银藤、银藤、二色花藤、二宝藤、右转藤、鸳鸯藤	科属：豆科紫藤属

用途：紫藤为长寿树种，开花繁多，枝蔓纠结，自古以来就是极受欢迎的观花藤木，常种植于庭院中，攀绕棚架、桥廊、枯木、墙垣而生长，也可盆栽悬吊或制作盆景观赏，还可种植于溪边、假山旁、草坪边缘进行点缀。花可食用；茎皮纤维可制人造棉；茎皮、花穗、种子可入药。

内容索引

中国之美·自然生态图鉴
Beauty of China The Natural Ecological View

 中国观赏花卉图鉴

封面设计：垠　子
版式设计：孙阳阳
插图绘制：尖美阳光
　　　　　139 0852 3155